掌握与精通 STK

（专业篇）

刁华飞　张雅声　程文华　编著

北京航空航天大学出版社

内 容 简 介

本书是一本入门级的 STK 学习教材,是在《掌握与精通 STK》的基础上,重点对 STK 在航天领域中应用较为广泛的专业模块进行整理归纳,涵盖卫星专业分析工具、轨道机动与轨道设计模块、覆盖分析模块、关联分析模块、光电红外模块、雷达模块、导弹任务分析工具、太空环境及其效应模块、任务规划模块、轨道确定模块共 10 个模块。

本书既可供从事航天任务仿真的工程技术人员和科研人员使用,也可作为高等院校航天、导弹系统建模与仿真等相关专业的高年级本科生、研究生的教材。

图书在版编目(CIP)数据

掌握与精通 STK.专业篇 / 刁华飞,张雅声,程文华编著. ––北京 :北京航空航天大学出版社,2021.4
ISBN 978 - 7 - 5124 - 3485 - 1

Ⅰ.①掌⋯ Ⅱ.①刁⋯ ②张⋯ ③程⋯ Ⅲ.①航天器—计算机仿真—教材 Ⅳ.①V411.8

中国版本图书馆 CIP 数据核字(2021)第 053036 号

掌握与精通 STK(专业篇)

刁华飞 张雅声 程文华 编著

策划编辑 陈守平   责任编辑 刘晓明 张冀青

*

北京航空航天大学出版社出版发行

北京市海淀区学院路 37 号(邮编 100191) http://www.buaapress.com.cn
发行部电话:(010)82317024 传真:(010)82328026
读者信箱:goodtextbook@126.com   邮购电话:(010)82316936
艺堂印刷(天津)有限公司印装   各地书店经销

*

开本:787×1 092 1/16 印张:24.5 字数:627 千字
2021 年 4 月第 1 版 2023 年 8 月第 3 次印刷 印数:3 501～5 000 册
ISBN 978 - 7 - 5124 - 3485 - 1 定价:168.00 元

前　言

　　随着 STK 功能的不断扩展,STK 的应用领域也由最初的卫星领域扩展到陆、海、空、天、电各个领域,其名称也由"卫星工具箱"更改为"系统工具箱"。STK 以其精确的分析结果、丰富的数据报告、逼真的场景显示、快速的任务分析赢得了各领域专家的认可,成为航天及其相关领域最具影响力的软件之一。

　　《掌握与精通 STK(专业篇)》是在《掌握与精通 STK》的基础上,重点对 STK 在导弹、航天领域应用较为广泛的专业模块进行整理归纳,涵盖卫星专业分析工具、轨道机动与轨道设计模块、覆盖分析模块、关联分析模块、光电红外模块、雷达模块、导弹任务分析工具、太空环境及其效应模块、任务规划模块、轨道确定模块共 10 个模块。通过这些专业应用模块的学习,再结合《掌握与精通 STK》中关于对象的基本属性、二维属性、三维属性、约束属性、报告图表以及外部文件等基础内容的学习,基本可以掌握 STK 的使用。

　　全书共分 10 章,第 1 章主要介绍卫星的专业分析工具,包括高保真预报器、姿态分析和各种卫星工具等;第 2 章主要介绍卫星轨道机动与轨道设计 Astrogator 模块的功能;第 3 章主要介绍覆盖分析 Coverage 模块,覆盖分析模块广泛应用于航天侦察、卫星导航等领域的覆盖性能分析;第 4 章主要介绍关联分析工具 CAT,包括接近分析、激光照射安全分析、发射窗口安全分析等;第 5 章主要介绍光电红外 EOIR 模块,从光学特性对目标的光电红外特性进行仿真;第 6 章主要介绍雷达 Radar 模块,从信号层对雷达系统进行仿真,包括雷达系统、工作模式相控阵雷达、多功能雷达等;第 7 章主要介绍专业的导弹分析工具 MMT,包括导弹设计工具、导弹飞行工具、拦截分析工具等;第 8 章主要介绍太空环境及其效应分析工具 SEET,分析太空环境及其对航天器的影响;第 9 章主要介绍任务规划 Scheduler 模块,该模块可用于太空目标观测任务规划、航天侦察任务规划等;第

10 章主要介绍 ODTK 轨道确定模块,包括测量数据的生成、初轨的确定、轨道的改进与优化等功能。

卢旺、陶雪峰、冯飞、周海俊等参与了部分书稿的编写和校对工作,为书稿的最终完成做出了重要的贡献,在此致以衷心的感谢!

希望借助本书,读者可以快速了解和掌握 STK 在多个专业仿真领域的特点和使用操作。由于编者水平有限,书中不妥之处,希望同行专家和读者提出宝贵意见,我们将不胜感激!

作　者
2020 年 10 月

目　　录

第 3 章 覆盖分析模块(STK/Coverage) ································· 44

第1章
卫星专业分析工具(STK/SatPro)

卫星专业分析工具(STK/SatPro)提高了 STK 卫星系统高保真的建模和分析能力,SatPro 中的卫星预报器融合了数值积分和运动微分方程,并计算生成卫星星历;SatPro 通过姿态球、方位覆盖分析以及多种姿态增强分析工具进行姿态分析;最后,SatPro 提供了多种卫星工程分析工具,对卫星的表面积、质量、太阳能电池板配置进行建模分析。主要应用:

- 高保真或长期轨道预报;
- 卫星协方差计算;
- 基于 SP3 文件预报轨道;
- 目标指向模式建模;
- 自定义扭矩和动量偏差模拟卫星姿态;
- Walker 星座建模;
- 太阳能电池板性能评估;
- 卫星轨道寿命预报;
- 生成 TLE 根数等。

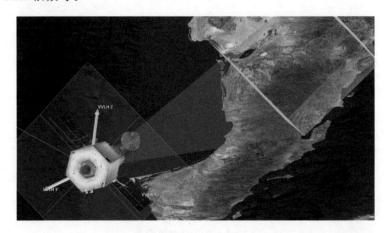

1.1 轨道预报器

1.1.1 高精度轨道预报器

高精度轨道预报器(HPOP)使用运动微分方程的数值积分来生成星历。在 HPOP 分析中,考虑了包括万有引力、三体引力、大气阻力和太阳辐射压等几种不同的受力模型的影响,同时还使用了几种不同的数值积分方法和运动公式。采用不同的积分方法有助于提高计算效率,同时保证计算的准确性。HPOP 预报器可以设置多种摄动力模型、选择不同的积分方法,可生成高精度的卫星轨道星历。HPOP 能够生成近地轨道、月球轨道乃至更远范围的圆轨道、椭圆轨道、抛物线轨道和双曲线轨道。

【注】高精度轨道预报需要相应代价:①用户需要设置适合于卫星自身情况的受力模型;②与解析预报模型相比,星历生成需要更多的计算时间。

选择 HPOP 预报器后,需要定义以下参数,如图 1-1 所示:

① 使用初始状态工具获取新的初始向量(可选);

② 设置航天器的开始时间、结束时间和步长;

③ 选择坐标系类型;

④ 选择坐标类型并输入轨道参数;

⑤ 定义预报器特定的受力模型;

⑥ 定义 HPOP 积分器的参数。更多参数设置的详细介绍参见《掌握和精通卫星工具箱 STK(基础篇)》。

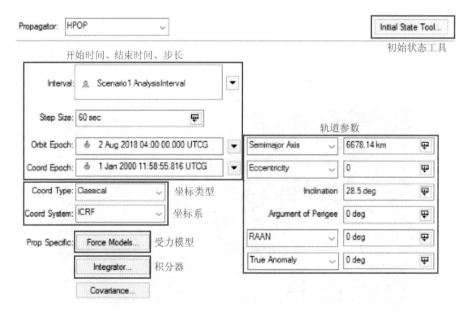

图 1-1 HPOP 参数设置

1.1.2　长期轨道预报器

长期轨道预测器(LOP)使用与二体、J2 和 J4 预报器相同的轨道根数,可以预测卫星几个月或几年内的轨道运动。但是,LOP 预报器无法预测卫星位置。因此,使用这种预报器预报的卫星不能定义访问(Access)、图形(Graphics)、某些报告和一些矢量几何、时间和计算组件。

用户选择 LOP 预报器后,需要定义以下参数,如图 1-2 所示。

① 使用初始状态工具获取新的初始向量(可选);

② 设置航天器的开始时间、结束时间和步长;

③ 选择坐标系类型;

④ 选择坐标类型并输入轨道参数;

⑤ 定义力学模型。

更多参数设置的详细介绍参见《掌握和精通卫星工具箱 STK(基础篇)》。

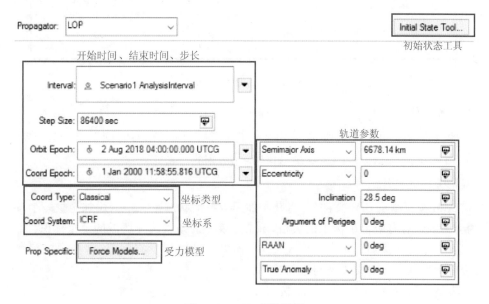

图 1-2　LOP 参数设置

LOP 预报器在平均历元坐标系下工作,这种参考坐标系的历元是初始条件的历元。为了达到中心体引力效应的目的,忽略了由于进动、章动引起的地球赤道运动。因此,通常希望在平均历元坐标系中观察轨道平面的变化。

【注】虽然 LOP 可以输入密切轨道根数,但在轨道预报之前仍需 STK 将它们转换成平均轨道根数。在对平均轨道根数积分之后,将平均轨道根数转换为密切轨道根数进行输出。由于转换为平均轨道根数并不精确,因此 LOP 的初始状态输出可能与原始初始状态略有不同。

1.1.3　SP3 预报器

SP3 预报器读取类型为 'a' 和 'c' 的 .sp3 文件,并允许用户按顺序使用多个文件。这些文件可以用于提供精确的 GPS 轨道。SP3 参数的设置如图 1-3 所示。

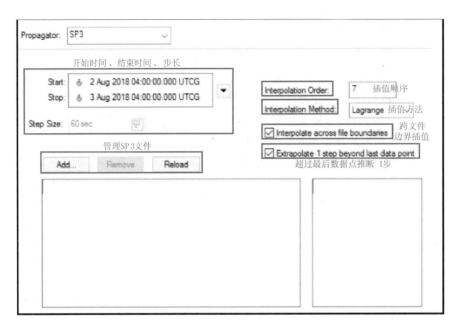

图 1-3　SP3 参数设置

(1) 分析时段

卫星的分析时段和步长由所选的 SP3 文件控制,因此"开始时间"(start)、"结束时间"(stop)和"时间步长"(step size)字段是只读的,无法编辑。

(2) 管理 SP3 文件

单击 Add 按钮浏览 SP3 文件,并将其添加到卫星的状态定义中。添加至少一个 SP3 文件后,右侧会出现含有有效卫星标识的表格,单击该表中的条目选择所需的卫星标识。

可以将多个文件添加到单个卫星对象中,如果文件之间没有间隙,将按顺序预报整个星历。该表自动按其历元对文件条目进行排序。

选中表格中的条目,单击 Remove 按钮即可将其删除。若需要刷新已更改的文件,单击表格中的条目,然后单击 Reload 按钮即可。

(3) 属　性

用户可以为 SP3 预报器指定的属性见表 1-1。

表 1-1　SP3 属性

属　性	说　明
插值阶数	插值阶数为 1 表示线性插值,适用于数据间隔较小或抖动较大的数据。平滑且连续的数据可以使用更高的插值阶数,来更精确地插入对象的位置和速度。推荐的值范围为 5~7。对抖动数据或时间间隔大而突然变化的数据使用较高的内插阶数会导致不希望的内插伪像,从而将高频振荡引入到内插数据中
插值方法	默认情况下,使用标准拉格朗日插值方法,即可分别插入位置和速度。某些文件允许用户选择标准 Hermitian 插值方法,即使用位置和速度星历来一起插入位置和速度

续表 1－1

属　性	说　明
跨文件 边界插值	选择此选项,且已为卫星分配了多个 SP3 文件,则 STK 将在一个 SP3 文件的末尾和下一个 SP3 文件的开头之间,根据用户定义的步长插入星历步长;否则,两个文件之间的步长是前一个文件最后一点和后一个文件第一点之间的时间
超过最后数据 点推断 1 步	选择此选项,STK 将在分配给卫星的 SP3 文件提供的最后一个数据点之后计算一个额外的星历步长

1.2　姿态增强工具

1.2.1　姿态分析

STK 可以使用多种工具和计算组件来进行动态姿态建模和仿真,包括姿态球、矢量几何工具(Vector Geometry Tool)、3D 姿态图表、姿态文件(参见 1.2.2 小节)、姿态模拟器(参见 1.2.3 小节)等。

1.2.1.1　姿态球

姿态球是一种可视化辅助工具,可以在 3D 图形和 3D 姿态图形窗口中显示。如图 1－4 所示,当姿态球与矢量显示相结合时,对于显示物体的姿态和跟踪姿态随时间的变化非常有用。

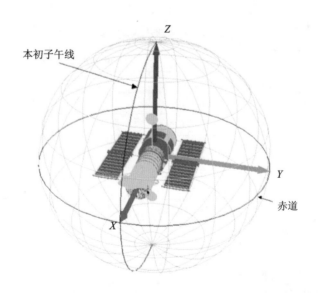

图 1－4　姿态球示意图

打开对象的 3D Graphics 属性中的 Attitude Sphere 页面,可以设置姿态球的基本属性、高级属性和映射关系,如图 1－5 所示。

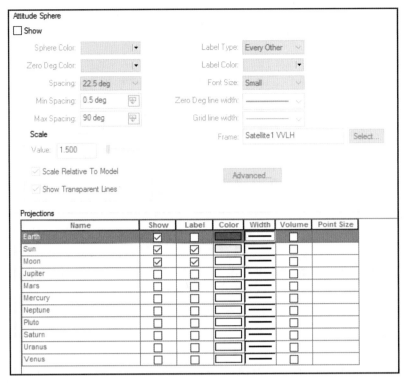

图 1－5　Attitude Sphere 参数设置

（1）姿态球的基本设置

可以设置的参数见表 1－2。

表 1－2　姿态球基本参数设置

参　　数	说　　明
Show	是否显示姿态球
Sphere Color	姿态球网格线显示的颜色
Zero Deg Color	姿态球赤道与本初子午线的颜色
Spacing	网格线之间的距离(°)
Min Spacing	网格线最小距离(°)
Max Spacing	网格线最大距离(°)
Label Type	在所有网格线上显示经/纬度值
Label Color	经纬度标签颜色
Font Size	经纬度标签字体大小
Zero Deg Line Width	设置赤道和本初子午线的宽度
Grid Line Width	设置网格线的宽度
Frame	选择姿态球的坐标系
Scale	选择姿态球的比例
Scale Relative to Model	姿态球和模型大小一起变化
Show Transparent Lines	重置姿态球大小时，逐渐显示不同层次的网格线

（2）高级选项

高级选项参数设置见表1－3。

表 1－3　姿态球高级选项

参　数	说　明
Pixel Threshold	放大或缩小时，指定分辨率和单位像素
Label Point Size	网格线标签旁边显示点的大小
Fade Level	指定网格线渐变的程度

（3）映射关系

为了显示对象相对于中心体和其他感兴趣对象的姿态，可以将这些对象的位置投影到姿态球上。在 Projections 列表中选择感兴趣的对象进行设置，见表1－4。

表 1－4　姿态球映射选项

选　项	说　明
Show	是否显示所选对象的投影
Label	是否显示标签来指定投影对象
Color	设置投影显示的颜色
Width	设置投影线的宽度
Volume	将中心体映射到姿态球上
Point Size	如果投影对象是恒星，则指定表示它的点的大小

1.2.1.2　矢量几何工具

矢量几何工具包括的基本组件类型见表1－5。

表 1－5　矢量几何工具

图　标	名　称	说　明
	Vector	矢量：在三维空间中定义方向和大小
	Axes	坐标轴：定义三维空间中相互正交的单位向量三元组的方向和旋转运动
	Point	点：定义三维空间中的位置和平移运动
	System	坐标系：定义三维空间中相互正交的单位向量三元组的原点和方向，以及旋转运动的位置和平移运动
	Angle	角度：定义两个矢量或平面之间的角度间隔
	Plane	平面：定义三维空间中二维平面的原点和方向，以及旋转运动的位置和平移运动

1.2.1.3　3D 姿态图形窗口

3D 姿态图形窗口可以显示航天器的姿态及其随时间的变化。图 1-6 所示的是一颗卫星的 3D 姿态图形窗口。

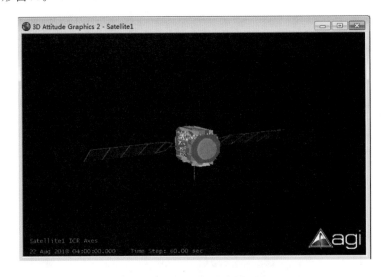

图 1-6　卫星的 3D 姿态图形窗口

要显示航天器的姿态图形窗口,首先在对象浏览器中点击突显的航天器对象,然后从该对象菜单中选择 New 3D Attitude Graphics Window;或者直接右击该航天器对象,再依次点击对象工具 New 3D Attitude Graphics Window,如图 1-7 所示。

姿态图形窗口的 Graphics 属性包括 3D Graphics 属性的 Celestial、Annotation、Overlays、Soft VTR 和 Advanced 页面上的可用选项子集。

(1) 光照(Lighting)

Attitude Graphics Properties 的 Lighting 页面可以选择让窗口使用太阳(Sun)作为光源;若未选择 Use 选项,则窗口中的对象将均匀照亮。

(2) 注解(Annotation)

在窗口中显示出相关的文本注释或数据信息。它提供的选项与 3D 图形窗口 Annotation 页面上的选项相同。

(3) 覆盖(Overlays)

使用 Overlays 页面上的选项,可以将徽标和其他图像添加到姿态图形窗口,其参数与 3D 图形窗口的 Overlays 页面上的参数相同。

(4) 录像机(Soft VTR)

捕获单个动画帧和帧序列。它提供的选项与 3D Graphics Window 的 Soft VTR 页面上的选项相同。

(5) 窗口属性

定义窗口的名称、大小和位置。

第
1
章

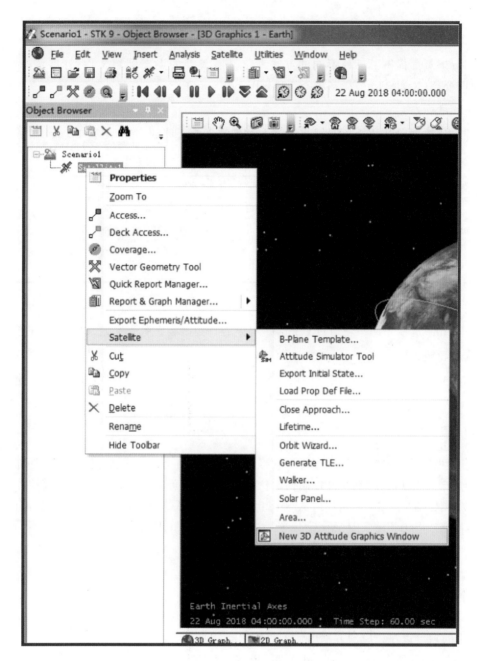

图 1-7　添加 3D 姿态图形窗口

(6) 高级选项(Advanced)

Attitude 图形属性的 Advanced 选项提供了所有的 Viewing 选项和两个 Miscellaneous 选项(使用 Wireframe Mode 和 Hide Cursor)。但不包括三维图形深度缓存信息(3D Graphics Depth Cone / Buffer Crossover)或立体显示(Stereo Display)选项。

1.2.2 姿态文件

Attitude 页面提供了三种不同的方式来定义航天器的姿态配置文件:标准姿态(Standard)、实时姿态(Real Time)和多段姿态(Multi Segment)。

(1) 标准姿态

标准姿态选项使用以下一种或多种姿态类型定义航天器的姿态,见表 1-6。

表 1-6 标准姿态类型

姿态类型	说 明
Basic	基本:选择可用的预定义姿态类型,并指定适用的参数
Target Pointing	目标指向:当满足目标可见条件时,姿态指向目标,在该时段内,覆盖基本姿态
Precomputed	基于外部文件:使用外部文件定义姿态文件,在该时间段内覆盖目标指向或基本姿态。对于卫星,用户还可以根据当前姿态生成姿态文件

(2) 实时姿态

Real Time 选项允许用户通过 Connect 提供的近实时姿态数据来定义航天器的姿态。

(3) 多段姿态

Multi Segment 选项允许用户使用基本、目标指向和基于外部文件的姿态段构建一段复杂姿态。

1.2.3 姿态模拟器

姿态模拟器为卫星定义组合姿态。它提供了各种配置和设置选项,包括通过外部 MATLAB、VBScript 和 Perl 脚本文件控制初始化、模拟和后处理的功能。打开姿态模拟器的方法有:在对象浏览器中点击卫星,然后从 Satellite 菜单中选择 Attitude Simulator;或者直接右击该卫星,再选择 Satellite 工具 Attitude Simulator,如图 1-8 所示。

(1) 初始化设置

设置时间段、历元以及初始条件的选项,与在 Attitude 页面中定义组合姿态文件的选项相同。除此之外,还可以选择以下附加选项:

● 动量偏差(Momentum Bias):如果考虑动量偏差(例如,由于卫星体内的旋转装置而产生的),可以在相应的方框内输入初始角动量值。

● 参考姿态(Reference Attitude):可以选择使用默认参考姿态(ECI)来定义初始条件,或单击 Select... 并选择另一个。

(2) 模拟器设置

Attitude Simulator 窗口底部的一排按钮可以启动一系列弹出窗口,进行模拟器设置,见表 1-7。

图 1-8　姿态模拟器设置窗口

表 1-7　模拟器按钮

按　钮	说　明
Configuration...	选择初始化、模拟和后处理文件,以及设置有关模拟器使用的参数
Integrator...	选择和设置要使用的积分器及其参数
Advanced...	选择某些运行选项
Environment...	选择和设置要使用的大气密度模型及其参数

(3)输出选项

模拟器的输出是姿态(＊.a)文件。输入姿态文件的存放路径和文件名。如果选中 Use for attitude definition 选项,模拟姿态将覆盖指定时间段内的基本或目标姿态。

(4)运行模拟

完成模拟设置后,单击 Run 执行模拟。根据用户在 Advanced 窗口中所做的选择,将显示进度指示器和/或场景,将在模拟期间生成动画。

1.3 卫星工程工具

1.3.1 TLE 生成工具

TLE 生成工具用于生成卫星的两行根数。使用该工具前,必须先创建卫星并预报星历。可以用以下方式打开 TLE 生成工具:在对象浏览器中选中目标卫星,然后从 Satellite 菜单中选择 Generate TLE…;或者直接右击该卫星,再依次选择 Satellite 和 Generate TLE…,如图 1-9 所示。

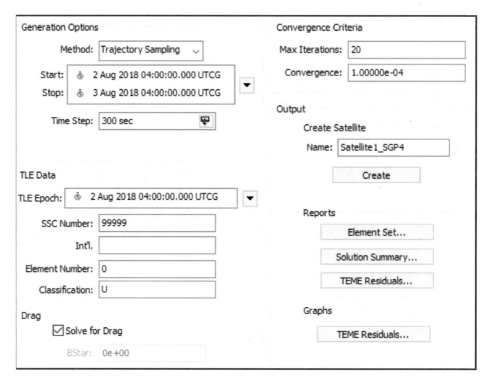

图 1-9 TLE 生成工具

一旦 TLE 生成工具激活,可以有以下两种方式生成 TLE。

(1) 使用轨迹采样方法

轨迹采样是基于批量最小二乘算法生成 TLE 的。首先,根据开始时间、结束时间和步长来产生用于计算两行根数数据的样本;然后,STK 使用该算法逐步缩小生成的 TLE 星历与原始星历之间的差异。当算法收敛或达到最大迭代次数时,迭代过程结束,其中根据预测的残差平方和中的相对误差来检测算法的收敛。

轨迹采样方法的生成选项见表 1-8。

表 1-8　轨迹采样方法生成选项

选　项	说　明
Start Time /Stop Time	开始/结束时间:默认为卫星星历的开始和结束时间
Time Step	步长:星历输出点之间的间隔
TLE Epoch	TLE 历元:生成 TLE 数据的历元必须在卫星星历的时间范围内。可以通过在日期之后输入字符串 YYDDD 以 YYDDD. DDDD 格式输入 TLE 历元,例如,"99012. 77874231 YYD-DD"
SSC Number	卫星编目号
Int'l Designation	国际指定:最多8个字符的用户定义字段
Element Number	根数:最多4位数的用户自定义数字
Classification	分类:指定分类为 U(不保密)、C(保密)、S(机密)或用户定义的字符
Solve for Drag	大气阻力求解:如果选中,则解决 BStar 阻力且不使用 BStar 字段中的值
BStar	BStar 阻力系数(-1.0~1.0 之间)
Max Iterations	最大迭代次数:计算以实现收敛的最大连续迭代次数
Convergence	$\dfrac{\mid 预测\ SOS-SOS\mid}{SOS}$,其中 SOS 为残差平方和

【注】一般情况下,解在 4 次迭代以内就能收敛。

输出:数据收敛后,可以使用生成的 TLE 数据创建卫星。在"创建卫星"(Create Satellite)部分中,在文本框中输入要创建的卫星的名称,然后单击 Create 按钮。

※警告:如果选择使用与现有卫星相同的名称创建卫星,则使用生成 TLE 工具生成的 TLE 数据会将现有数据覆盖。

用户还可以使用"报告"(Reports)或"图表"(Graphs)部分中的选项生成若干有用的报告和图表,汇总关键数据。

(2) 单点法

单点法以基于单个时刻卫星的位置和速度生成 TLE。通过指定在确定时刻内卫星位置的最大可接受相对误差来定义算法的收敛。

【注】使用单点法进行计算时,总结和残差报告将不适用。使用单点法生成的 TLE 可能产生从参考轨迹快速偏离的星历。

1.3.2　B-Plane 模板工具

B-Plane 模板工具可以创建模板来定义在 3D 图形窗口中显示的 B-Plane 配置。该工具创建的模板与场景一起保存,且允许用户将该模板与场景中的任何卫星一起使用。要显示B-Plane,可以通过编辑卫星的 B-Plane 的 3D 图形属性将模板添加到卫星。卫星 B-Plane模板工具如图 1-10 所示。

打开 B-Plane 模板工具的方法有:在对象浏览器中突显场景或卫星,然后从 Scenario 或Satellite 菜单中选择 B-Plane Template...;或者是直接右击该场景或卫星,再依次选择 Scenario/Satellite 和 B-Plane Template...。

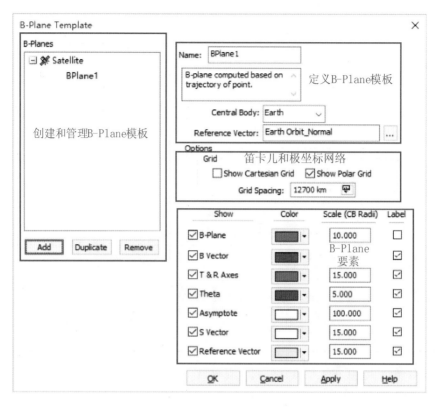

图 1 - 10 卫星 B - Plane 模板工具

（1）创建和管理 B - Plane Template

窗口的 B - Planes 区域显示当前附加到场景的所有 B - Plane 模板。单击模板后用户就可以进行编辑。

- Add：使用默认配置创建新模板；
- Duplicate：创建与当前所选模板相同的新模板；
- Remove：删除当前所选模板。

（2）定义 B - Plane 模板

输入模板的名称（Name）和描述（Description）；然后选择"中心体"（Central Body）和"参考向量"（Reference Vector）。

（3）笛卡儿和极坐标网格

如果显示 B - Plane 设置，可以选择在平面内显示笛卡儿和极坐标网格。选择 Show Cartesian Grid 和 Show Polar Grid 以使相应的网格显示为 B - Plane 的一部分。在 Grid Spacing 字段中定义网格线的间距。

（4）B - Plane 要素

对于所属字段（B - Plane、B Vector、T - R Axes、Theta、Asymptote、S Vector 和 Reference Vector），选择 Show 以允许该项目显示在 3D 图形窗口中，Color 和 Scale 分别定义项目应显示的颜色和比例，并选择 Label 以允许在 3D 图形窗口中标记项目。

单击 Apply 保存对当前所选模板所做的更改,或单击 OK 按钮保存更改并关闭 B-Plane 模板工具。单击 Cancel 以关闭 B-Plane 模板工具,并放弃对当前所选模板所做的任何未保存的更改。

1.3.3　寿命计算工具

利用寿命计算工具可以估计出卫星在大气阻力和其他摄动作用下,导致其陨落大气层之前可以保持的在轨飞行时间。打开寿命计算工具的方法为:点击突显对象浏览器中的卫星,然后在卫星菜单上选择 Lifetime...;或者直接右击该卫星,再依次选择 Satellite 和 Lifetime...,如图 1-11 所示。

【注】寿命计算工具仅适用于绕地球运动的卫星,它不是为了生成再入大气层的精确时间或位置而设计的。诸如 HPOP 和 Astrogator 等可用的全保真轨道预报器更适合于再入大气层预测。

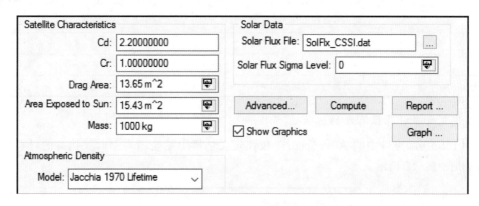

图 1-11　卫星寿命计算工具

(1) 初始状态

寿命计算工具指定的卫星初始状态参数类型取决于选择的卫星预报器:如果卫星的预报器设置为 TwoBody、J2Perturbation 或 J4Perturbation,则初始状态参数被视为平均轨道根数;如果设置为 HPOP、SGP4 或 LOP,则这些值表示密切轨道根数。

(2) 计算寿命选项

定义卫星寿命计算的其他参数设置见表 1-9。

表 1-9　卫星寿命计算其他参数选项

选　项	说　明
Cd (Drag Coefficient)	大气阻力系数,通常在 2.0~2.2 之间
Cr (Solar Radiation Pressure Coefficient)	卫星的太阳辐射压(SRP)系数。值为 0 表示卫星对太阳辐射透明;值为 1 表示它完全吸收;值为 4/3 意味着它是平坦的,镜面反射
Drag Area	卫星垂直于飞行方向的平均横截面积
Area Exposed to Sun	卫星在垂直于太阳的方向投射的平均面积
Mass	卫星质量

选　项	说　明
Atmospheric Density Model	大气密度模型
Solar Flux File	太阳通量文件,包含太阳通量和地磁活动的预测值的 ASCII 文件。该文件可以采用遵循 CSSI 预测(.dAT)、SpaceWeather(.txt)文件或 stkFluxGeoMag(.fxm)文件的格式
Solar Flux Sigma Level	太阳通量 sigma 水平。在轨道寿命预测中使用的太阳能通量值被计算为标称太阳通量加上太阳通量 sigma 水平与标称太阳通量值相关的标准偏差(sigma)的乘积。输入值 0 将使用标称太阳通量值,而输入+2 值将使用高于标称值 2 sigma 的通量水平,从而导致更短的寿命预测。此设置仅在将 CSSI 预测指定为太阳通量文件时影响结果
Advanced...	定义寿命计算的速度和保真度
Compute	寿命计算
SGP4 Compute	SGP4 计算按钮仅适用于 SGP4 预报的卫星。SGP4 使用卫星的两行平均轨道要素,因此不需要在 Lifetime 或 Lifetime Advanced 窗口中进行任何输入
Report...	生成报告
Graph...	生成图表
Show Graphics	将卫星的最终轨道显示在 2D 图形窗口中

(3) 定义寿命计算保真度的选项

使用 Lifetime 窗口中的 Advanced... 按钮定义估算卫星轨道寿命时要执行的计算速度和保真度,如图 1-12 所示。

图 1-12　寿命计算工具高级选项

各选项示意见表 1-10。

表 1 - 10　计算寿命保真度选项

选　项	说　明
Limit Method	指定限制轨道寿命计算运行时间的方法
Duration Limit	寿命计算工具停止处理前要分析的最大天数
Orbit Count Limit	寿命计算工具停止处理前将分析的最大轨道数。将此值设置为 99 999 可涵盖大多数卫星的寿命
Orbits per Calculation	此参数控制寿命计算工具的性能
Gaussian Quadratures	此参数也直接影响寿命计算工具的性能以及结果的准确性。阻力积分程序由每个轨道的 n 个 9 点高斯正方形执行,其中 n 是此处设置的数字。将此参数设置为 6 以上可以提高精度,或将其降低以提高速度
Decay Altitude	确定轨道衰减的高度。寿命计算到此高度就会停止
Use 2nd Order Oblateness Correction	如果选中,则在地球扁率计算中包含二阶校正
Rotating Atmosphere	如果选中,则轨道的扰动包括由大气旋转引起的西—东风

（4）计算寿命

在 Lifetime 和 Advanced 窗口中设置完毕后,使用 Compute 按钮开始计算寿命。寿命计算工具估计卫星寿命所需的时间主要取决于卫星在历元时间的高度、每次计算的轨道数以及高斯四边形参数。

寿命计算工具一直运行,直到卫星陨落或达到 Orbit Count Limit 为止。一般假设卫星轨道的近地点高度降至 64 km 以下时表示已经陨落。

（5）检查寿命结果

寿命计算工具估算卫星的轨道寿命并提供相应的陨落日期。尽管寿命计算基于复杂的轨道理论和精确的环境模型,但结果仍然是一个估计。由于假定大气密度存在 10% 的随机变化,并且太阳活动难以精确预测,因此无法准确地确定卫星寿命。此外,为了实现寿命的计算而做出的假设和简化在最终结果中也会引入额外的不确定性。

【注】寿命计算工具不能用于确定特定的卫星陨落时间、特定的地理"影响点"或者是卫星在大气中下降的程度。

1.3.4　太阳帆板工具

太阳帆板工具能够在给定的时间间隔内对安装在航天器、飞机和地面车辆上的太阳帆板的曝光进行建模。分析结果可用于确定电功率的可用性。访问特定对象的太阳帆板工具的方法有:在对象浏览器中选择对象,然后从对象的菜单中选择 Solar Panel....;或者直接右击该对象,再依次选择对象和 Solar Panel....。

太阳帆板工具包括:

- Solar Panel View Window:此窗口可以在动画中查看太阳能帆板位置的变化。使用 Animation 工具栏可以设置场景。
- Solar Panel Window:通过此窗口,可以识别遮蔽对象、定义报告数据的时间段,以及报告太阳帆板相关的数据,如图 1 - 13 所示。

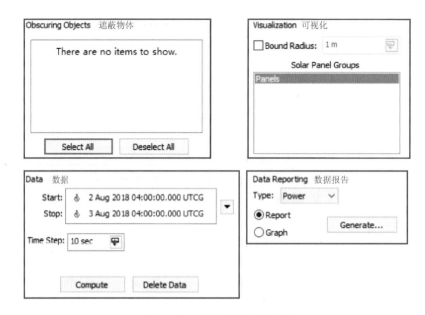

图 1 - 13　太阳帆板工具选项

【注】为了使太阳帆板工具工作,系统显示的颜色质量设置必须设置为至少 24 位颜色。不能在包含 Face Emission Color 参数或在太阳帆板上具有纹理的任何模型上使用太阳帆板工具。

(1) 遮蔽物体

Obscuring Objects 列表自动填充场景对象(不包括恒星和行星),这些物体可以阻挡指向太阳帆板的太阳光。在分析中总是考虑地球(或中心体)的影响,例如当航天器进入地球的本影或半影时,以及自动计算测试者自身阻挡太阳光到达其太阳帆板的情况。也可以使用鼠标在 Obscuring Objects 列表中选择单个对象。

(2) 可视化

为太阳帆板曝光分析设置适当的视图,定义约束半径,并在太阳帆板组中进行选择。
- Bound Radius:定制视图以产生可视化和分析的最佳显示。太阳帆板照射分析的视场是根据矩形平面而不是线性视轴或凝视方向来定义的。
- Solar Panel Groups:在窗口中选择太阳能电池组,并在太阳帆板照射分析中考虑。

【注】投影是正视的,也就是说太阳的光线是平行的,而不是放射状的。

太阳帆板视图窗口以红色背景显示黑色航天器,被照明的太阳帆板显示为灰色。面板受太阳照明的有效面积越大,显示的灰色阴影越亮。

(3) 数　据

太阳帆板工具通过动画场景以及周期性地计算帆板照明部分的像素,来表示太阳光照随时间的变化。因此,用户可以指定分析的开始时间、结束时间和步长。如果未设置这些参数,则默认为场景设置的参数。

(4) 数据报告

计算太阳帆板数据后,可以以报告或图表的形式显示各种数据。

- Power：太阳帆板在每个时间步长内捕获的太阳功率。
- Area：太阳照射在帆板上的面积、有效面积和每个时间步长内的太阳能强度。
- Angles：受到太阳照射的帆板有效面积与帆板面积形成的比值，在 0～90°的范围内。

1.3.5　Model 面积工具

Model 面积工具可以在设定的时间间隔内从给定的视图方向计算模型的面积。该工具可以用在任何模型文件的对象上。

访问特定对象的面积工具的方法为：在对象浏览器中选择对象，然后从对象菜单中选择 Area...；或者直接右击该对象，再依次选择对象和 Area...。 Area Panel 窗口与 3D Area View 窗口将会一起显示。视图窗口使用户能够看到动画中对象模型位置的变化。

【注】不能在包含 Face Emission Color 参数的模型上使用面积工具。

如图 1-14 所示，使用 Area Panel 窗口在视图窗口中定义视图并设置数据报告选项。

图 1-14　模型面积工具

① 可视化。通过设置 Bound Radius 定制视图，以产生可视化和分析的最佳显示。

② 数据生成。面积工具通过设置场景动画并定期计算与所考虑的模型对应的像素，来计算一段时间内的面积。这里要指定视图窗口中模型的查看方向。

③ 数据报告。单击 Generate 按钮生成相应的数据。

1.3.6　Walker 星座工具

Walker 星座工具可以使用 TwoBody、J2、J4 或 SGP4 轨道预报器轻松生成 Walker 星座。首先，定义一个具有所需特征和轨道的卫星；然后，通过在对象浏览器中选择卫星，并从 Satellite 菜单中选择 Walker... 来打开 Walker 星座工具；或者直接右击该卫星，依次选择 Satellite 和 Walker...，如图 1-15 所示。定义的原始卫星称为种子卫星，而使用 Walker 星座工具生成的卫星称为子卫星。

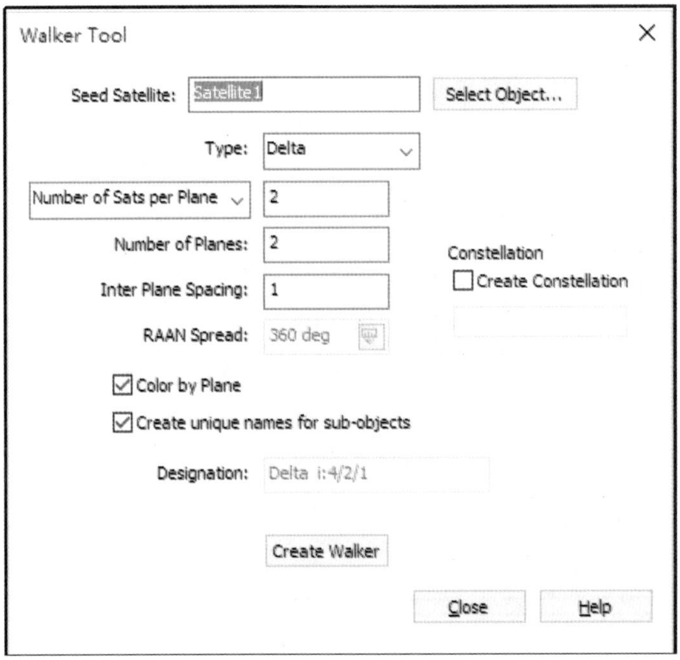

图 1 - 15　Walker 工具

【注】如果种子卫星具有诸如传感器的子对象,Walker 星座工具同样将为每个子卫星创建子对象。如果想在星座中的所有卫星上都设置一组传感器,那么可以先在种子卫星上创建传感器,然后再创建星座,则这些传感器将会同时复制到星座的其他成员上。

Walker 星座由一组卫星(t)组成,这些卫星处于圆形轨道并具有相同的周期和倾角。星座模式由指定的每个轨道平面(p)中均匀间隔的卫星(s)组成,使得 $t=sp$。轨道平面的升交点在赤经(RAAN)上均匀等间隔分布。

轨道平面升交点间距的定义方式取决于用户选择的 Walker 星座的类型。除了指定每个平面中的卫星数量之外,还必须指定每个平面中第一颗卫星相对于相邻平面中第一颗卫星的位置。指定第一颗卫星位置的方式取决于选择的 Walker 星座类型。

（1）定义 Walker 星座

Walker 星座采用一种简单的设计策略在星座中分配卫星。它有两个主要类型:Walker Delta 星座和 Walker Star 星座。这两个类型的不同之处在于星座平面之间升交点的分布。对于 Walker Delta 星座类型,升交点分布在 360°的整个范围内;而在 Walker Star 星座中,升交点分布在 180°跨度上。Walker 星座通常使用以下简写符号进行识别:

$$i:t/p/f$$

其中,i 是轨道平面的倾角,t 是星座中卫星的总数,p 是轨道平面的数量,f 是平面间的相位因子。相邻平面中两颗卫星的相对轨道位置由相位因子 f 确定,其中 f 是从 $0\sim p-1$ 的整数,f 的值表示角度测量的系数($360°/t$)。

（2）Walker 星座选项

可用的星座选项取决于所选星座的类型,见表 1-11。

表 1-11 Walker 星座选项

选 项	说 明
Type	选择下面类型中的一种： ● Delta：Delta 配置的轨道平面在赤经 360°范围内均匀分布。 ● Star：Star 配置的轨道平面分布在 180°的范围内。 ● Custom：自定义配置，允许用户明确输入平均分布升交点的跨度，并根据真实的偏移明确指定平面间的相位差
Number of Sats per Plane	星座每个轨道平面中的卫星数量(s)
Total Number of Satellites	星座全部卫星数量(t)，可以选择作为每个平面的数量的替代选项
Number of Planes	星座中轨道平面的数量(p)
Inter Plane Spacing	相邻平面中第一颗卫星之间的相位因子(f)。平面间距最多可以比星座轨道平面的数量(p)少一个。Custom 类型设置时由 True Anomaly Phasing 指定
True Anomaly Phasing	相邻平面中第一颗卫星之间的轨道间距(°)。Delta 和 Star 类型设置时由 Inter Plane Spacing 指定
RAAN Spread	角度除以平面数，以产生相邻平面之间升交点的赤经差异。 Delta 配置固定为 360°，Star 配置固定为 180°。 Custom 类型设置时由 True RAAN Increment 指定。 平面 1 将使用参考卫星定义的 RAAN 值。通过将(RAAN Spread/Planes 数量)添加到先前平面的 RAAN 来计算后续平面的 RAAN。 RAAN Spread 对于防止不希望的平面取向的小星座非常重要
RAAN Increment	轨道平面之间 RAAN 间距(°)。 Delta 和 Star 类型设置时由 RAAN Spread 指定
Color by Plane	选择平面的 2D 图形窗口中卫星的显示颜色；同一平面中的所有卫星都以相同的颜色显示，并且每个平面的颜色与其他平面的颜色不同。如果未选择此选项，则所有子卫星将继承种子卫星的显示颜色
Create unique names for sub-objects	选择将不同名称分配给所有卫星的子对象，即每个子卫星的子对象名称均不相同。如果未选择此选项，则所有子卫星的所有子对象将继承种子卫星子对象的名称，即所有子卫星的子对象名称均相同
Create Constellation	单击该按钮，则 STK 将自动创建一个 Constellation 对象，其中包含 Walker 星座中的所有卫星。另外，可以在文本框中输入星座的名称

当创建 Walker 星座时，种子卫星被复制为星座的一部分。新卫星被视为种子卫星的子卫星。如果打开子卫星的 Walker 窗口，则所有字段都将显示为灰色。此外，Number of Planes 字段和 Number of Satellites per Plane 字段显示所选子卫星的平面编号和卫星编号。每个子卫星的基本名称与种子卫星相同，再加上两个数字：第一个数字标识卫星所在的平面编号；第二个数字标识卫星在平面中的位置编号。

第 2 章
轨道机动与轨道设计模块(STK/Astrogator)

STK/Astrogator 对航天器轨道进行建模,Astrogator 能够根据任务需求制定任务控制序列,并通过执行任务控制序列来计算生成卫星的星历。Astrogator 提供了脉冲机动和有限推力机动两种机动模式,具有高精度的轨道预推模型。同时,为了实现任务规划,STK/Astrogator 提供了微分修正器和优化器。微分修正器通过搜寻满足任务目标的控制变量(如发射窗口或开机时段),优化器通过添加一系列的约束条件,调整控制变量去达到优化的目的。应用包括:

- 规划高保真、多区域弹道;
- 交会对接建模;
- 使用搜索配置文件实现特定目标的轨道机动规划;
- 静止轨道保持建模;
- 设计初始弹道;
- 开发星际任务等。

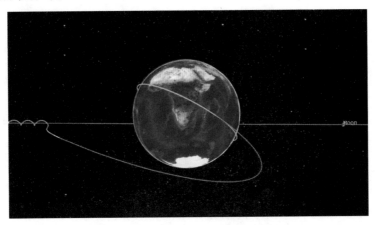

2.1 任务控制序列

单击卫星 Orbit 页面,选择 Astrogator 预报器,则打开 STK/Astrogator 属性界面,如图 2-1 所示。

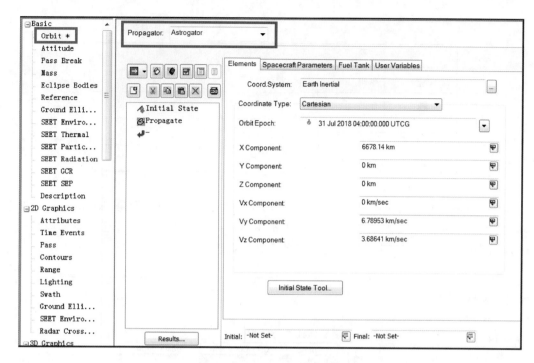

第 2 章

图 2-1 Astrogator 属性界面

在属性页面的左侧就是任务控制序列(Mission Control Sequence,MCS)的树状结构,描述了任务的各个任务序列段以及它们之间的关系。树状结构上侧为工具栏,相应的功能见表 2-1。

表 2-1 Astrogator 工具栏按钮

按 钮	说 明
	运行整个任务控制序列 | 运行单个任务序列段
	摘要
	清理图形
	任务控制序列选项
	任务序列段属性
	显示日志文件
	添加到组件浏览器
	插入任务序列段
	剪切

续表 2-1

按　钮	说　明
🖹	复制
📋	粘贴
✕	删除
🖼	自主序列浏览

属性页面右侧窗口为每个任务序列段的参数设置。树状结构下面是"Results..."按钮，可以设置每个任务序列段的报告和目标。单击"Results..."按钮，会打开任务序列段目标选择窗口，如图 2-2 所示，左侧就是可选的任务序列段可选择目标。

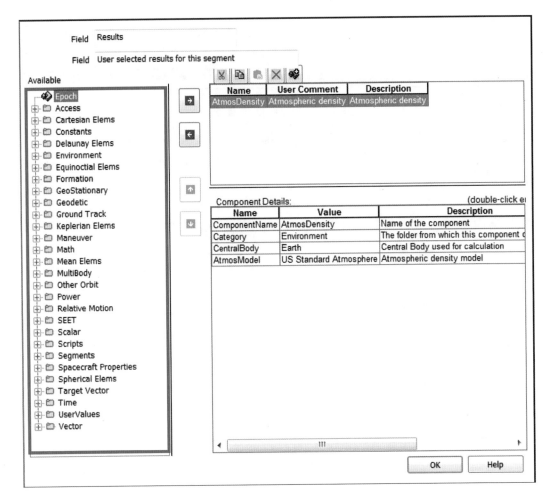

图 2-2　Astrogator 任务段 Result 界面设置

2.2 任务控制序列基本段

MCS 允许用户自由地选择和组织任务序列段,生成期望的轨迹。在进行配置之前,MCS 初始界面有一个初始状态(Initial State)和一个外推器(Propagate),可以生成一个典型的低轨卫星轨道。

MCS 中的基本任务控制段类型如图 2-3 所示。下面具体介绍每个基本段的功能。

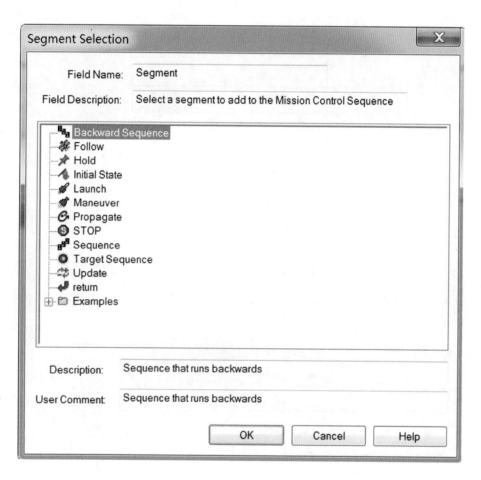

图 2-3 任务控制段选择窗口

2.2.1 初始状态段

初始状态段(Initial State)用来定义整个 MCS 及其子序列的初始状态,如图 2-4所示。

初始状态段的设置包括四个部分:轨道要素(Elements)、卫星参数(Spacecraft Parameters)、燃料储箱(Fuel Tank)以及用户变量(User Variables)。

● 轨道要素:主要包括轨道坐标系(Coord System)、历元时间(Orbit Epoch)以及轨道要素类型(Coordinate Type)等,如图 2-4所示。

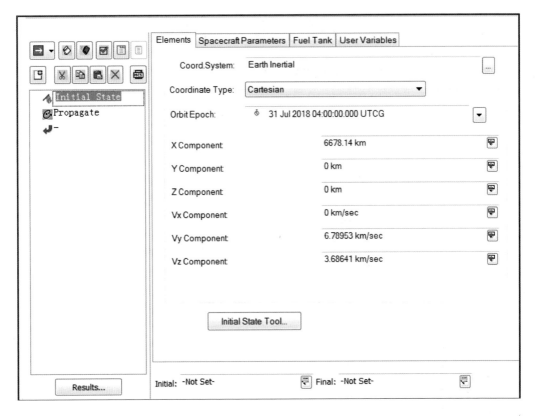

图 2 - 4　Initial State 属性设置

● 卫星参数：主要包括卫星净重（Dry Mass）、大气阻力系数（Drag）、太阳辐压系数（Solar
Radiation Pressure）等，如图 2 - 5 所示。

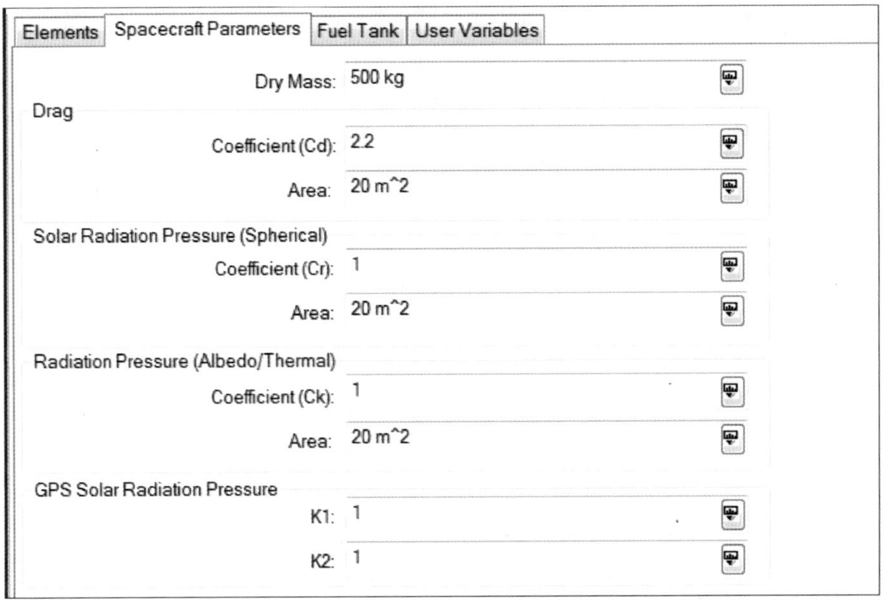

图 2 - 5　Initial State 航天器参数设置

● 燃料储箱：包括储箱压力、体积、温度、燃料密度、燃料质量以及最大燃料质量,如图 2-6 所示。

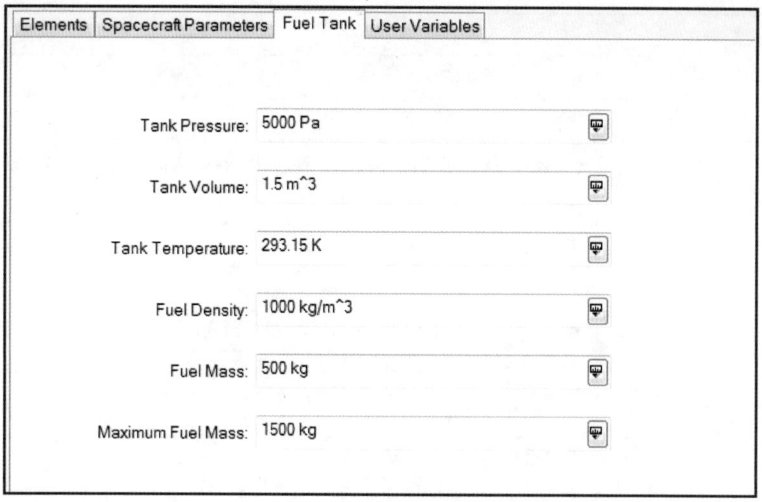

图 2-6　Initial State 燃料参数设置

2.2.2　发射段

发射段(Launch)可以模拟火箭的发射过程,发射可以在地球上,也可以在其他天体上。模拟的方法与火箭发射或导弹发射中的简单上升段模型类似。发射段的设置主要包括发射参数设置和关机参数设置两个部分。

(1) 发射参数设置

发射参数设置窗口中的 Launch 任务段属性设置如图 2-7 所示。

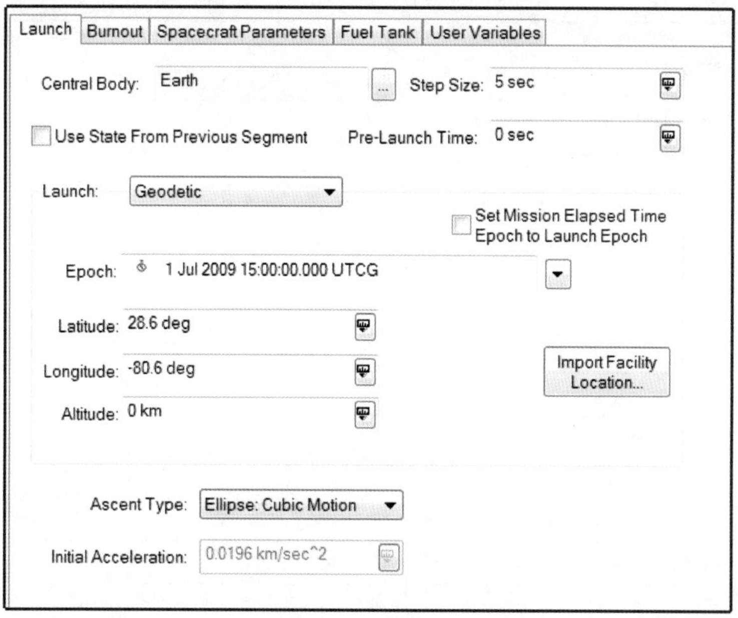

图 2-7　Launch 任务段属性设置

主要设置参数如表 2-2 所列。

表 2-2 Launch 任务段选项

选 项	说 明
Central Body	选择发射所在的中心天体
Step Size	定义星历计算的步长
Use State From Previous Segment	使用前一任务序列段的状态参数,如果选择,则定义发射点的参数为上一任务序列段航天器最终状态
Pre-Launch Time	定义场景先于航天器发射的时刻
Ascent Type	上升段类型,定义椭圆运动插值的阶数: ● 三次样条插值(Cubic Motion):根据给定的位置和速度计算弹道 ● 四次样条插值(Quartic Motion):根据给定的位置、速度和加速度计算弹道
Initial Acceleration	定义初始加速度
Launch Coordinate Type	发射坐标系类型: ● 地心发射坐标系(Geocentric):将地球当成球体,位置相对地心计算 ● 地平发射坐标系(Geodetic):将地球当成椭球体,位置从当地水平面的法线方向计算
Epoch	定义发射时刻历元时间
Set Mission Elapsed Time Epoch to Launch Epoch	设置发射之前,任务控制序列进行的时间
Latitude	定义发射点的纬度
Longitude	定义发射点的经度
Radius/Altitude	定义发射点的高程
Import Facility Location	可以从 STK 数据库中导入一个地面设施的位置作为发射点位置

（2）关机参数设置（Burnout）

关机点参数设置窗口如图 2-8 所示。

设置参数见表 2-3。

表 2-3 Launch 任务段关机点参数

选 项	说 明
Burnout Point	定义关机点位置
Time of Flight	定义从发射点到关机点的飞行时间
Latitude	定义关机点的纬度
Longitude	定义关机点的经度
Azimuth	定义发射方位角
Downrange Dist	定义发射点到关机点的弹下点轨迹距离
Radius/Altitude	定义关机点的半径/高度
Burnout Velocity	选择关机点速度的参考系:固定坐标系还是惯性坐标系
Fixed Velocity	定义固定坐标系速度大小

续表 2－3

选　项	说　明
Inertial Velocity	定义惯性坐标系速度大小
Inertial Velocity Azimuth	定义惯性坐标系速度的方位角
Inertial Horizontal Flight Path Angle	定义惯性坐标系速度与当地水平面的夹角

第 2 章

图 2－8　Launch 任务段关机点界面

2.2.3　伴随段

伴随段(Follow)可以用来模拟追踪航天器在一个特定距离上伴随另一个航天器飞行,这个任务序列段通过对目标星历数据进行偏置来形成追踪航天器的星历数据。在定义伴随段时,需要设置通用参数来描述伴随操作的历元和特点,之后还需要定义组合条件约束、分离条件约束以及航天器的物理属性。伴随段的设置界面如图 2－9 所示。

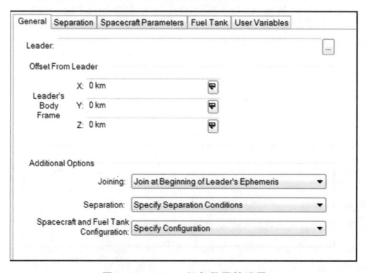

图 2－9　Follow 任务段属性设置

设置参数见表 2-4。

表 2-4 Follow 任务段参数说明

选　项	说　明
Leader	选择中心航天器
Offset From Leader	偏置参数。定义追踪航天器偏离中心航天器的位置,以中心航天器体坐标系为参照系
Joining	加入条件设置,有四个选项: Join at End of Leader's Ephemeris:在中心航天器星历结束时加入,此时追踪航天器取中心航天器星历的最后状态作为其伴随段的初始状态和最终状态。分离将自动设置为在中心航天器星历结束时的分离参数(Separate at End of Leader's Ephemeris)。 Join at Beginning of Leader's Ephemeris:在中心航天器星历开始时加入。 Join at Final Epoch of Previous Segment:从上一个任务段的结束时加入,此时追踪航天器自上一任务序列段结束并始伴随目标。 Specify Joining Conditions:自定义组合条件,自定义追踪航天器开始伴随目标的时刻
Separation	分离条件设置:设置追踪航天器与中心航天器的分离情形,有两个选项: Separate at End of Leader's Ephemeris:追踪航天器将一直伴随中心航天器直到中心航天器星历结束,然后与中心航天器分离; Specify Separation Conditions:自定义追踪航天器与中心航天器的分离时刻
Spacecraft and Fuel Tank Configuration	航天器及燃料储箱设置。设置追踪航天器及其燃料储箱的属性,有三个选项: Inherit Spacecraft Configuration From Previous Segment:此时追踪航天器的参数设置与上一任务序列段的参数相同; Inherit from Leader:追踪航天器的参数设置与目标的参数相同; Specify Spacecraft Configuration:自定义航天器的属性

2.2.4 机动段

机动段(Maneuver)主要用来对航天器机动建模,分为两种模式:脉冲机动(Impulsive)和有限推力机动(Finite)。不同的模式具有不同的控制方法和策略。

2.2.4.1 脉冲机动

脉冲机动模式通过对前一任务序列段的最终速度增加一个速度增量,然后计算航天器的星历。脉冲机动的设置分为姿态(Attitude)和发动机(Engine)两个部分。

(1) 姿　态

姿态设置界面如图 2-10 所示。

这里需要设置的有姿态控制(Attitude Control)和速度增量大小(Delta V Magnitude)。

姿态控制有以下几个选项:

● 沿着速度方向:速度增量与航天器惯性速度方向一致;

● 沿速度相反方向:速度增量与航天器惯性速度方向相反;

● 姿态自定义:自定义速度增量的欧拉角或者四元数;

● 外部文件:导入一个外部姿态文件来进行姿态控制;

● 推力矢量:速度增量的方向由相对于推力轴的笛卡儿坐标或球坐标来表示。

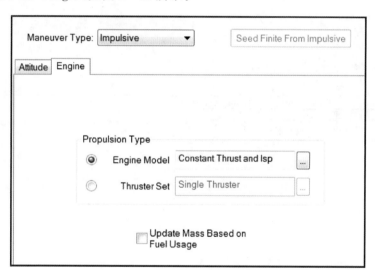

图 2 - 10　脉冲机动姿态设置

（2）发动机

发动机需要设置的参数包括推进类型（Propulsion Type）以及是否考虑质量消耗（Update Mass Based on Fuel Usage），如图 2 - 11 所示。

图 2 - 11　脉冲机动发动机设置

其中，推进类型包括发动机模型（Engine Model）和推力器参数设置两个部分，见表 2 - 5。

表 2 - 5　脉冲机动发动机参数

发动机模型	说　明
Constant Acceleration and I_{sp}	固定加速度和比冲。 $g = 9.8 \text{ m/s}^2$ $a = 0.5 \text{ m/s}^2$ $I_{sp} = 300 \text{ s}$

续表 2-5

发动机模型	说　明
Constant Thrust and I_{sp}	固定推力和比冲。 $g = 9.8 \text{ m/s}^2$； $T = 500 \text{ N}$； $I_{sp} = 300 \text{ s}$
Custom Engine	自定义发动机。利用外部功能定义发动机,STK 支持 MATLAB、Perl、Python、VB 等多种脚本语言定义发动机
Ion Engine	离子发动机。离子发动机三参数:推力、离子喷射速度和质量秒耗量。推力 = 质量秒耗量×离子喷射速度×衰减系数
Plugin Engine	外部插件定义发动机。利用 COM 组件定义发动机模型的属性
Polynomial Thrust and I_{sp}	多项式推力和比冲。根据用户给定的系数来定义推力和比冲方程(可以用来检验发动机的系数)

用户可以自定义推力器的个数、大小和方向,如图 2-12 所示。

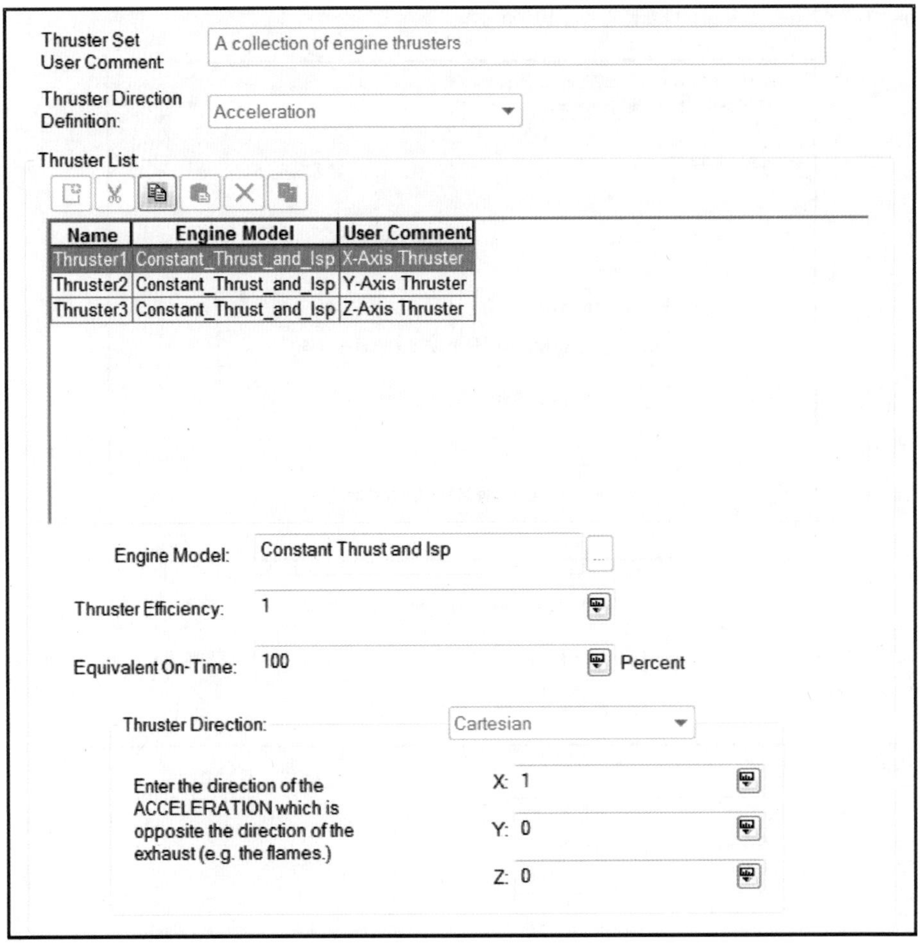

图 2-12　自定义发动机推力器

推力器设置页面上各选项的含义见表 2 - 6。

表 2 - 6　脉冲机动推力器选项

选 项	说 明
User Comment	用户注释。输入一个简单的注释来描述推力器
Thruster Direction	推力器方向。这里需要设置两部分:一是定义推力器方向的属性(是按加速度还是发动机);二是设置方向
Thruster List	推力器列表
Engine Model	发动机模型
Thruster Efficiency	推力器效率
Equivalent On-Time	时变模型,时变百分比是一个衰减系数,发动机在工作时,推力或加速度按百分比降低

2.2.4.2　有限推力机动

有限推力机动(Finite)模式是根据设定的推力加速度,利用定义的轨道预报器来预报状态参数。推力的量级取决于用户定义的发动机模型。推力的方向由姿态控制来确定。

在有限推力模式下,用户需要设置三个部分:姿态(Attitude)、发动机(Engine)和预报器(Propagator)。

(1) 姿　态

与脉冲模式下姿态设置不同,有限推力模式的姿态设置将速度增量大小一项变成了姿态更新(Attitude Update),其他与脉冲模式一致,如图 2 - 13 所示。

姿态更新选项包括:

● Inertial at ignition:在点火时刻,推进方向固连在惯性系下保持不变;

● Inertial at start:在任务序列段开始,推进方向固连在惯性系下保持不变,并贯穿整个任务序列段;

● Update during burn:在发动机工作过程中,实时调整姿态以满足所需的推进方向。

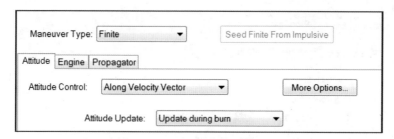

图 2 - 13　有限推力冲量 Attitude 设置

(2) 发 动 机

发动机需要设置的参数包括推进类型(Propulsion Type)、压力模式(Pressure Mode)和推进效率(Thrust Efficiency)。

推进类型设置与脉冲模式一致,在此不再赘述。

压力模式包括定压模式(Pressure - Regulated)和放气模式(Blow - Down),即

- 定压模式：燃料储箱中的压力不随推进剂质量变化而变化，保持一个固定值；
- 放气模式：压力随着推进剂的消耗而减小，遵循理想气体定律。

推进效率给出了一个推力系数，一般取值在 0.98～1.02 之间。其下方的选项则定义了推进效率的适用范围：只影响加速度(Affects Accel Only)以及影响加速度和质量流量(Affects Accel and Mass Flow)，如图 2-14 所示。

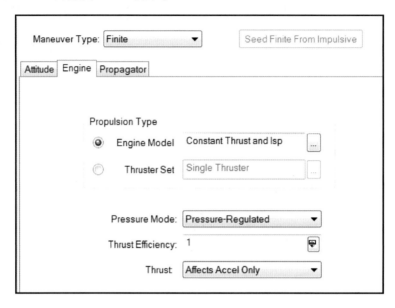

图 2-14 有限推力冲量 Engine 设置

（3）预报器

预报器(Propagator)的界面如图 2-15 所示，此节与下一节的预报器使用类似，详情请参考下文。

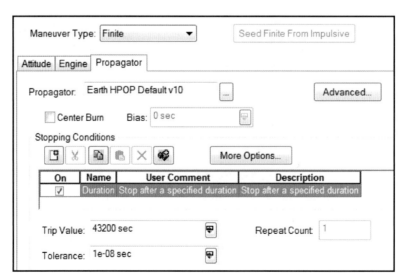

图 2-15 有限推力冲量 Propagator 设置

2.2.5 预报段

预报段(Propagate)用来模拟航天器沿着当前状态的运动,直到遇到停止条件为止,其界面如图 2-16 所示。

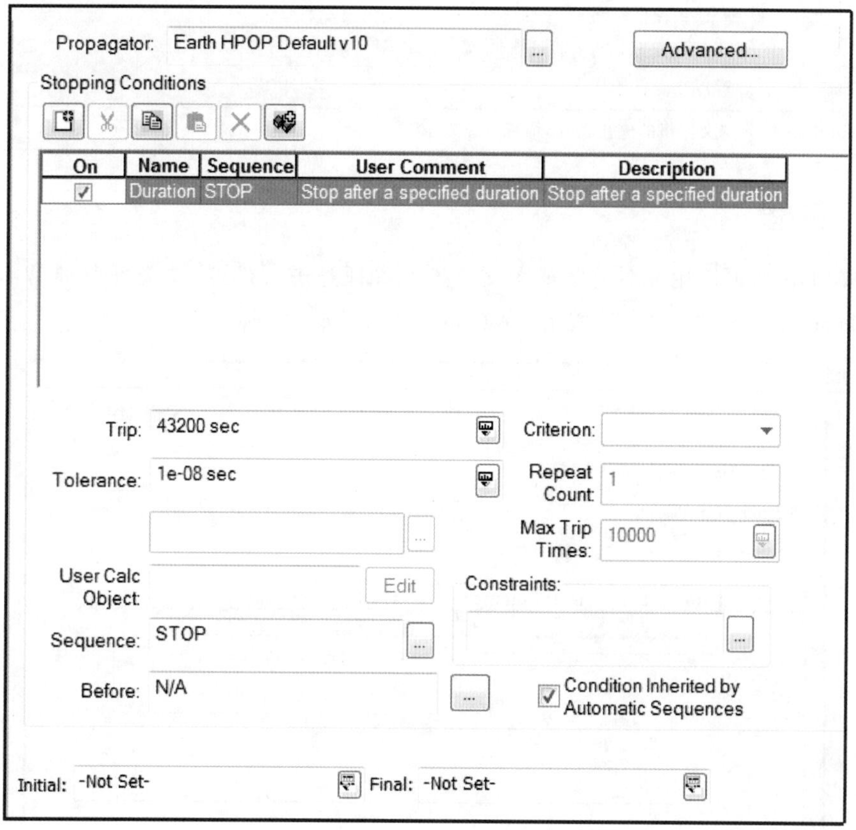

图 2-16 Propagate 预报段属性

预报段选项需要设置的参数见表 2-7。

表 2-7 预报段选项

选　项	说　明
Propagator	定义轨道预报器的模型,包括: CisLunar:地月空间轨道,介于地球轨道空间和月球轨道空间之间的高精度轨道预报模型; Earth HPOP Default v10:地球轨道高精度预报模型; Earth J2:仅考虑 J2 项摄动的地球轨道预报模型; Earth Point Mass:地球轨道二体预报模型; Heliocentric:太阳轨道空间高精度预报模型; Moon HPOP Default v10:月球轨道高精度预报模型

选　项	说　明
Advanced	定义时间周期的约束条件,包括: ● 最小预报时间; ● 最大预报时间; ● 最大预报时间警告信息; ● 停止条件的优先级
Stopping Conditions	定义预报的停止条件,详情见2.3节

2.2.6 保持段

保持段(Hold)可以用来对着陆或者交会操作等任务进行模拟,这类任务通常需要使航天器相对于目标保持在一个固定位置上,界面如图 2-17 所示。

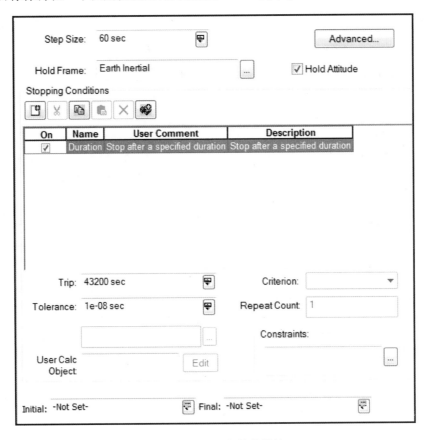

图 2-17　Hold 保持段属性

Hold 任务序列段需要设置的参数包括以下几个方面,见表 2-8。

表 2 - 8　保持段的参数选项

参　数	说　明
Step Size	定义保持段的计算步长
Advanced	高级选项,定义时间周期的约束条件,包括: ● 最小预报时间; ● 最大预报时间; ● 最大预报时间警告信息
Hold Frame	定义保持段的参考坐标系
Hold Attitude	定义保持段中航天器相对于参考坐标系的姿态
Stopping Conditions	定义保持段的停止条件,详情见 2.3 节

2.2.7　序列段

序列段(Sequence)是一个组合体,可以用来将多个任务序列段进行组合,并可以定义将结果的属性传递到下一任务序列段或者下一序列。序列段的参数设置包括两部分:脚本(Scripting)和通用设置(General Options),如图 2 - 18 所示。

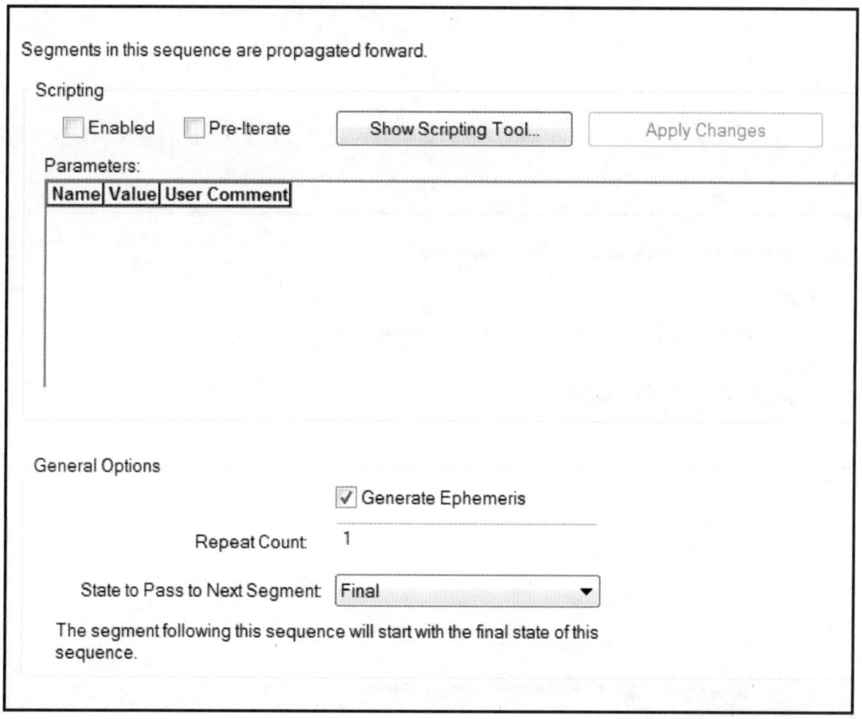

图 2 - 18　Sequence 序列属性

在脚本(Scripting)设置部分,用户可以自定义一个脚本文件,用于在序列段开始前执行,如图 2 - 19 所示。

在脚本工具里面可以设置目标属性、计算目标、参数以及脚本语言,且支持 MATLAB

和 VB。

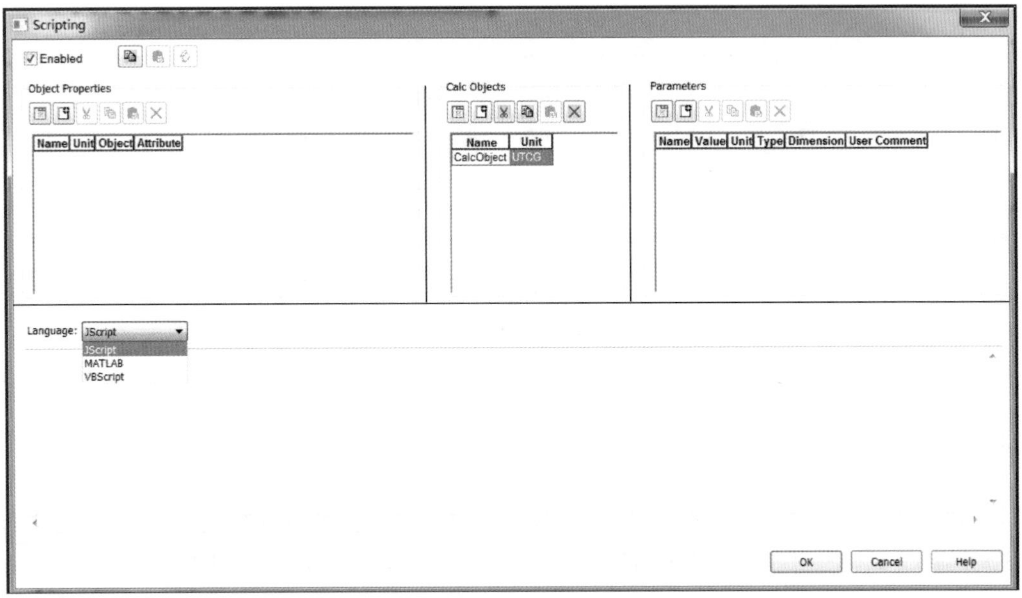

图 2 - 19　Sequence 脚本工具

2.2.8　反向序列段

反向序列段(Backward Sequence)与序列段类似,只是该序列中的基本段反向执行,界面如图 2 - 20 所示。

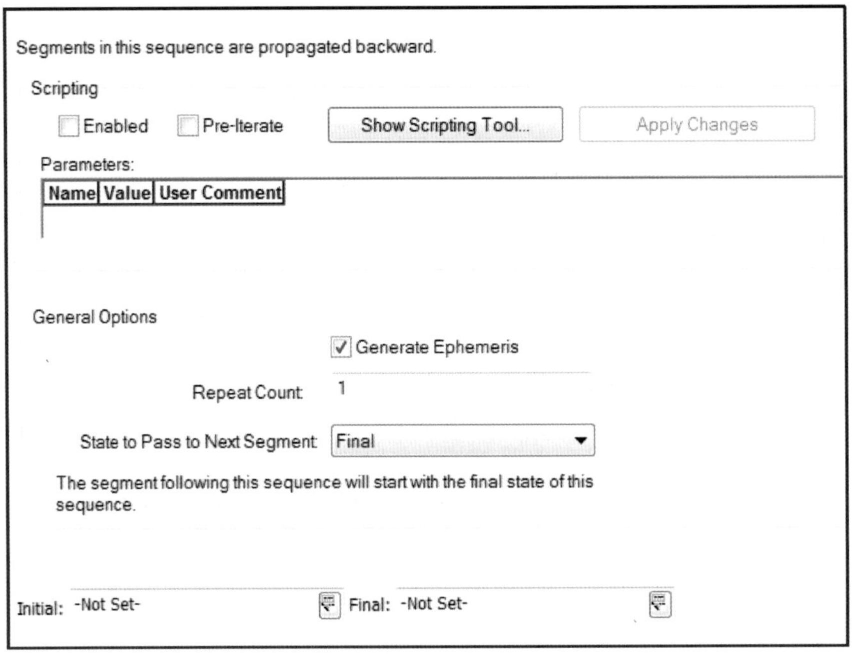

图 2 - 20　Backward Sequence 任务段

2.2.9　目标序列段

目标序列段(Target Sequence)通过定义一系列的机动段和预报段构成一个序列,以实现特定的目标。实现一个目标序列需要三步,即

● 添加基本段到目标序列;
● 定义目标序列的属性;
● 配置目标序列。

(1) 添加基本段到目标序列

任何控制序列基本段都可以嵌套在目标序列里面,一个目标序列也可以嵌套在另一个目标序列里面。

(2) 定义目标序列的属性

目标序列的属性包含两部分:搜索算法和基本段的配置。

● 搜索算法:定义目标以及如何调整变量实现目标,包括五种类型,即微分修正法、稀疏非线性优化、内部点优化、设计探索优化和外部插件。
● 基本段的配置:主要设置基本段在目标序列中的位置和功能,包括 7 种类型,即改变机动类型、改变预报器、改变返回段、改变停止段、改变停止条件约束状态、运行目标序列一次和有限推力。

用户可以在 Profile 面板上进行设置,如图 2-21 所示。

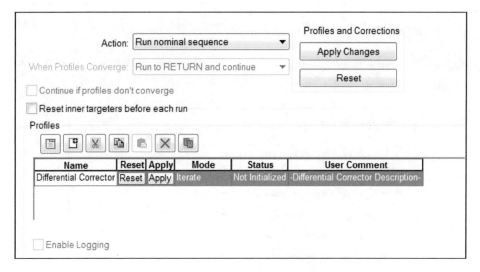

图 2-21　Target Sequence 任务段设置界面

(3) 配置目标序列

用户可以配置目标序列以多种方式执行,定义一个目标序列的参数见表 2-9。

表 2 - 9　目标序列参数选项

选项	说明
Action	行为类型,包括: ● Run active profiles:执行该目标序列,直至达到最优化目标。在这期间,目标序列不断重复迭代,选择的优化变量不断更新。 ● Run active profiles ONCE:执行该目标序列,并对选择的优化变量进行一次优化。 ● Run nominal sequence:根据用户输入的变量值,执行该目标序列,不涉及优化
When Profiles Converge	当行为类型选择 Active 时,才会进行设置,有三个选项: ● Run to return and continue:在遇到返回段时,跳过继续执行该目标序列; ● Run to return and stop:在遇到返回段时,停止执行该目标序列,同时停止整个任务控制序列; ● Stop:在目标序列收敛时,停止整个任务控制序列
Continue if profiles don't converge	选择该项,即使 Profile 没有收敛,任务控制序列仍可以继续执行;反之,任务控制序列停止执行
Reset inner targeters before each run	选择该项,在每一个目标序列执行起始,其内部嵌套的目标序列都会重置
Apply Changes	将当前的设置赋给目标序列
Reset	重置该目标序列
Enable Logging	允许该序列记录运行历史信息。这项可用的前提是在任务控制序列选项中允许记录日志文件

2.2.10　更新段

更新段(Update)用来更新除了储箱体积和 GPS 光压以外的所有航天器配置和燃料储箱参数。Update 任务段界面如图 2 - 22 所示。

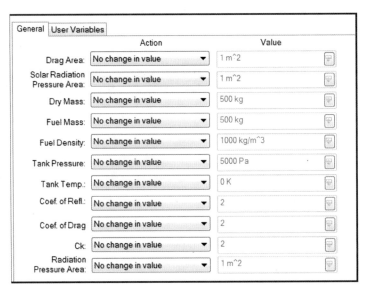

图 2 - 22　Update 任务段界面

2.2.11　返回段

返回段(Return)就是返回上一级序列中。

2.2.12　停止段

停止段(Stop)的作用是停止整个任务控制序列。

2.3　Astrogator 组件

Astrogator 组件由组件浏览器(Component Browser)管理,组件浏览器是一个强大的工具,可以根据任务的需要重新定义组件或者创建一个新的组件,其位于菜单栏的功能(Utilities)下面。在左侧 Show 里面选择 Astrogator Components,如图 2-23 所示。

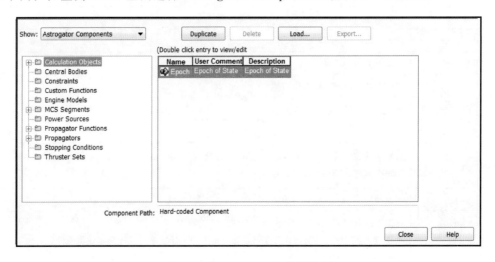

图 2-23　Astrogator 组件浏览器

Astrogator 组件包含多种类型,有些前面已经介绍到,不再累述。下面重点介绍计算对象组件和停止条件组件。

2.3.1　计算对象组件

Astrogator 组件提供了多种计算对象组件,这些计算对象组件广泛地应用在其他组件中,也可作为输出结果、目标序列约束以及图表元素。计算对象组件的类型见表 2-10。

表 2-10　计算对象组件的类型

类　型	说　明
Epoch	任务控制序列中的某一特定状态的历元
Access	对象之间的可见性
Cartesian Elements	位置的 X 方向、Y 方向、Z 方向分量以及速度的矢量
Constants	提供计算对象中的常数值、重力系数、参考半径、光速等
Environment	大气密度、压力和温度

类　　型	说　　明
Equinoctial Elements	等分轨道根数
Formation	编队飞行中相对参数
Geostationary	地球静止轨道的经度漂移,东向为正
Geodetic	纬度、经度、高程以及它们的变化速度
Ground Track	在赤道测量的地面轨迹误差
Keplerian Elements	经典开普勒根数
Maneuver	轨道机动,包括速度增量,燃料质量,密度,消耗量,惯性速度增量大小,X、Y、Z 方向的速度分量,储箱压力,储箱温度,推力矢量,总质量,总质量流量
Math	绝对值、差分、最大值、最小值、负数
Mean Elements	Kozai - Izsak 和 Brouwer - Lyddane 等平根
Multibody	B 平面元素、赤纬和赤经
Other Orbit	包括 beta 角、C3 能量、真经度等
Power	内部能量、过程能量、太阳帆板
Relative Motion	相对于参考目标的相对参数
Scalar	Analysis Workbench 中基于计算组件标量值
Scripts	自定义功能以及 MATLAB、VBScript、Perl 或者 Jscript 嵌入式功能。使用 MATLAB 的功能,用户必须将 STK 和 MATLAB 互联起来
SEET	太空环境的相关变量
Segments	这里主要有四类: ● 任务序列段差分:当前任务序列段相对于另一个任务序列段的变量数值差分; ● 任务序列段间卫星差分:当前任务序列段卫星状态相对于另一个卫星的差分; ● 任务序列段变量:当前任务序列段的变量数值; ● 任务序列段间卫星变量:当前任务序列段内卫星相对于参考卫星的数值
Spacecraft Properties	大气阻力系数、太阳辐射压系数等
Spherical Elements	在球坐标系下的相关根数
Target Vector	C3 能量、渐近线以及其他有关目标向量的元素
Time	给定历元的时间区间
User Values	用户变量
Vector	向量相关的元素、叉积、向量角等

2.3.2　停止条件组件

Astrogator 模块提供了大量的停止条件(Stopping Conditions),应用于预报段、伴随段、机动段等基本段。用户还可以在组件列表中自定义停止条件。STK 提供的停止条件见表 2 - 11。

表 2-11　停止条件组件类型

选　项	说　明
Access	可见性。两个对象在场景中可见时停止
Altitude	高度。在目标运动到相对于参考中心天体的指定高度时停止
Always Tripped	约束。在每一步积分之后都要评价变量是否满足约束条件,如果满足约束条件就停止;如果不满足,则继续进行下一步积分,直至满足约束条件
Apoapsis	远地点。在距离初始位置的最远处停止
Argument of Latitude	纬度辐角。角在达到特定的纬度辐角时停止
Ascending Node	在升交点停止
Delta V	速度增量在一个特定的速度增量条件下停止。该停止条件仅在有限推力模式下使用
Descending Node	在降交点停止
Duration	在特定的持续时间执行后即停止
Epoch	在特定的历元时刻停止
Lighting	在实现特定的光照条件时停止,例如进出日照区或半影区
Longitude	在对象达到特定的经度时停止
Mean Anomaly	在对象达到特定的平近点角时停止
Periapsis	在近地点处停止
R Magnitude	在距离初始位置的特定距离处停止
True Anomaly	在对象达到特定的真近点角时停止
User Select	当对象的某一状态变量达到用户设定的值时停止
$X-Y$ Plane Cross	在对象穿越 $X-Y$ 平面时停止
$Y-Z$ Plane Cross	在对象穿越 $Y-Z$ 平面时停止
$Z-X$ Plane Cross	在对象穿越 $Z-X$ 平面时停止

2.4　Astrogator 报告

Astrogator 报告类型见表 2-12。

表 2-12　Astrogator 报告类型

选　项	说　明
MCS Ephemeris Segments	任务控制序列星历报告,该报告给出了每个星历任务序列段的 MCS 的生成量
MCS Summary	任务控制序列摘要,该报告给出了 MCS 的简要描述
Maneuver History	机动历史报告,该报告给出了机动过程中燃料的消耗情况
Maneuver Summary	机动摘要,该报告给出了 MCS 过程中机动任务序列段的简要情况
Astrogator Values	Astrogator 计算值,该报告允许用户自定义生成 MCS 执行过程中任一计算组件变量随时间变化的情况

第 3 章
覆盖分析模块(STK/Coverage)

STK/Coverage 覆盖模块用于在考虑对象可见约束的情况下,实现一个或多个覆盖资源(如卫星、传感器等)对全球或特定区域的覆盖分析。覆盖分析是基于对覆盖区域内网格点可见性计算的基础上得到的结果。网格点可以通过网格分辨率指定,也可以指定网格点的位置。

为实现对区域的覆盖分析,STK 提供了覆盖定义(Coverage Definition)和覆盖品质参数(Figure of Merit,FOM)两类对象。其中,Coverage Definition 定义了覆盖网格区域(Grid)、覆盖资源(Asserts)、覆盖时段并执行覆盖计算。在定义 Coverage Definition 的基础上,添加 FOM 对象到 Coverage Definition 对象上,可以提供更加详细的覆盖品质评估指标。STK/Coverage 所有的覆盖结果都可以以 2D 或 3D 的方式呈现,STK/Coverage 模块的 2D 和 3D 效果非常重要,能否达到理想的显示效果,主要就是靠对 Coverage Definition 和 Figure of Merit 两类对象二维和三维的图形属性进行设置。

在本章中我们主要介绍 STK/Coverage 模块的以下内容:

- 覆盖定义(Coverage Definition);
- 覆盖品质参数(Figures of Merit);
- 覆盖图形属性(Coverage Graphics);
- 方位覆盖分析(Attitude Coverage);
- 覆盖网格检查工具(Grid Inspector);
- 单个对象覆盖分析(Single Object Coverage)。

3.1　覆盖定义

在覆盖分析中,可以对多个覆盖区域分别设置 Coverage Definition 对象,也可以对一个覆盖区域设置多个 Coverage Definition 对象以分析其不同的覆盖特性。通过选择覆盖区域、设置覆盖资源、设置覆盖时段定义 Coverage Definition 对象,一旦定义了 Coverage Definition 对象,就可以计算出满足覆盖区域的可见时段,从而确定覆盖资源的可用性或满足各种约束条件(几何、光照、时间或其他约束)覆盖资源的可用性。

应用覆盖分析的约束可以与覆盖资源或覆盖区域的定义相关联。虽然只能有一组约束与覆盖定义相关联,但是可以定义多个 Coverage Definition 对象来模拟覆盖区域的不同约束。表 3-1 提供了需要定义单个或多个 Coverage Definition 对象情况的简要示例。

表 3-1　覆盖约束设置

需　求	单个 ❋ 对象	多个 ❋ 对象
单个区域,统一约束	√	
多个区域,统一约束	√	
多个区域,统一约束,多种品质参数	√	
单个区域,多组约束		√
多个区域,多组约束		√

要定义覆盖定义对象及其属性,应首先在对象浏览器中创建 Coverage Definition 对象。

3.1.1　覆盖网格

覆盖分析是基于覆盖资源和覆盖地理区域的可见性实现的,其中覆盖地理区域又可以分为位置点和区域。位置点具有具体的地理坐标,用于计算覆盖资源可用性。区域是包含网格点的封闭边界,基于对该区域内网格点的可见性计算分析对区域的可见性。覆盖区域通过网格进行划分,因此又称为覆盖网格(Grid)。

使用 Grid 属性定义覆盖区域的边界、覆盖网格的大小、网格点的高度以及设置覆盖区域的约束,如图 3-1 所示。

3.1.1.1　覆盖区域

覆盖区域可以通过定义覆盖区域的类型进行定义,共包括 7 种类型,见表 3-2。

表 3-2　覆盖网格区域类型

网格类型	说　明
Custom Boundary	自定义边界。Custom Boundary 沿着由用户选择的边界创建网格。该边界可以由 AreaTarget、LineTarget、区域边界列表(* . rl),以及多边形 shapefiles(* . shp)和 ArcView shapefile(* . shp)组合指定

续表 3 - 2

网格类型	说　明
Custom Regions	自定义区域。Custom Regions 由用户选择的 AreaTarget、区域边界列表(* . rl)以及 ArcView shapefile(* . shp)组合指定的区域创建网格。使用自定义区域时,选择合适的网格分辨率非常重要。如果单个自定义区域小于分辨率,STK 将使用更精细的分辨率替代网格分辨率,以确保该区域内至少有三个样本。 【注】自定义区域不适用于 Attitude Coverage
Global	全球区域,Global 创建覆盖整个地球表面的网格
LatLon Region	纬度经度区域,LatLon Region 在指定的纬度和经度之间创建网格
Latitude Bounds	纬度边界,Latitude Bounds 由指定的最小纬度和最大纬度之间的区域创建网格
Latitude Line	纬度线,Latitude Line 沿纬度线创建一组点。输入最小经度,最大经度和纬度值
Longitude Line	经度线,Longitude Line 沿经度线创建一组点。输入最小纬度、最大纬度和经度值

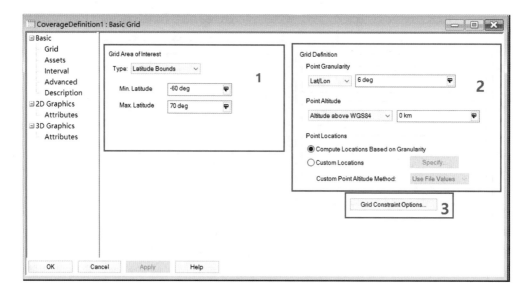

图 3 - 1　覆盖定义的 Grid 属性

【注】如果基于现有的 Area Target 定义区域,则修改覆盖区域的边界;若勾选了 Auto Recompute 选项,则 STK 会自动更新覆盖区域的边界。

3.1.1.2　覆盖网格点

覆盖分析过程中计算出的统计数据是根据覆盖网格的坐标点统计得到的,网格点的位置既可以根据指定的网格分辨率计算,也可以从文件导入网格点。

【注】网格分辨率越高,计算结果越精确,计算时间也越长。靠近两极的网格生成会作为特殊情况处理,建议不要使用过分精细的分辨率。

(1) 指定网格点分辨率

网格点分辨率设置选项见表 3 - 3。

表 3 – 3　网格点分辨率设置选项

选　项	说　明
Area	使用指定面积大小确定赤道上纬度/经度的间距,定义网格坐标的位置。不适用于 Attitude Coverage
Distance	使用指定的距离定义网格坐标的位置,以确定赤道处的纬度/经度间距。不适用于 Attitude Coverage
Lat / Lon	输入在赤道处的经纬度大小来确定网格坐标的位置

(2)指定网格点高度

网格点高度设置选项见表 3 – 4。

表 3 – 4　网格点高度设置选项

选　项	说　明
Altitude above MSL	相对于平均海平面 MSL 的高度,仅适用于地球
Altitude above Terrain	相对于地形的高度,随着每个网格点的经纬度变化
Altitude above WGS84	相对于 WGS84 椭球表面的高度,椭球曲面法线随每个网格点的经纬度变化,该选项仅适用于地球
Depth below MSL	低于平均海平面 MSL 的高度,正值表示高度低于 MSL。此选项仅适用于地球
Altitude above Ellipsoid	此选项适用于除地球以外的中心天体
Depth below Ellipsoid	沿着中心体椭球面法线测量的深度,其中曲面法线随着每个网格点的纬度和经度变化。正值表示在椭球表面下方。此选项仅适用于除地球以外的中心天体
Radius	指定覆盖网格点与中心天体中心之间的距离

(3)指定网格点的位置

覆盖网格点的位置通常由 STK 根据网格点分辨率设置,但也可以自定义网格点的位置,通过在 Point Locations 下选择 Custom Locations,然后单击 Specify 按钮来加载点文件,如图 3 – 2 所示。

要将文件添加到 Point File List,可单击 Add 按钮,然后双击列表中的新条目。选择包含兴趣点的点列表文件(＊.pnt)或 shapefile 文件(＊.shp)。点列表文件和 shapefile 文件都是包含纬度和经度的位置点,并且点列表文件还可以包含高度值。

如果通过点列表文件指定点位置,则当且仅当 Coverage Definition 属性中的网格点高度设置为零时,文件中可选的网格点高度才使用;否则,将使用 Coverage Definition 属性中的网格点高度。如果通过形状文件(.shp)指定网格点位置,则始终使用 Coverage Definition 属性中的网格点高度。

3.1.1.3　覆盖网格约束

在进行覆盖计算时,Coverage Definition 对象属性中没有约束属性,因此当考虑到覆盖计算的约束时,可以引入其他对象的约束条件作为覆盖计算的约束。在 Grid 属性页中单击"Grid Constraints Options..."按钮,设置覆盖计算的约束,网格约束选项界面如图 3 – 3 所示。

当定义网格区域后,可为网格中的点指定对象类或特定对象。可将三种类型的约束信息

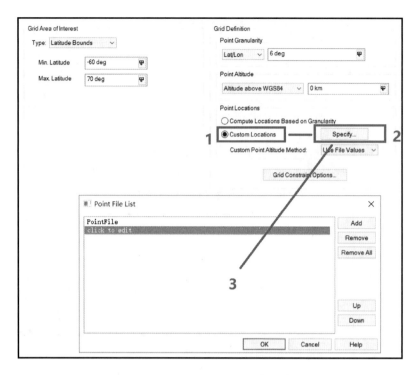

图 3 - 2 文件导入网格点坐标点

图 3 - 3 网格约束选项

与网格点相关联:访问约束、使用对象实例约束属性以及表面视线遮挡约束。

默认情况下,网格点位于中心体的表面上,并且对网格点的访问计算不受中心体的阻挡。

如果选择了对象,则网格中的所有点都使用对象的约束设置。网格点约束选项见表 3 - 5。

表 3 - 5　网格点约束选项

选　项	说　明
Reference Constraint Class	选择参考约束类,如图 3.4 所示默认选择 Target 类作为参考约束类。对于所有对象类,对象的基本属性(不包括位置信息)都将应用于网格点。当网格点使用 Aviator 飞机类时,Aviator 对象的姿态以站心为中心
Use Object Instance	选择特定对象实例约束,应用于该对象的所有属性和约束(排除位置信息)也将应用于网格中的每个点。在"实例"列表中选择对象之前,请确保已设置要应用的所有属性
Use Actual Object on the Grid Points	使用网格点上的对象,如果选择 Use Actual Object on the Grid Points,则场中的对象将用于覆盖计算
Line of Sight Obstruction Surface	选择椭球体表面遮挡作为视线约束。仅 Target、Facility 或以 Target、Facility 为父对象的子对象有效。此功能可与地形相结合,生成本地地形上方已知高度的点网格,可用选项包括: ● Altitude above MSL; ● Altitude at Terrain; ● Altitude above WGS84; ● Altitude above Ellipsoid; ● Use Point Altitude Type

3.1.2　覆盖资源

在 Coverage Definition 对象的 Basic、Assets 页面中设置覆盖资源,用于设置提供覆盖分析的 STK 对象,界面如图 3 - 4 所示。

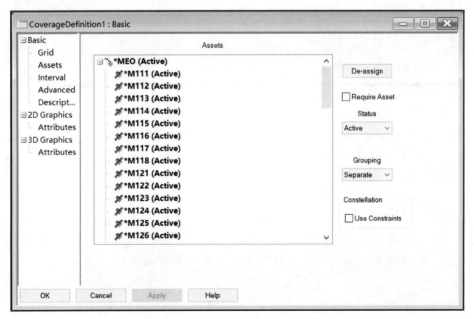

图 3 - 4　覆盖定义的 Assets 属性

选择覆盖对象后,单击右侧的 Assign 按钮,则列表中的对象以粗体显示,并且其名称左侧带有星号(∗),则表示它当前已分配给覆盖区域。如果取消该对象,则单击 De-Assign 按钮。

可以为"覆盖资源"列表中的资源设置以下内容:

- Active/Inactive 设置。设置卫星是 Active 状态还是 Inactive 状态,可以在不改变覆盖计算的情况下删除所选的 Asset,通常用于模拟分析 Asset 故障时对卫星覆盖的影响。
- Required Asset 选项。是否作为必须设置的覆盖资源。
- Grouping 设置。是否把星座作为一个整体或独立对象的集合。可以选择将星座视为一个整体或作为单独的实体。如果选择将覆盖资源视为一个整体,则在统计覆盖资源的数量时,会删除星座成员之间的覆盖重叠,并将覆盖资源视为单个对象。
- Constellation 约束设置:是否将星座上设置的约束作为覆盖计算的条件。

3.1.3 时间区间

在 Coverage Definition 对象的 Basic、Interval 页面设置覆盖计算的时间区间。默认情况下,该时间区间为场景的时间区间,如图 3 - 5 所示。

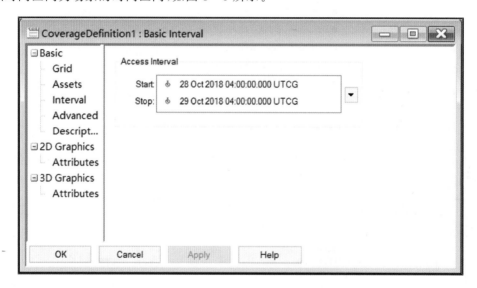

图 3 - 5 覆盖定义的 Interval 属性

如果已经对 Coverage Definition 进行了访问计算,那么更改时间区间 STK 将会重新进行计算。为防止 STK 在每次更改时重新计算,可对 Basic、Advanced 页面中的选项进行设置,详见 3.1.4 小节。

3.1.4 高级特性

在 Coverage Definition 对象的 Basic、Advanced 属性用于调整访问信息的存储和计算方式,特别是用于非常耗时且需要大量内存的覆盖计算时,界面如图 3 - 6 所示。

覆盖定义的高级特性参数设置见表 3-6。

表 3-6 覆盖定义的 Advanced 选项

选 项	说 明
Automatically Recompute Accesses	更新覆盖资源时是否重新进行覆盖可见性计算
Save Mode	● Don't Save Access：覆盖计算结果不与 Coverage Definition 一起保存； ● Don't Save，Compute Access on Load：不保存，每次打开时重新计算； ● Save Accesses：访问计算与 Coverage Definition 一起保存
Use Light Time Delay	是否启用光照时间延迟，默认为否，启用会显著增加计算时间
Regional Acceleration	● Automatic：在计算网格点的可见性之前首先计算 AreaTarget 的可见性；仅当包含网格点的区域可见时，才会计算网格点的可见性。对于可见周期相对于分析间隔较短的许多情况（例如 LEO 卫星应用中），此选项可以提高性能。 ● Off：在计算网格点的可见性之前不计算区域的可见性，如果区域狭小，则选择此选项
Access Options	指定事件检测和步长
Data Retenstion	● All Data：在虚拟内存中保存访问的开始和结束时间； ● Static Only：计算每个点的访问时，STK 同时计算每个点的 FOM 静态值
Number of Assets	网格点覆盖资源的数量作为访问有效性的条件，可以选择 ● At Least N； ● Exactly N(Equal to N)，其中 N≥1

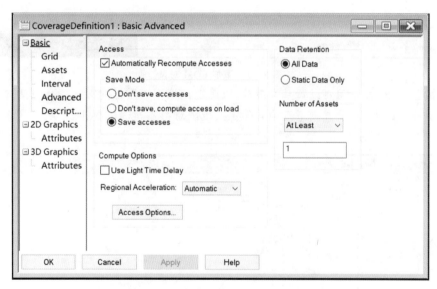

图 3-6 覆盖定义的 Advanced 属性

① 如果 Data Retention 选项设置为 Static Data Only，并且 Save Mode 设置为 Save accesses，则 STK 会把访问计算结果保存到磁盘，在计算完成后将其从内存中删除。这意味着访问数据将保存到硬盘中，但在内存中不可用。

② 如果 Data Retention 选项设置为 Static Data Only，则无法使用与时间相关的报告和图形。

③ 如果 Data Retention 选项设置为 Static Data Only,则计算访问后添加到 Coverage Definition 的 FOM 值将没有定义的值。

④ 如果将 Save Mode 设置为 Save accesses,则可以使用 Coverage Definition 对象的 Reload Accesses 工具来解决这些问题。

3.2　覆盖品质参数

在定义 Coverage Definition 的基础上,可通过创建一个或多个附加到 Coverage Definition 的 FOM 对象来评估区域的覆盖质量。FOM 只能和 Coverage Definition 配合使用,以 Coverage Definition 为父对象,添加 FOM 对象如图 3-7 所示。

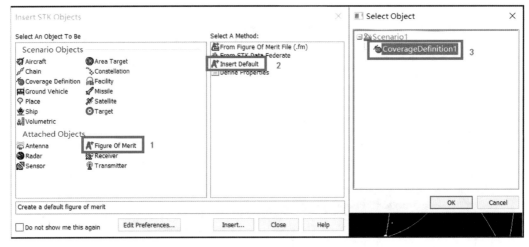

图 3-7　添加 FOM 对象

评估覆盖质量,首先需要设置基本参数,以确定计算覆盖质量的方式。其包括选择评估所提供的覆盖质量的方法、设置测量选项并确定实现满意覆盖所需的标准。双击 FOM 对象,属性设置如图 3-8 所示。

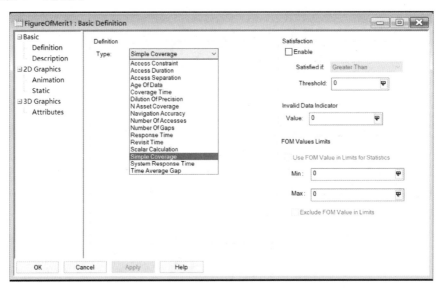

图 3-8　覆盖品质参数的 Definition 设置页面

【注】在 Attitude Coverage 中不包含精度因子 Dilution Of Precision 和导航精度 Navigation Accuracy 两种覆盖品质参数。

3.2.1　简单覆盖

简单覆盖(Simple Coverage)用于表示网格点是否被资源覆盖到。Simple Coverage 的动态行为表示的是：当前时间如果被覆盖到则表示为 1,没有覆盖到则表示为 0;静态行为表示的是在整个时间区间内只要被覆盖到就表示为 1,没有覆盖到表示为 0,界面如图 3 - 9 所示。

"满意度"选项不适用于 Simple Coverage,因为满意度隐含在 Simple Coverage 的定义中。

图 3 - 9　覆盖品质参数 Simple Coverage 选项

3.2.2　覆盖重数

覆盖重数(Number Of Assets 或 N Asset Coverage)表示在覆盖中同时可见的覆盖资源数量,取值范围为 0～N 之间。覆盖重数的动态定义表示当前每一个网格点可见的资源数量,界面如图 3 - 10 所示。

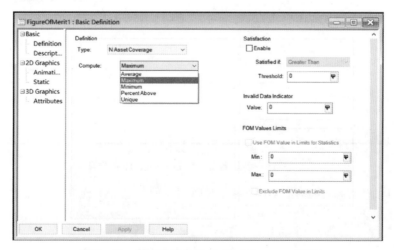

图 3 - 10　覆盖品质参数 N Asset Coverage 选项

多重覆盖的计算选项见表 3 - 7。

表 3 - 7　Number Of Assets 的计算选项

选　项	描　述
Average	在整个覆盖时段内,每一个网格点可见的覆盖重数平均值
Maximum	在整个覆盖时段内,覆盖重数最大值
Minimum	在整个覆盖时段内,覆盖重数最小值。覆盖资源较多时非常有用
Percent Above	表示网格点被 N 个资源覆盖到的时间比例在 X% 以上
Unique	在整个覆盖时段内的特定覆盖资源数量

Graphics 选项可以表示 Number Of Assets 的动态和静态值。其中动态值只有在动画运行过程中才能显示,如果设置了 Satisfaction 选项,则在图形中显示 Satisfaction 的设置;如果没有设置 Satisfaction 选项,则静态图形的显示取决于计算选项的设置以及输入的数值:
- Static:表示静态覆盖资源的可见性;
- Animation:表示动态覆盖资源的可见性。

3.2.3　覆盖时间

覆盖时间(Coverage Time)表示网格点被覆盖的总时间,界面如图 3 - 11 所示。

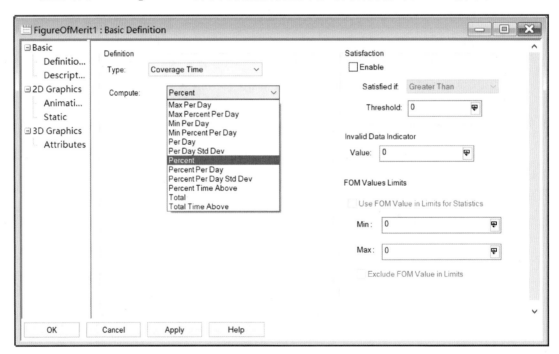

图 3 - 11　覆盖品质参数 Coverage Time 选项

覆盖时间没有动态定义,所以不计算与时间相关的信息。下面介绍覆盖时间静态定义的选项,见表 3 - 8。

表 3 - 8　覆盖时间的计算选项

选　　项	说　　明
Max Per Day	每日区域网格点覆盖的最长时间
Max Percent Per Day	每日区域网格点覆盖时间百分比最大值
Min Per Day	每日区域网格点被覆盖的最小时间
Min Percent Per Day	每日区域网格点覆盖时间百分比最小值
Per Day	每日覆盖时间平均值
Per Day Std Dev	每日覆盖时间标准偏差
Percent	网格点覆盖时间百分比
Percent Per Day	网格点每日平均覆盖时间百分比
Percent Per Day Std Dev	网格点每日平均覆盖时间百分比的标准偏差
Percent Time Above	网格点被指定的覆盖资源数量覆盖时间百分比
Total	网格点覆盖的总时间
Total Time Above	网格点被指定的覆盖资源数量覆盖的总时间

【注】每日是世界时间中从午夜到午夜之间的 UTC 时间。

3.2.4　重访时间

重访时间(Revisit Time)表示不能提供覆盖的时间间隔,又称为"覆盖间隙"。重访时间动态定义的含义是计算每一个网格点当前覆盖间隙的持续时间,如果网格点当前能够被访问,则重访时间为 0,界面如图 3 - 12 所示。

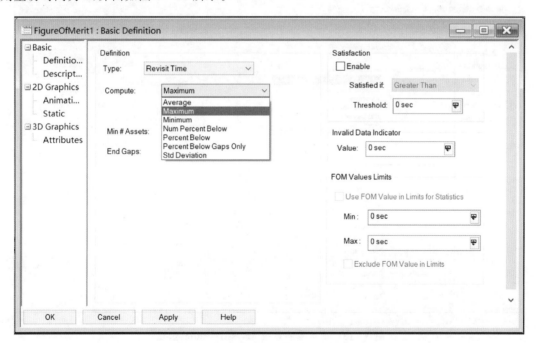

图 3 - 12　覆盖品质参数 Revisit Time 选项

在 Compute 下拉列表中设置重访时间的静态定义的计算选项见表 3-9。

表 3-9 重访时间的计算选项

选 项	说 明
Average	在整个覆盖时间区间内,覆盖间隙的平均时长
Maximum	在所有覆盖间隙中,最大间隙的时间长度
Minimum	在所有覆盖间隙中,最小间隙的时间长度
Num Percent Below	表示覆盖间隙的持续时间小于 R 的百分比为 $X\%$
Percent Below	表示重访时间小于 R 的时间百分比为 $X\%$
Percent Below Gaps Only	表示有重访时间最大为 R、时间百分比为 $X\%$ 的覆盖间隙
Std Deviation	在整个覆盖分析时间区间,覆盖间隙时间的标准差

在二维或三维窗口中显示重访时间见表 3-10。

表 3-10 重访时间图形选项含义

选 项	说 明
Static	如果网格点在覆盖中至少有一个覆盖间隙,则高亮显示网格点
Animation	如果不管覆盖间隙持续时间的长短,只要网格点当前处于访问间隙,则高亮显示网格点

3.2.5 访问时长

访问时长(Access Duration)表示单个资源覆盖持续的时间,界面如图 3-13 所示。

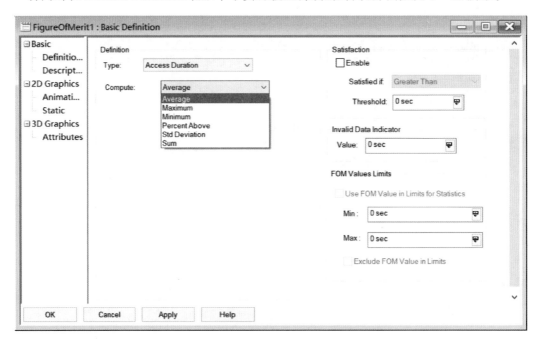

图 3-13 覆盖品质参数 Access Duration 选项

访问持续时间的动态定义是包含当前时间的最大间隔的持续时间,如果当前未被覆盖,则这个访问持续时间为 0,如图 3-14 所示。

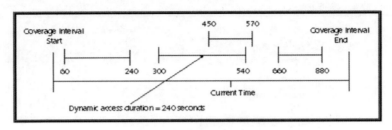

图 3-14　计算访问间隔示意图

【注】多个资源重叠覆盖的情况不能拼接成一个更长的访问时间。

在 Type 下拉列表中选择 Access Duration 类型后,在其下方的 Compute 下拉列表中选择访问时长计算选项,见表 3-11。

表 3-11　访问时长的计算选项

选　项	说　明
Average	在整个覆盖过程中,所有访问时长的平均值
Maximum	在整个覆盖过程中,所有访问时长的最大值
Minimum	在整个覆盖过程中,所有访问时长的最小值
Percent Above	这个数值表示一个点在访问间隔中 $X\%$ 的持续时间为 D。D 为计算的时间,$X\%$ 为设定的百分比
Std Deviation	在整个覆盖过程中,计算所有访问间隔持续时间标准偏差
Sum	在整个覆盖过程中,所有访问间隔的总时长

图形窗口用于显示访问时长的静态和动态值,仅在场景运行期间在图形窗口中显示动态值。如果激活 Satisfaction 选项,则按照满足条件的设置显示图形。如果未激活 Satisfaction 选项,则图形按照下述两项显示,见表 3-12。满意门限值就是访问时长,访问时长缺省值就是满意门限大于 0。

表 3-12　访问时长的图形显示

选　项	说　明
Static	不考虑网格点覆盖时长,在覆盖期间中至少被覆盖一次,则高亮显示网格点
Animation	不考虑网格点覆盖时长,只要当前处于访问期间,则高亮显示网格点

3.2.6　访问次数

访问次数(Number Of Accesses)表示网格点的访问数量,界面如图 3-15 所示。访问次数的动态定义就是当前时刻可见的资源数量。

选择 Number Of Access 类型后,在 Compute 下拉列表中选择访问数量的计算选项,见表 3-13。

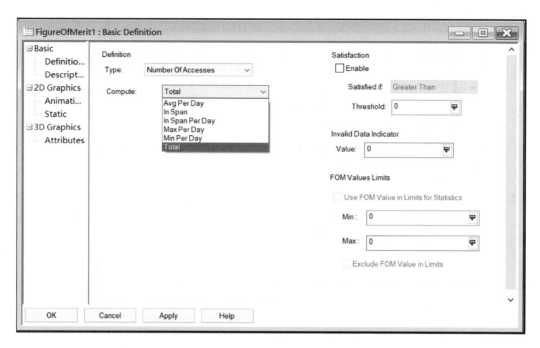

图 3-15 覆盖品质参数 Number Of Access 选项

表 3-13 访问次数的计算选项

选 项	说 明
Average Per Day	每天访问次数平均值,总访问次数/总天数
In Span	在指定时间段内的访问次数
In Span Per Day	在指定时间段内的平均访问次数
Max Per Day	每天访问次数最大值
Min Per Day	每天访问次数最小值
Total	总访问次数。不考虑访问重叠的情况,即使两个卫星访问时段完全重合,访问次数也记为 2 次

在图形窗口中显示访问数量的静态和动态值。只在运行过程中显示访问数量的动态值。

3.2.7 访问分隔时长

访问分隔时长(Access Separation)表示多个网格点在指定的时段内具有多个访问时段时,相互之间分隔的时间长度。多个访问之间分隔的时间范围必须指定最大值和最小值,界面如图 3-16 所示。

访问分隔的参数见表 3-14。

表 3-14 访问分隔的参数要求

选 项	说 明
Min	确定在一段时间内两个或多个覆盖间隔的最小时间间隔
Max	确定在一段时间内两个或多个覆盖间隔的最大时间间隔

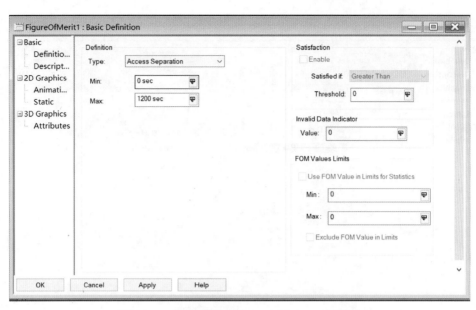

图 3 - 16 覆盖品质参数 Access Separation 选项

访问分隔用逻辑值 1 或 0 来表示。如果在覆盖分隔中任何时候都能满足分隔约束,则访问分隔静态值是 1。如果满足当前约束,则动态值就等于 1。

访问分隔在图形窗口中的显示见表 3 - 15。

表 3 - 15   访问分隔图形显示

选　项	说　明
Static	在覆盖时间段内某个时间满足覆盖标准,高亮显示
Animation	当前时间满足访问分隔标准,高亮显示

3.2.8 覆盖间隙数

覆盖间隙数(Number Of Gaps)表示在覆盖时段内的覆盖间隙数量,界面如图 3 - 17 所示。

覆盖间隔数的动态定义为 1 还是 0 取决于网格点当前是否在覆盖间隙内。覆盖间隙数的静态定义见表 3 - 16。

表 3 - 16   覆盖间隙数静态定义计算选项

说　明	说　明
Average Per Day	每天的覆盖间隙平均数
In Span	在指定时段内的覆盖间隙数
In Span Per Day	在指定时段内每天的覆盖间隙平均数
Max Per Day	每天的覆盖间隙最大值
Min Per Day	每天的覆盖间隙最小值
Total	覆盖间隙总数

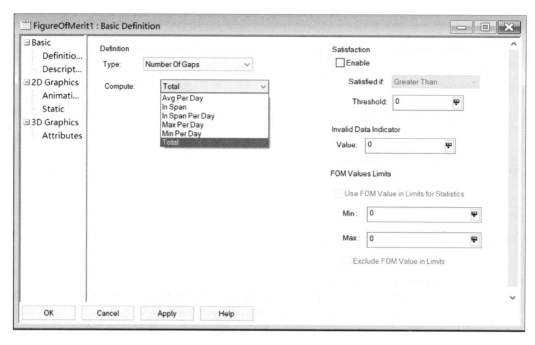

图 3 - 17　覆盖品质参数 Number Of Gaps 选项

3.2.9　时间平均间隔

时间平均间隔(Time Average Gap)表示的是如果网格点的时间采样是随机的,得到的覆盖间隔的平均长度就是时间平均间隔,界面如图 3 - 18 所示。

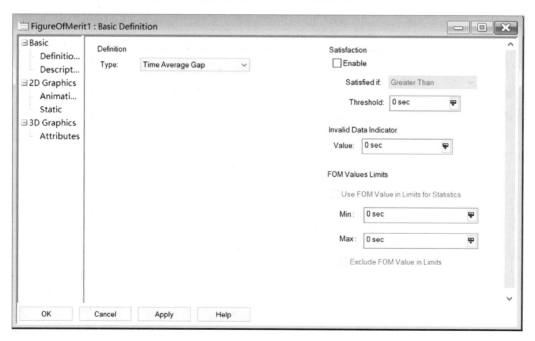

图 3 - 18　覆盖品质参数 Time Average Gap 选项

由于时间平均间隔没有动态行为,不用计算随时间变化的信息,STK 计算的时间平均间隔的静态定义为

$$\frac{\sum (GapDuration)^2}{CoverageInterval}$$

如果覆盖间隔和覆盖时段有共同边界时,STK 使用的是一种优化的算法,则覆盖间隔区间使用的是覆盖时段的边界。这对于正确理解 Age Of Data、Revisit Time、Time Average 以及 Response Time 等覆盖品质参数非常重要。

时间平均间隔表示的是如果选择了一个随机的时间点,期望落入的覆盖间隔的大小。例如,有 100 个时间单位长度,其中有 3 个覆盖间隙,长度分别为 5 个时间单位、10 个时间单位、15 个时间单位,则落入每个间隔中的概率是 5/100、10/100、15/100,时间平均间隙的计算为

$$Time\ Average\ Gap = 5\times(5/100) + 10\times(10/100) + 15\times(15/100) = 3.5$$

这与其概念定义

$$Time\ Average\ Gap = (5\times5 + 10\times10 + 15\times15) / 100 = 3.5$$

相一致。

3.2.10　响应时间

响应时间(Response Time)表示从一个点提出覆盖请求到处于覆盖中的时间,如图 3-19 所示。

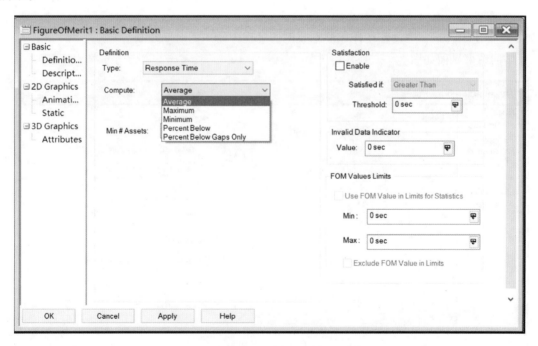

图 3-19　覆盖品质参数 Response Time 选项

响应时间的动态定义就是当前到下一个访问开始的时间,如果这个点目前处于覆盖中,那么响应时间为 0;如果运行时间晚于上次访问周期的结束时间,则响应时间为 1 000 000 s。响应时间的静态定义选项见表 3-17。

表 3 - 17 响应时间的静态计算选项

选 项	说 明
Average	整个覆盖时段的平均响应时间,值为 TimeAverageGap/2
Maximum	最大响应时间。对于确定覆盖之间的最大时间间隔非常有用
Minimum	最小响应时间。如果网格点一直处于访问中,则值为 0
Percent Below	计算得出的值表示该点的响应时间最多为 R,时间百分比为 $X\%$,其中 R 是计算的值,X 是指定的百分比
Percent Below Gaps Only	计算得出的值表示在一个覆盖间隔中该点的响应时间最多为 R,时间百分比为 $X\%$

在 Min ♯ Assets 中指定最小覆盖资源数量。

3.2.11 访问约束

访问约束(Access Constraint)用于定义 STK 内可见性的各种约束参数,访问约束品质参数给出每个网格点上所选约束访问定义的值。在覆盖品质参数中选的访问约束不会影响访问计算的时间。使用访问约束来度量覆盖质量的步骤如下:

① 在 Constraints 下拉列表中选择需要约束类型。

② 在 Across Assets 下拉菜单中选择选择基于当前可用的覆盖资源,选择可用的约束值。

③ 在 Compute 下拉列表中选择计算统计值。

④ 在 Time Step 中设置在计算静态数值的过程中使用的时间步长。

访问约束界面如图 3 - 20 所示。

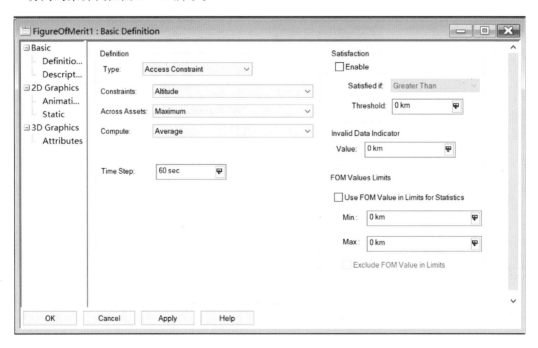

图 3 - 20 覆盖品质参数 Access Constraint 选项

（1）约束类型

在 Constraints 下拉列表中可用的约束类型取决于与网格点关联的对象类型。对象类型不一样，则约束列表中可用的约束类型也不一样。默认情况下，网格点与目标对象类相关联，可以通过 Grid 页面中的 Associate Class 按钮更改默认设置。如果没有将网格点与一个对象类型相关联，则应用的约束就是定义在目标上的约束。如果已经使用 Associate Class 按钮将对象类型与网格点关联，则约束取决于所选择对象的类型。

（2）约束值选项

选择了用于计算品质参数的约束类型后，在 Across Assets 下拉列表中基于当前所有可用的资源指定相应的约束数值。在资源之间应用约束的选项见表 3-18。

表 3-18　Across Assets 应用约束选项

选　项	说　明
Average	计算当前所有可用资源的约束数值，并选择平均值
Maximum	计算当前所有可用资源的约束数值，并选择最大值
Minimum	计算当前所有可用资源的约束数值，并选择最小值
Sum	计算当前所有可用资源的约束数值，并选择总计

（3）静态定义中的统计值

在 Compute(计算)下拉列表中选择选项，用于定义访问约束的静态数值。下拉列表中可用的访问约束的计算选项见表 3-19。

表 3-19　访问约束计算选项

选　项	说　明
Average	访问约束中动态定义采样值的平均值
Maximum	访问约束中动态定义采样值的最大值
Minimum	访问约束中动态定义采样值的最小值
Percent Above	访问约束动态定义的数值高于计算值时间的 $X\%$
Percent Below	访问约束动态定义的数值低于计算值时间的 $X\%$

3.2.12　导航精度因子

导航精度因子(Dilution Of Precision)根据一组发射机的单向距离测量值，来衡量导航解决方案确定性的相对降级或降低。发射机是全球定位系统(GPS)卫星上的发射机。如果有 4 颗或 4 颗以上的卫星可以被地面接收机看到，则可以计算出包含接收机的位置、接收器时钟与 GPS 时钟偏移量的导航解决方案。DOP 值品质参数用于衡量测量数量和发射机几何形状对导航解决方案不确定性的影响。用 DOP 值乘以距离测量中的不确定性(假定对于所有发射机都是相同的)，确定导航解决方案中的不确定性。DOP 值的大小与 GPS 定位的误差成正比，DOP 值越大，定位误差越大，定位的精度就越低。导航精度因子如图 3-21 所示。

（1）选择 DOP 类型

DOP 提供了多种导航精度因子类型，具体参数见表 3-20。

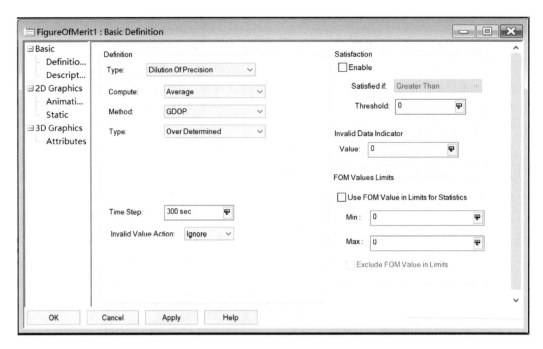

图 3 - 21　覆盖品质参数 Dilution Of Precision 选项

表 3 - 20　DOP 值类型

选　项	说　明
PDOP/PDOP(3)	三维位置精度因子,为纬度、经度和高程等误差平方和的开方值
TDOP	钟差精度因子,为接收机内表偏移误差值
HDOP/HDOP(3)	水平分量精度因子,为纬度和经度等误差平方和的开方值
VDOP/VDOP(3)	垂直分量精度因子
GDOP	几何精度因子,是衡量定位精度的很重要的一个系数,它代表 GPS 测距误差造成的接收机与空间卫星间的距离矢量放大因子。实际表征参与定位解的从接收机至空间卫星的单位矢量所勾勒的形体体积与 GDOP 成反比
EDOP/EDOP(3)	东向分量精度因子
NDOP/NDOP(3)	北向分量精度因子

（2）选择允许的资源数量

尽管导航解决方案需要 4 颗卫星,但是可以使用其他卫星来提高准确性。DOP 计算资源数量选项见表 3 - 21。

表 3 - 21　DOP 计算资源数量选项

选　项	说　明
Over Determined	根据当前可用资源的数量计算 DOP 值。如果选择此方法,则导航中至少需要三个资源。使用三个资源的 DOP 值会导致时间的不确定
Best Four	基于 4 颗卫星和最好的 4 个度量计算 DOP 值

续表 3 - 21

选　项	说　明
Best N	根据指定的卫星数量计算 DOP 值,选择此项方法,需要为 Best N 指定一个数值。Best N 通常大于或等于 4 颗卫星。但是,当使用 PDOP(3)、HDOP(3)、VDOP(3)、EDOP(3)或 NDOP(3)方法,且 Best N Metric 不是 GDOP、TDOP、GACC 或 TACC 时,可以指定 3 颗卫星

(3)选择 DOP 的静态定义

在 Compute 中设置用于计算 DOP 静态定义的选项见表 3 - 22。

表 3 - 22　DOP 的计算选项

选　项	说　明
Average	DOP 平均值
Maximum	DOP 最大值
Minimum	DOP 最小值
Percent Below	DOP 值小于计算值 X 的百分比

3.2.13　导航精度

导航精度(Navigation Accuracy)与 DOP 值类似,除考虑了卫星的数量和发射机相对于接收机的几何构型以外,还考虑了单程测量中的不确定性。在单程测量中的不确定性可以指定为固定值或基于发射机仰角的函数。

通过对单向测距的不确定性采用单一值的假设,Navigation Accuracy 与 DOP 是相关的。在 Navigation Accuracy 与 DOP 的计算中,都假定距离测量中的不确定性是不相关的,界面如图 3 - 22 所示。

图 3 - 22　覆盖品质参数 Navigation Accuracy 选项

（1）选择特定的 Navigation Accuracy 测量类型

测定类型精度的选项见表 3 - 23。

表 3 - 23　Navigation Accuracy 测量类型

选　项	说　明
PACC/PACC(3)	位置精度
TACC	钟差精度
HACC/HACC(3)	位置精度水平分量
VACC/VACC(3)	位置精度垂直分量
GACC	几何精度
EACC/EACC(3)	位置精度东向分量
NACC/NACC(3)	位置精度北面分量

其他设置基本和 DOP 值的设置相同，在此不再赘述。

（2）指定单项测距的不确定性

指定测距不确定性信息，单击 Uncertainties 按钮显示 Navigation Accuracy Uncertain Model 窗口，如图 3 - 23 所示。

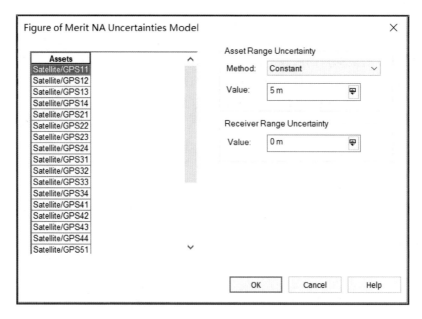

图 3 - 23　Navigation Accuracy 测距不确定性设置

在该窗口中，可以指定卫星测距的不确定性和接收机测距的不确定性。其中卫星测距的不确定性可以设置为 Constant 和 By Elevation Angle 两种方式。

3.3　覆盖图形属性

STK/Coverage 模块中的 Coverage Definition 对象和 Figure of Merit 对象属性相对来说

比较简单,除了定义对象的基本属性外,主要为图形属性的设置。在覆盖模块中要特别注意二维和三维的图形设置,能否得到一个好的显示效果主要依靠二维和三维的设置。覆盖图形显示设置选项共包含 5 种,分别是:

- Coverage Definition 二维图形属性;
- Coverage Definition 三维图形属性;
- Figure of Merit 二维动态属性;
- Figure of Merit 二维静态属性;
- Figure of Merit 三维图形属性。

第 3 章

3.3.1　覆盖定义二维属性

Coverage Definition 对象的二维图形属性设置如图 3 - 24 所示。

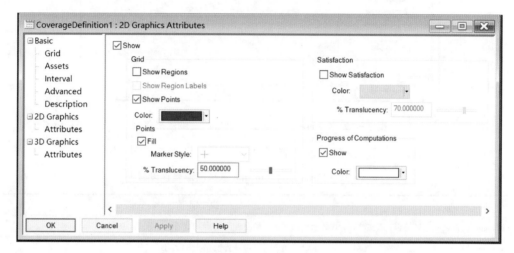

图 3 - 24　Coverage Definition 对象的二维图形属性

Coverage Definition 二维图形属性设置具体选项含义见表 3 - 24。

表 3 - 24　Coverage Definition 二维图形属性设置

选　项	说　明
Show	是否显示覆盖定义
Show Regions	是否显示网格区域
Show Region Labels	是否显示网格区域标签
Show Points	是否显示网格点,并设置网格点的颜色、标记样式以及透明度等
Show Satisfaction	在运行过程中查看同时满足多个覆盖品质参数满意度标准的网格区域,如果启用该选项,则在运行中禁用各个覆盖品质参数的图形设置,并且仅突出显示满足所有覆盖品质参数条件的区域。另外还可以设置满意度的颜色和透明度。 【注】仅当存在 FOM 子对象,且为一个或多个 FOM 设置了 Satisfaction 选项时才起作用
Progress of Computations	是否显示覆盖计算的进度,并设置颜色

3.3.2 覆盖定义三维属性

Coverage Definition 对象的三维图形属性设置如图 3-25 所示。

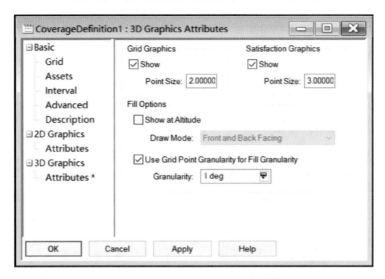

图 3-25 Coverage Definition 对象的三维图形属性

Coverage Definition 三维图形属性设置具体选项含义见表 3-25。

表 3-25 Coverage Definition 三维图形属性设置

选 项	说 明
Grid Graphics	是否在三维窗口中显示网格区域,并设置网格点的大小
Satisfaction Graphics	是否在三维窗口中显示满意度图形,并设置网格点的大小
Fill Options	Show at Altitude:默认情况下,覆盖效果设置在地球表面,如果要设置一定高度,则可以设置该选项,高度在 Basic-Grid-Point Attitude 中设置。另外可以设置绘制模式,有正面绘制(Front Facing Only)、背面绘制(Back Facing Only)、双面绘制(Front and Back Facing)三种。 Use Grid Point Granularity for Fill Granularity:是否以指定的颗粒度填充网格

3.3.3 覆盖品质参数二维动态属性

覆盖品质参数(Figure Of Merit)对象的二维动态图形属性设置如图 3-26 所示。

Figure Of Merit 对象的二维 Animation 图形属性设置具体选项含义见表 3-26。

表 3-26 Figure Of Merit 对象的二维 Animation 图形属性设置

选 项	说 明
Show Animation Graphics	设置是否显示动态显示图形
Show Points As	设置网格点以区域或点的方式显示,其中设置成点可以设置标记;设置成区域后可以设置透明度

选 项	说 明
Accumulation	累积效果显示： Current time：动画运行时，高亮显示当前时刻满足满意度的网格点； Up to current time：动画运行时，高亮显示从开始时间到当前时间的累计效果，对满意度和等值线显示都有效； Not current time：动画运行时，高亮显示不满足当前满意度指标的网格点； Not up to current time：动画运行时，高亮显示从开始时间到当前时间的不满足满意度标准的网格点，对满意度指标有效
Display Metric	品质参数指标的显示。 Show Satisfaction：以满意度方式显示； Show Contours：以等值轮廓方式显示； Level Adding：添加级别； Level Attributes：设置每一级别的颜色； Display Contour Legends：显示等值轮廓的图例，可以在二维和三维窗口显示，并设置图例的位置等
Contour Interpolation	设置用于显示等值线水平的填充类型： None(Block Fill)：颜色填充于包含网格点的区域； Natural Neighbor：使用自然邻域算法计算网格点的覆盖品质参数，将颜色平滑地应用到网格中的所有点以区分轮廓级别； Show Lines at level boundaries：显示轮廓级别的轮廓线，可以指定线宽； Sampling：设置网格点的采样大小。常规采样选项为粗采样(Coarse Sampling)、中采样(Medium Sampling)和平滑采样(Smooth Sampling)

图 3 - 26　Figure Of Merit 对象的二维 Animation 图形属性

3.3.4 覆盖品质参数二维静态属性

覆盖品质参数的二维静态图形属性与动态图形属性基本一致,静态主要缺少了累计效果显示,其他属性设置不再重复。二维静态图形属性如图 3-27 所示。

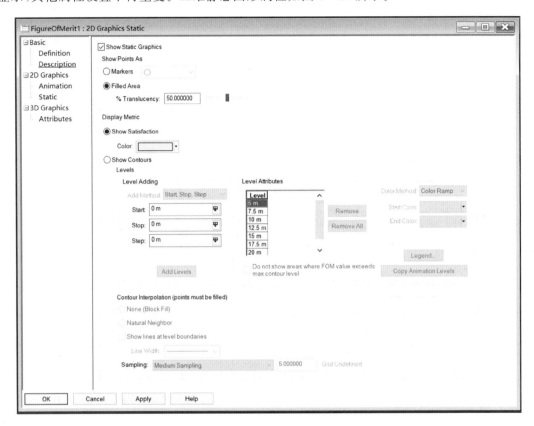

图 3-27　覆盖品质参数的二维静态图形属性

3.3.5 覆盖品质参数三维静态属性

覆盖品质参数的三维静态图形属性比较简单,主要是设置在三维窗口中是否显示静态和动态效果,覆盖品质参数三维图形属性如图 3-28 所示。

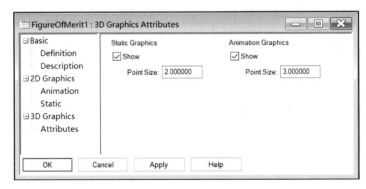

图 3-28　覆盖品质参数三维静态图形属性

3.4　方位覆盖分析

STK Attitude Coverage 结合了 STK Attitude 和 STK Coverage 的功能,使用与方位相关的覆盖品质参数分析不同方向上的覆盖情况,如一艘舰船在不同方向上可见的卫星数量可以用不同颜色表示出来,如图 3 - 29 所示。

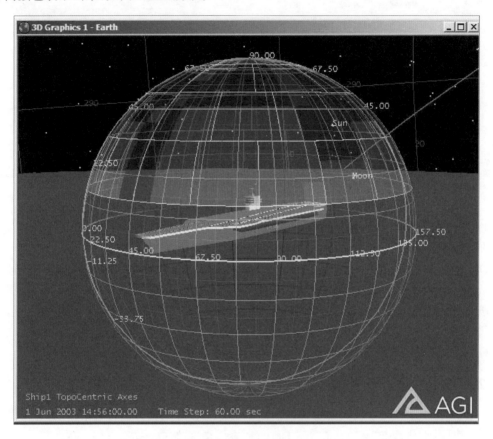

图 3 - 29　方位覆盖分析

3.4.1　方位覆盖

方位覆盖 Grid 设置与区域覆盖中的网格相比,方位覆盖网格上的点和区域不是指地理位置,而是指方位的方向。从概念上讲,这些点和区域可以看作是投影在以访问对象为中心的假想球体上,通过 Attitude Sphere 姿态球在 3D Graphics 窗口中以可视化方式显示。区域是包含点的封闭边界,区域对资产的可见性是基于区域内网格点对资产的可访问性计算的。

【注】方位覆盖必须依附于运动载体,载体对象类型包括:Aircraft、GroundVehicle、LaunchVehicle、Missile、Satellite、Ship、Submarine 等。

使用方位覆盖 Grid 属性定义网格的范围,包括网格边界、网格分辨率,如图 3 - 30 所示。

方位 Grid 属性与一般覆盖的 Grid 设置基本相同,主要区别在于:

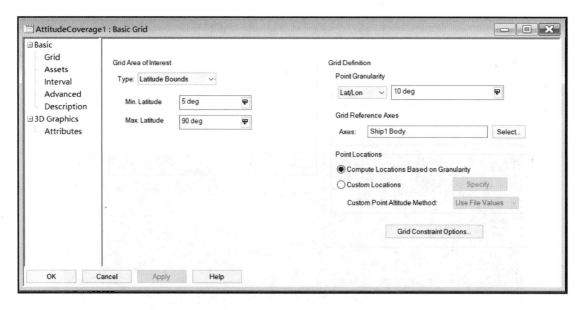

图 3-30 方位覆盖 Grid 设置

① 网格区域设置表示的含义不是地理区域,而是方位方向,可以看作是投影在以对象为中心的假想球上;

② 方位覆盖需要设置参考坐标系(Grid Reference Axes),参考坐标系不必与姿态球的参考坐标系相同。

方位覆盖定义的其他属性设置和普通区域覆盖定义的属性基本一致,在此不再赘述。

【注】在方位覆盖计算时,相关可见性计算和约束设置不是针对网格点本身,而是在方位覆盖 Grid 页面上选择的关联对象,并且该对象的约束会影响到可见性计算。

3.4.2 方位覆盖品质参数

STK Coverage 模块中的大部分覆盖品质参数都可以应用到方位覆盖中,在方位覆盖中有两类特殊指标:方位精度因子(Pointing DOP)和方位精度(Pointing Accuracy)。

3.4.2.1 方位精度因子

方位精度因子基于测量仪器沿选定方向指向一组已知信标(如恒星、地面目标或空间物体)确定性的相对退化或降级。如果其中有两个或多个信标位于计算方位覆盖范围的对象,则可以构造一个无单位缩放的姿态协方差矩阵。

方位精度因子可衡量测量矢量数量和信标的相对几何构型对设备指向不确定性的影响。方位精度因子设置页面如图 3-31 所示。

方位精度因子设置参数见表 3-27。

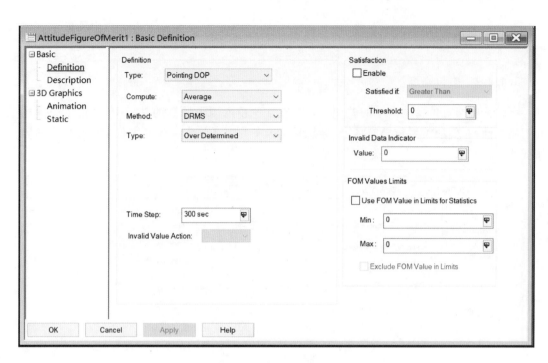

图 3 - 31   方位精度因子

表 3 - 27   方位精度因子设置

选 项	说 明
Compute	方位精度因子计算方法。包括: DRMS:距离均方根。方位精度因子为基于归一化方向协方差矩阵计算的每个方向最小和最大方差之和的平方根。 Max Sigma:方位精度因子为每个方向计算的最大标准方差,该值为指向不确定性的减少提供了上限。 Min Sigma:方位精度因子为每个方向计算的最小标准方差,该值为指向不确定性的减少提供了下限
Type	覆盖资源数量。尽管至少需要两个信标,但可使用其他信息提高解的准确性。提供的选项包括: Best Two:根据两个覆盖资源计算指向精度,最小的方位精度因子定义为 DRMS 方法。 Best N:根据指定的覆盖资源数量计算方位 DOP 值,最小的方位精度因子定义为 DRMS 方法。 Over Determined:基于当前所有可用的覆盖资源计算方位 DOP 值
Compute Options	指定计算方位 DOP 值静态值定义的方法: Average:在整个覆盖期间方位 DOP 的平均值; Maximum:在整个覆盖期间方位 DOP 的最大值; Minimum:在整个覆盖期间方位 DOP 的最小值; Percent Below:指向 DOP 值小于计算值时间的 $X\%$
Time Step	在静态定义中使用的动态定义采样使用的步长

【注】方位精度因子覆盖的图形用于方位精度因子的静态和动态显示。动态显示仅在动画过程中显示。如果启用了满意度,则图形将遵循满意度图形显示。如果禁用了"满意"功能,

并且尚未定义等值线,则"姿态球"上将不会显示任何图形。方位 DOP 品质参数没有默认图形。

3.4.2.2　方位精度

方位精度与方位精度因子的差别主要是在方位精度因子计算的基础上,考虑了矢量测量的不确定性,它们的关系与导航精度、导航精度因子的关系基本一致。方位精度品质参数界面如图 3－32 所示。

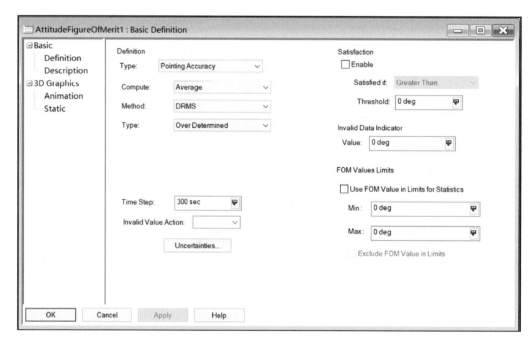

图 3－32　方位精度品质参数

方位精度和方位精度因子在参数设置上的差别主要包括:

① 在 Compute 计算方法上增加了圆误差概率(CEP)和近似圆误差概率(Approximate CEP);

② 增加了矢量测量不确定性设置,可以将其设置为固定值,该值表示为方位覆盖对象与特定覆盖资源之间的方向测量角度标准差。

其他参数含义与指向精度因子基本一致,不再赘述。

3.5　覆盖网格检查工具

覆盖计算的结果可以通过报表来查看,主要按照经度线、纬度线查看具体值。如果要查看每一个网格的具体值,可以通过覆盖网格检查工具(Grid Inspector)查看。Grid Inspector 是一个对象工具,可以用于 Coverage Definition 对象和 Figure Of Merit 对象。选择对象后,在右键对象工具或菜单中就可以选择 Grid Inspector 工具。Coverage Definition 对象的 Grid Inspector 界面如图 3－33 所示。

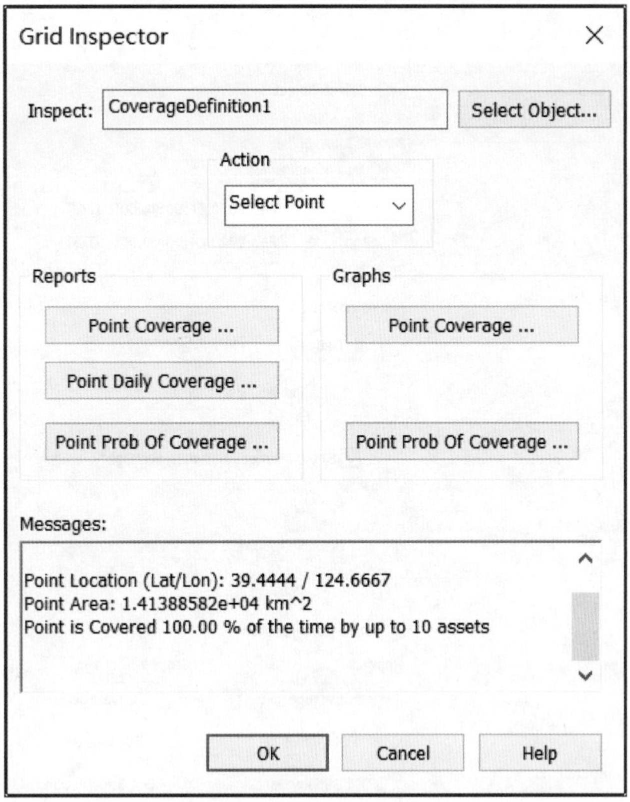

图 3 - 33　**Coverage Definition 对象的 Grid Inspector 工具**

弹出该界面后,在二维窗口中选择网格点或区域,就可以在 Message 窗口中给出网格的相关信息;同时,可以在 Reports 中查看覆盖报告结果,在 Graphs 中查看覆盖图表信息。

3.6　单对象覆盖分析

评价单对象的覆盖品质参数,可以使用对象分析(Analysis)菜单中的覆盖工具(Coverage Tool)。该工具可用于 Facility、Radar、Receiver、Sensor、Target、Transmitter 和 Vehicle 对象。如果对少量已明确定义位置或轨迹的覆盖感兴趣,可以用单对象覆盖分析。例如,分析一架飞机在整个航线飞行中,在不同时段导航卫星对飞机的覆盖情况。

普通的覆盖和单对象覆盖的主要区别是:

① 单对象可以分析与时间有关对象的位置;

② 使用单对象一次只能使用一个 Figure Of Merit 对象。

选择对象后,在 Analysis 菜单中选择 Coverage Tool 工具,弹出的界面如图 3 - 34 所示。

在该界面中,可设置的参数与普通覆盖分析基本一致,主要区别在于单对象的覆盖分析是对象,普通覆盖分析的对象是一个网格区域。参数主要设置见表 3 - 28。

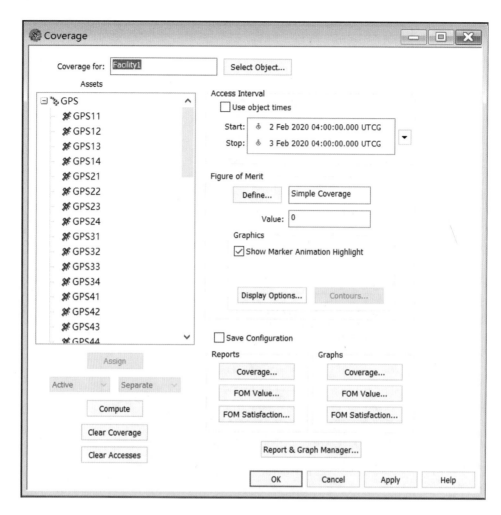

图 3 - 34 单对象 Coverage 工具

表 3 - 28 单对象 Coverage Tool 参数设置

选 项	说 明
Coverage for..	选择覆盖的对象
Assets	选择覆盖的资源
Access Interval	设置覆盖的时间范围
Figure of Merit	设置覆盖品质参数
Compute	覆盖计算按钮
Reports	查看覆盖计算的报告结果
Graphs	查看覆盖计算的图形结果
Report & Graph Manager...	在报告和图表窗口中查看覆盖结果

第 4 章
关联分析模块(STK/CAT)

关联分析工具(Conjunction Analysis Tool)主要用于分析航天发射或卫星在轨运行过程中与其他目标之间的接近情况,关联分析包括:

- 接近分析工具(Close Approach Tool,CAT);
- 高级接近分析工具(AdvCAT);
- 激光接近分析工具(LaserCAT);
- 发射窗口分析(Launch Window Analysis)工具。

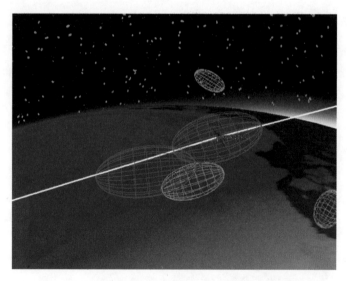

4.1 接近分析工具(CAT)

接近分析工具(Close Approach Tool,CAT)是与 STK 无缝集成的模块,它可以实现分析和评估太空中的卫星与其他物体接近的可能性。正如 1996 年发生的 Cerise 卫星碰撞事件,卫星接近分析已成为任务分析中的一个重要内容。接近分析工具在最小范围阈值的基础上,搜索由数千个编目目标组成的 STK 卫星数据库,分析其与关注目标之间的接近情况。

4.1.1 接近分析界面

首先,从菜单栏或者对象浏览器中选择需要进行接近分析的对象,如卫星、导弹或运载火箭;然后,在其下拉菜单中选择"Close Approach..."即可打开对象的接近分析工具,如图 4-1 所示。

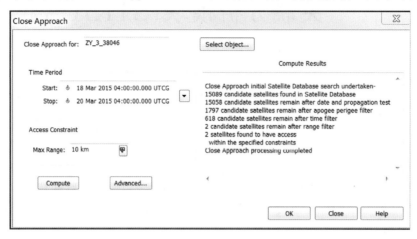

图 4-1 Close Approach 工具

【注】由于从数据库中推演出来的星历随着时间的推移,精确度会降低,所以接近分析不会处理在指定时间 30 天之后的数据。

4.1.2 接近分析时段

接近分析的开始时间、结束时间由默认的场景时间确定。如果调整了开始时间,则结束时间会自动更新。例如,开始时间是 1997 年 1 月 1 日 00:00:00.00,结束时间是 1997 年 1 月 1 日 01:00:00.00,如果把开始时间改变为 1997 年 1 月 1 日 02:00:00.00,则接近分析工具会自动把结束时间调到 1997 年 1 月 1 日 03:00:00.00。如果结束时间超出了对象的时间范围,那么接近分析工具会自动调整结束时间以匹配对象的结束时间。

【注】不能把开始时间、结束时间设置到卫星的星历表之外。

4.1.3 接近分析门限

在 Max Range 框中输入一个最大范围值,用于限定该接近分析对象和其他对象之间的安全距离。

【注】此功能在对接近分析对象设置最大距离限制之后有效。它的作用相当于以接近分析对象为中心定义一个球,球的半径即设定的最大距离。

当接近分析工具发现有对象进入球内时,将显示该对象,并记录进入的时间。

【注】除了在分析对象上设置最大距离限制外,接近分析工具会把此物体上的其他限制删除。

4.1.4 接近分析高级选项

通过单击"Advanced..."按钮,可以指定卫星数据库,设置其他的限制和图形设置选项。默认的情况下,接近分析工具搜索 stkAllTLE 卫星数据库;也可以输入数据库文件名和文件路径,或者单击"…"按钮来浏览选择数据库文件,如图 4-2 所示。

图 4 - 2　接近分析高级选项

交叉引用(Cross Reference)用于使用两行根数与卫星数据库文件中的信息比对。当接近分析工具在 tce 文件中找到接近的物体时,会检查 sd 文件中对应的信息。如果有接近对象,并且选择 Add Conjuncting Satellites 选项,则卫星会以其通用名加入到场景中,同时它的信息也会被写到基本属性的描述页中;否则,卫星会以 SSC 编号加入到场景中。

为提高接近分析的计算速度,STK/CAT 工具在接近分析之前对目标进行筛选,从大量太空目标中排除与所关注目标不可能接近的目标,在 STK/CAT 中使用的预筛选方法主要包括 4 种,分别为:日期过期预筛选、远地点/近地点预筛选、轨道交线预筛选和时间预筛选。

(1) 日期过期预筛选(Out of Date Pre-Filter)

若目标轨道的历元日期距离接近分析日期过长,则筛选掉这些目标。日期过期筛选允许用户确定 CAT 如何处理日期不在接近分析时间段内的两行根数文件。如果未选择此项,则不会在分析中排除过期 TLEs。反之,它将排除日期在分析时间开始之前或结束之后的 TLE 数据,分析时间的长短默认为 30 天。

(2) 远地点/近地点预筛选(Apogee-Perigee Pre-Filter)

若目标轨道的远地点高度小于另一个目标近地点高度,则这两个目标不可能相交,则筛选掉这些目标,如图 4-3 所示。

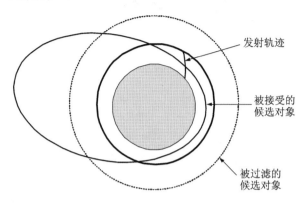

图 4-3 远地点/近地点预筛选

(3) 轨道交线预筛选(Orbit Path Pre-Filter)

即使两个轨道的远、近地点重叠,两卫星接近也只能发生在两个轨道的交点或两轨道平面的交线。假设两目标轨道有两个接近距离 a 和 b,如果两者的距离大于门限距离 D,那么这两个目标不存在接近机会,则筛选掉这些目标,这种筛选就是轨道交线预筛选(见图 4-4)。这种筛选不考虑卫星在特殊点的位置,只考虑在惯性空间中的轨迹。

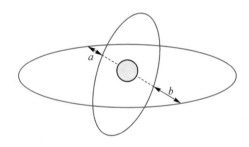

图 4-4 轨道交线预筛选

(4) 时间预筛选(Time Pre-Filter)

对于没有被几何筛选的目标,还可以通过时间进行筛选。尽管两目标轨道可能近距离相交,但只有两个目标同时经过接近点才有可能发生近距离接近。这样就可以利用两目标经过轨道面交线的时间差筛选掉目标。时间预筛选有两个阶段。第一个阶段是确定每个候选对象在什么时候位于参照目标的轨迹范围内,以及参考物体什么时候在候选对象的范围内;第二个阶段是确定这些时间段是否重叠,并把那些不能同时到达接近位置的候选对象剔除,如图 4-5 所示。

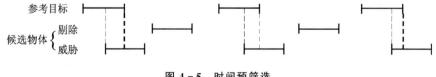

图 4-5 时间预筛选

【注】随着时间的推移,接近分析的精确性会降低。接近分析预测时间一般不超过 5 天。

4.1.5　接近分析计算

当标准变量和高级变量设置好后,单击 Compute 按钮进行接近分析计算。在使用预筛选之前,消息窗口会提示在轨道预报之后还有多少个接近对象存在。通常过期的 TLE 数据和 SGP4 预报失败都会导致卫星不能通过轨道预报测试。

通常按照下面的顺序进行接近目标筛选:

- 日期过期预筛选;
- 远地点/近地点预筛选;
- 轨道交线预筛选;
- 时间预筛选。

预筛选设置后,距离筛选用来决定接近物体的最终列表。如果选中 Add Conjuncting Satellites 选项,则这些空间物体会从数据库中以其通用名或编目号加入到场景中,并在二维地图窗口上显示关联关系;同时,这些空间物体将以 Satellites Database 格式写入到卫星基本属性描述页中。

【注】当进行接近分析计算时,也会计算参考目标与接近目标之间的可见性。所以,当接近分析工具在长时间大接近距离的情况下运行时,最好把 Show Ground Tracks 标示符设置为 OFF。

4.1.6　接近分析报告

如果参考目标是卫星,则从 Close Approach 报告中获取接近的摘要信息,如图 4 - 6 所示。

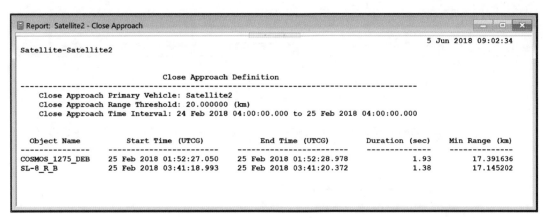

图 4 - 6　接近分析报告

从报告中可以得到接近目标的开始时间、结束时间、持续时间以及最小接近距离等信息。

4.2　高级接近分析工具(AdvCAT)

STK/AdvCAT 工具能够同时提供多个目标的接近分析,并基于威胁椭球体模型更精确地模拟目标位置的不确定性,更加形象地展示目标的误差量。

第 4 章

4.2.1 定义威胁椭球

在对关注卫星和在轨物体的威胁进行接近分析时,高级 CAT 会以关注目标为中心构建一个威胁椭球来进行接近分析。在任意时刻高级 CAT 都将计算具有碰撞可能的两个威胁椭球表面之间的最小距离。当两者的距离小于用户确定的门限距离时,高级 CAT 就会给出警告。当两个威胁椭球表面的最近距离变成零或者负数时,就意味着碰撞事件发生了,如图 4-7 所示。

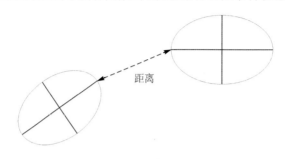

图 4-7 两空间物体的距离

威胁椭球的三个相互垂直的坐标轴定义如下:
- X 轴是切向方向,平行于物体的速度方向;
- Y 轴指向轨道的法向,即速度和位置矢量的叉乘方向;
- Z 轴为 X 轴与 Y 轴的叉乘方向。
- X 轴和 Z 轴在轨道平面内,而 Y 轴垂直于轨道平面。

4.2.2 高级接近分析界面

新建 AdvCAT 对象,双击打开 AdvCAT 对象属性页面,如图 4-8 所示。

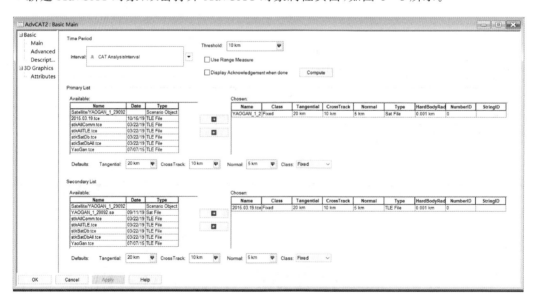

图 4-8 AdvCAT 基本属性页面

在 AdvCAT 基本属性页面顶部,可以设置接近分析的时间范围、定义椭球接近距离阈值、选择附加选项,以及启动接近分析计算程序等参数,见表 4-1。

表 4-1 AdvCAT 常规属性设置

选 项	说 明
Time Period	接近分析的时间区间
Threshold	接近椭球分离的距离 【注】最小接近距离范围为 0~1 000 km,超过此范围会报错
Use Range Measure	选择该项表示执行接近分析计算时,使用目标之间的距离取代椭球分离距离作为计算标准
Display Acknowledgement when done	选择该项,接近分析计算完成时显示消息窗口
Compute	单击按钮执行接近分析计算

在基本属性页面,除常规属性外,大部分内容由两个列表组成:一个是主要对象列表(Primary List),一个是次要对象列表(Secondary List)。可以从左边列表可供选择的对象中(available objects group)选择要分析的目标添加到右侧列表中。

主要目标是指接近分析关注的目标,比如分析一颗卫星在轨运行的情况,那么这颗卫星就是主要目标;次要目标是指那些对关注目标卫星存在碰撞威胁的目标。主要目标和次要目标列表信息见表 4-2。

表 4-2 AdvCAT 接近分析目标属性

选 项	说 明
Name	卫星的名称或 TLE 编号
Class	选择下列外形定义椭球体尺寸类型(dimension definition types): ① Fixed(固定值类型); ② Orbit Class(轨道类型); ③ Quadratic(二次方程式类型); ④ Quadratic Orbit Class(二次方程式轨道类型); ⑤ Covariance(协方差类型); ⑥ CovOffset(协方差偏置类型)。 对于 Orbit Class、Quadratic、Quadratic Orbit Class 三种类型,可以设置使用卫星数据库。尺寸类型的含义见 4.2.3 小节。 【注】如果对象选择 Covariance 类型,则 AdvCAT 会检查该对象在整个分析时间范围内是否都有协方差数据来定义椭球体;如果没有,则会删除该对象
Tangential	沿着 X 轴的方向定义椭球体的尺寸,如平行于对象的速度方向。只适用于 Fixed 类型
Cross Track	沿着 Y 轴的方向定义椭球体的尺寸,如平行于轨道面法线方向,或平行于径向和速度矢量叉乘的方向。只适用于 Fixed 类型
Normal	沿着 Z 轴的方向定义椭球体的尺寸,如平行于 X 和 Y 叉乘的方向。只适用于 Fixed 类型
Type	可用的场景对象类型和 TLE 文件
HardBodyRadius	显示主目标列表和从目标列表中对象本体的半径
NumberID	可以为目标设置一个值,该值会在报告中出现
StringID	可以为目标设置一个字符串,该值会在报告中出现

对于已定义为固定型的物体的威胁体积的切向、径向、法向尺寸,选择主要和次要列表,对每个方向在文本框中输入适当的值通过单击 Change 按钮赋给 STK。这些框中默认的值分别是 20 km、10 km 和 5 km。也可以通过 Set as Default 按钮把它们置为默认值。后来选择的要关注对象会被自动配置为新值。

【注】对于自定义的目标轨道根数文件如果没有出现在左侧列表中,需要将对象的 TLE 文件拷贝到场景所在目录,然后重新打开场景,则自定义目标数据文件就可以出现在左侧的目标列表中,一般支持 txt、tce、tle 等文件格式。

4.2.3 定义椭球体尺寸类型

如上节所述,在定义椭球体尺寸类型时,有 6 种选项。其中:

- 固定尺寸类型 2 种:Fixed 和 Orbit Class;
- 根据二次方程式定义的外形尺寸随时间动态变化的类型 2 种:Quadratic 和 Quadratic Orbit Class;
- 根据位置协方差定义的尺寸类型 2 种:Covariance 和 CovOffset。

这 6 种类型的含义见表 4-3。

表 4-3 AdvCAT 目标尺寸定义类型

选 项	说 明
Fixed	通过指定椭球体的尺寸定义尺寸类型
Orbit Class	根据目标远地点和近地点的值,通过查表确定 ID 号的对应值
Quadratic	根据对象的 SSC 编号提供二次方程系数,该系数用在三个维度与时间相关的二次方程中
Quadratic Orbit Class	Orbit Class 类型和 Quadratic 类型的混合,基于目标远地点和近地点通过查表分配二次方程的系数
Covariance	使用与目标关联的位置协方差来确定威胁椭球体的大小和方向
CovOffset	通过将目标的位置协方差与沿 Tangential、CrossTrack 和 Normal 方向定义的固定椭球体的协方差相加来计算威胁椭球。这种方法的目的是可以从固定大小(协方差很小时)平稳过渡到协方差确定的大小(此时协方差比固定大小大得多)。 位置协方差可以通过轨道预报获得(卫星使用 HPOP 预报模型,并将协方差预报打开),也可以通过读取包含协方差信息的.e 文件获得

4.2.3.1 固定型

对于 Fixed 类型,椭球尺寸可自定义。

对于 Orbit Class 类型,则需要借助一个查表系统,根据关注卫星的远地点与近地点来给卫星分配一个 ID 号。图 4-9 代表了简化版的典型 Orbit Class 图。

比如,关注目标的远地点为 17 000 km、近地点为 7 000 km,通过图 4-9 可以为此目标分配的 ID 号为 21。每个 ID 号与三个指数相关联,这三个指数代表威胁椭球体三个轴方向的取值。

查找对照表文件的扩展名为.foc,也可以根据规定的文件格式添加专用的 Orbit Class 类型文件。在 AdvCAT 对象 Basic-Advanced 页面,单击 Fixed Orbit Class Database 右侧的"…"按钮,选择 Orbit Class 文件。

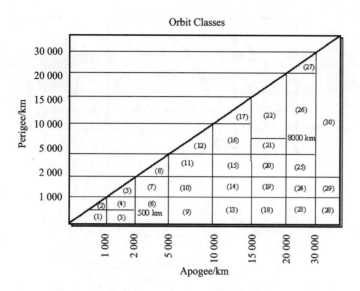

图 4 - 9　Orbit Class 类型查找对照表

4.2.3.2　二次方程型

Quadratic 和 Quadratic Orbit Class 定义类型基于二次方程式定义威胁椭球体的尺寸,其中 t 表示自历元时刻的时间作为自变量。对于每一方向的尺寸,数据库都会以下列形式的方程提供系数 i、j、k:

$$u(或 v 或 w) = it^2 + jt + k$$

式中,u、v 与 w 分别代表法向、切向、径向方向的值。可见,每个方向的值是随时间变化的抛物线。比如:当 $i = 2$、$j = -3$、$k = 2$ 时,如图 4 - 10 所示。

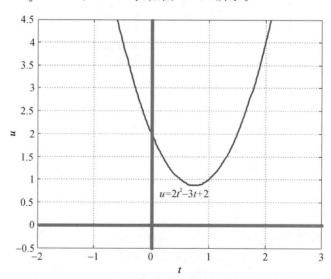

图 4 - 10　各个方向随时间变化曲线(1)

有时可能会存在一个或几个方向的抛物线中出现部分等于或小于零的情况,比如当 $i = -1.5$、$j = 7$、$k = -3$ 时,如图 4 - 11 所示。

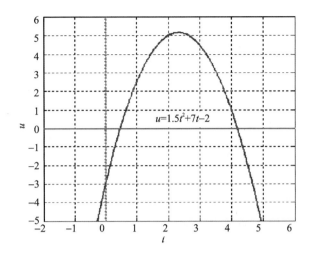

图 4 - 11　各个方向随时间变化曲线(2)

　　此时,基于以下规则进行应用:若在任何情况下,任何方向的二次方程的值等于或小于零,就可以把威胁物体的体积定义为物体中心的一点,直到这种情况结束,如图 4 - 12 所示。

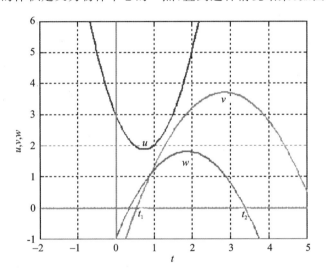

图 4 - 12　各个方向随时间变化曲线(3)

　　图 4 - 12 中,v(法向)和 w(切向)在某些时候产生的值小于或等于零。应用上面的规则,在 t_1 之前、t_2 之后,威胁目标的体积定义为一个点而不是一个椭球。

4.2.4　高级选项

　　打开 AdvCAT 对象 Basic Advanced 属性页面,如图 4 - 13 所示。
　　该页面主要进行 AdvCAT 对象的一些高级设置,其中:
　　① 在 Pre-Filters 区域设置预筛选选项,加速接近分析计算。具体设置参考 4.1.4 小节。
　　② 在 Advanced Ellipsoid Properties(高级椭球体属性)区域,设置多种尺寸类型指定的数据库文件。

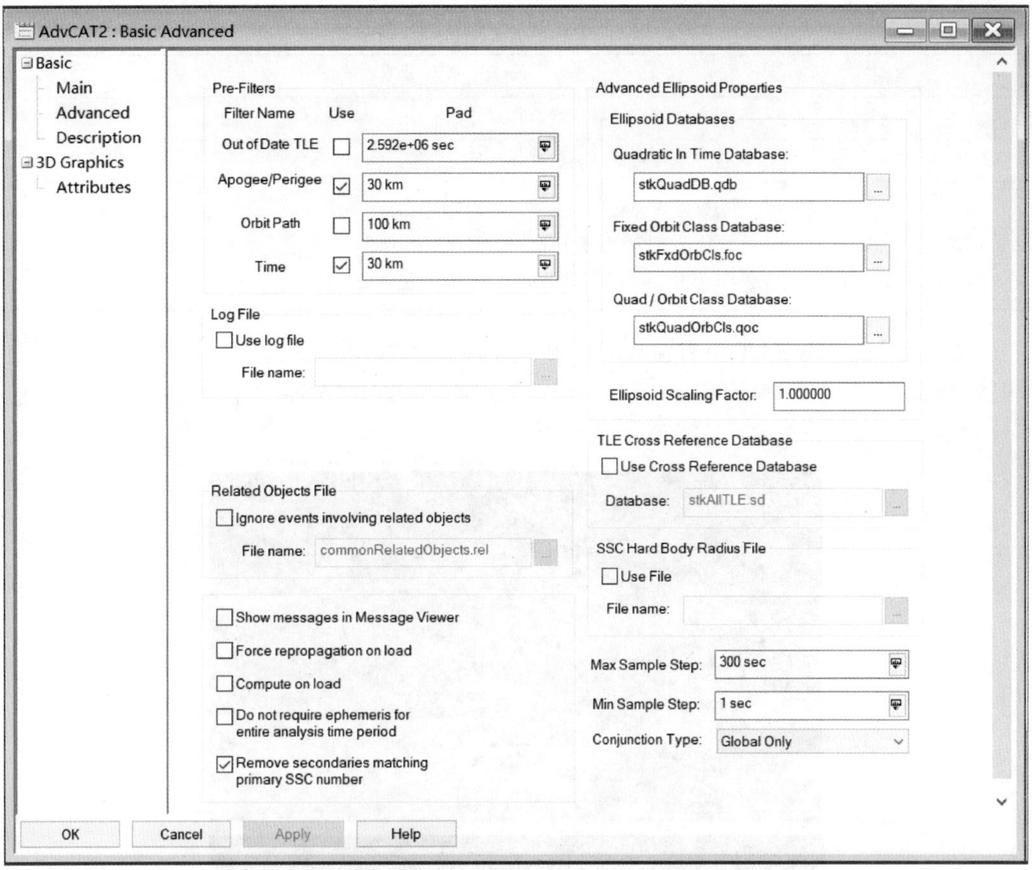

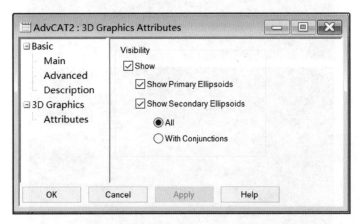

图 4 - 13　AdvCAT 对象 Basic Advanced 属性页面

4.2.5　AdvCAT 三维显示

打开 AdvCAT 对象 3D Graphics Attributes 属性页面,如图 4 - 14 所示。

图 4 - 14　AdvCAT 对象 3D Graphics Attributes 属性页面

在该页面,可以在 STK 三维窗口中显示威胁椭球体,见表 4 - 4。

表 4 - 4   AdvCAT 目标尺寸定义类型

选 项	说 明
Show	是否在三维窗口显示威胁椭球体
Show Primary Ellipsoids	是否显示主目标列表椭球体
Show Secondary Ellipsoids	是否显示次要目标列表椭球体,其中: All:显示所有次要目标; With Conjunctions:只显示和主目标有接近的目标

设置后,STK/AdvCAT 所有主要对象和次要对象都以 3D 状态显示。在近距离接近过程中,误差椭球会由绿色变为黄色再变为红色。基于 STK/AdvCAT 的目标接近过程如图 4 - 15 所示。

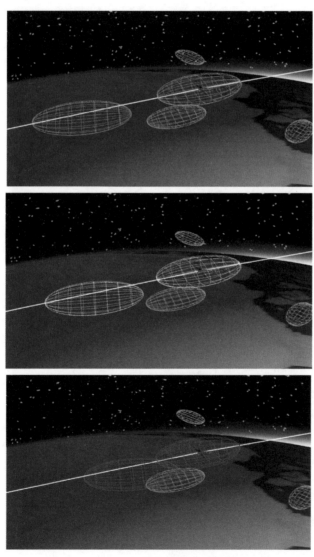

图 4 - 15   AdvCAT 的目标接近过程图形显示

4.3　激光接近分析工具(LaserCAT)

在一些商业和军事行动中,需要从地面用激光对卫星、导弹和运载火箭进行照射。这种激光照射可以用来提供精确的距离信息(即激光测距),也可以执行与其他卫星或者地面站的数据交换(即激光通信)。但是,这种激光照射可能会对其他的卫星造成威胁。比如可能对卫星上的传感器造成损伤甚至毁坏。激光接近分析工具(Laser CAT)就是评估卫星在轨运行过程中意外被激光照射的可能性。

4.3.1　安全角定义

激光接近分析工具通过一系列的测试确定可能受到照射的卫星,然后执行分析确定指定时间段内哪些卫星进入用户定义的安全锥角范围内,并记录这些卫星进出安全锥角范围的时间。

将激光站点到目标的连线与激光站点到受威胁卫星的连线的夹角定义为安全角 α,如图 4-16 所示。

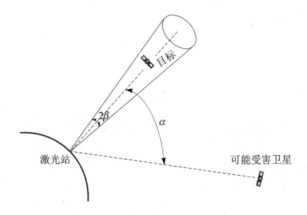

图 4-16　Laser CAT 安全角定义

图 4-16 中,β 为地面站向目标卫星照射的激光波束的半锥角。如果 $\alpha \leqslant \beta$,就认为卫星存在潜在激光照射的威胁。

4.3.2　激光接近分析属性

激光接近分析工具中的激光发射点可以是固定目标,也可以是大弧运动目标(如飞机、舰船、地面车辆等)。选择对象,在菜单工具中选择 LaserCAT,即打开 LaserCAT 工具页面,如图 4-17 所示。

建立 LaserCAT 工具包括选择目标对象、激光接近分析筛选、设置卫星轨道根数日期失效时间、选择卫星数据库、设置激光属性以及设置时间区域等。

(1)选择目标物体

在 Pointing Method 的目标选择中,场景中所有的 Missile 和 Satellite 对象都会在 Laser-CAT 窗口的目标物体栏中列出来。列表中的第一个物体将会打上星号,表示此物体将作为激

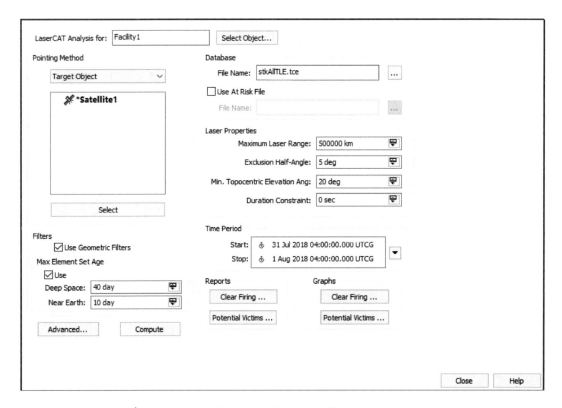

图 4 - 17　Laser CAT 界面

光器捕捉的目标,除非另换其他对象。如果要选择其他的对象,则双击之,或者单击之再单击 Select 按钮。

(2) 激光接近分析目标筛选

1) 几何筛选

和 CAT 一样,激光接近分析工具也可以用几何筛选来减少需要考虑的目标的数量。结合卫星的轨道倾角、远地点和近地点综合考虑,如果这些卫星没有经过激光站的威胁范围,则几何筛选将筛选掉这些卫星。激光威胁范围综合考虑激光站点的纬度、激光最大距离以及最小仰角确定。

2) 设置轨道根数失效时间

设置轨道根数的失效时间,如果轨道根数的历元时间和分析的时间超出此设置,则这些卫星不予考虑。基于失效的轨道数据,可以减少接近报告。近地目标和深空目标的轨道周期不同,近地卫星的轨道周期小于 225 min。

(3) 选择卫星数据库

在 LaserCAT 分析中可以选择其他的卫星数据库,在文件名区域输入数据库文件的名字或者通过"…"按钮来找相应的数据库文件。

Use At Risk File 选项可以让 LaserCAT 主要考虑那些受激光攻击的卫星而忽略那些数据库中的其他轨道目标,比如说空间碎片或者火箭残骸。如果用户选择了 Use At Risk File 选项,则 LaserCAT 在计算时只会考虑那些出现在 At Risk File 文件中的卫星。

（4）定义激光的属性

定义激光属性的选项见表 4-5。

表 4-5　AdvCAT 目标尺寸定义类型

选　项	说　明
Maximum Laser Range	设置激光的最大有效距离,在最大距离处仍然有足够能力对其他卫星构成威胁,默认值为 5 000 km
Exclusion Half-Angle	定义安全角的半角大小,默认值为 5°
Min. Topocentric Elevation Ang	激光站的最小仰角,默认值为 20°
Duration Constraint	激光持续照射时间约束,如果小于此时间,则不考虑照射小于此时间的目标

（5）高级选项设置

单击 LaserCAT 窗口的"Advanced..."的按钮可以设置把潜在受照射卫星加入到场景中,并可以设置加入的最大目标数量。

4.4　发射窗口分析工具

发射窗口分析(Launch Window Analysis)用于运载火箭或导弹发射的安全性分析,计算发射窗口内的安全时间间隔。为提高分析的精度和时效性,分析参考坐标系从地心惯性坐标系转到地心固定坐标系,并将时间转换到任务时间。因此发射窗口分析工具非常适合发射分析,而不适合在轨接近评估。

4.4.1　发射窗口分析界面

发射窗口分析工具只适用于 Missile 和 Launch Vehicle 对象,选择 Missile 或 Launch Vehicle 对象,在对象工具中选择"Launch Window Analysis..."即可打开发射窗口分析工具界面,如图 4-18 所示。

（1）发射窗口

发射窗口表示飞行器可以发射的时间窗口,它是一个时间段。虽然发射弹道相对于地固系不变,但发射时刻可以在发射窗口中选择。因此发射窗口安全性分析要遍历发射窗口中的所有发射时间。在这种情况下,在确定发射时刻后,发射对象在每一时刻的位置是已知的,但是候选对象的位置可能在发射窗口定义时间段内的任意位置,其最小距离由发射时刻决定。最小距离小于指定约束距离对应的时间段映射到发射窗口中就是发射中断时间(Blackout),其关系如图 4-19 所示。

（2）距离约束

在安全分析对象上设置一个最小允许距离,其含义是在安全分析目标上设置一个圆球,圆球半径代表参考对象和其他对象之间的最小允许距离。

（3）次要目标星历源

次要目标是发射安全分析工具中与主要对象可能发生碰撞或接近的潜在目标。其数据源

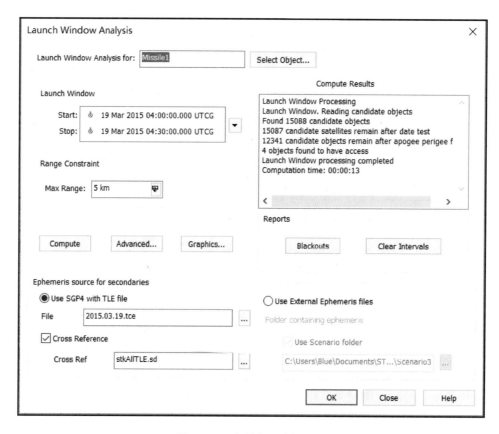

图 4 - 18　发射窗口分析界面

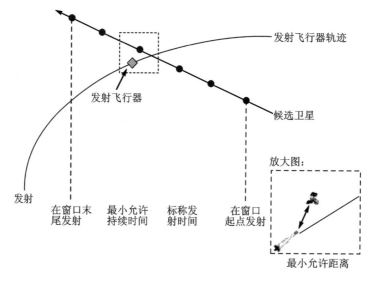

图 4 - 19　导弹和运载火箭的发射窗口

分为两种:

① Use SGP4 with TLEs:使用 SGP4 模型对 TLE 轨道进行轨道预报,默认使用 STKAll-TLE 卫星数据库,也可以改为其他数据库;

② Use External Ephemeris files:使用外部星历(不用 TLE 根数)进行发射安全分析。

(4) 报 告

单击中断时间(Blackouts)按钮生成与发射可能接近的目标和时段;点击清除中断时段(Clear Intervals)生成发射窗口内不与目标接近的时段,其就是在发射窗口中 Blackouts 时段的补集,如图 4 - 20 所示。

```
Object Name      Blackout Start Time (UTCG)     Blackout End Time (UTCG)      Blackout Duration (sec)
-----------      --------------------------     ------------------------      -----------------------
CZ-4B_DEB         19 Mar 2015 04:00:09.720       19 Mar 2015 04:00:10.823                 1.10
SAC-C             19 Mar 2015 04:00:11.871       19 Mar 2015 04:00:14.049                 2.18
CZ-4B_DEB         19 Mar 2015 04:03:29.656       19 Mar 2015 04:03:31.025                 1.37
THOR_ABLESTAR_D   19 Mar 2015 04:21:37.462       19 Mar 2015 04:21:37.701                 0.24
```

发射窗口分析Blackouts时段

```
Clear Interval Start Time (UTCG)     Clear Interval End Time (UTCG)      Clear Interval Duration (sec)
--------------------------------     ------------------------------      -----------------------------
      19 Mar 2015 04:00:00.000            19 Mar 2015 04:00:09.720                    9.720
      19 Mar 2015 04:00:10.823            19 Mar 2015 04:00:11.871                    1.048
      19 Mar 2015 04:00:14.049            19 Mar 2015 04:03:29.656                  195.607
      19 Mar 2015 04:03:31.025            19 Mar 2015 04:21:37.462                 1086.437
      19 Mar 2015 04:21:37.701            19 Mar 2015 04:30:00.000                  502.299
```

图 4 - 20 发射窗口分析 Clear Interval 时段

4.4.2 高级选项

在发射窗口分析界面中,单击"Advanced..."按钮,弹出发射窗口高级设置选项,该窗口用于定义发射接近分析目标的预筛选、目标飞行器弹道的时间属性等信息,如图 4 - 21 所示。

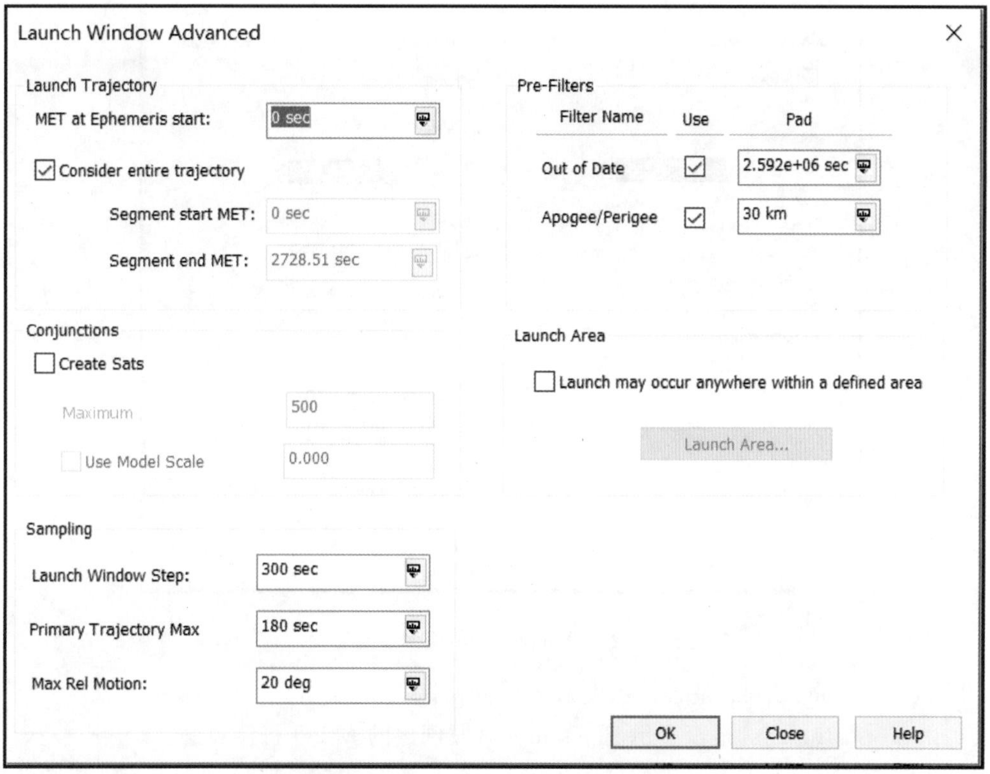

图 4 - 21 发射窗口分析高级选项

① Launch Trajectory:设置发射弹道接近分析的任务流失时间(Mission Elapsed Time)。任务流失时间表示不参与计算的时间,比如整个飞行弹道 2 500 s,在弹道开始时刻设置 100 s 任务流失时间,即在 MET at Ephemeris start 设置 100 s,则发射弹道的接近分析计算从 100 s 开始计算。默认情况下选择整个弹道计算。

② Conjunctions:创建接近的卫星,选择此按钮,计算后会在场景中创建与关注目标可能产生接近的卫星。

③ Sampling:设置采样步长,包括发射窗口步长、发射弹道采样步长以及目标的相对运动角度。角度越小,采集样本越多。

④ Pre-Filters:预筛选,包括日期失效筛选和远地点/近地点筛选。

⑤ Launch Area:发射区域可以设置为一个矩形区域,而不是特定的发射点。选择该项,发射可能在该区域的任何地方,因此接近的目标可能更多。

4.4.3 图形显示选项

在发射窗口分析界面中,单击 Launch Graphics Window 按钮,弹出发射窗口图形设置选项,用于在二维和三维窗口中显示发射区域和发射轨迹,如图 4-22 所示。

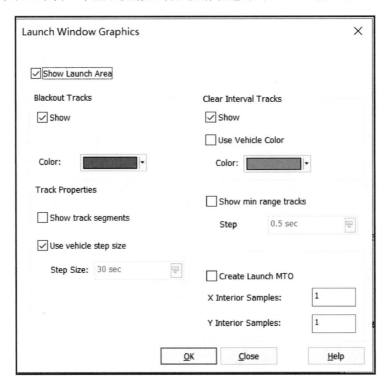

图 4-22 发射窗口分析图形设置界面

① Show Launch Area:是否显示发射区域,如图 4-23 所示。

② Blackouts Tracks:是否显示 Blackouts 时段创建的 MTO 目标轨迹。

③ Clear Interval Tracks:是否显示 Clear Interval 时段的 MTO 目标轨迹,如图 4-24 所示。

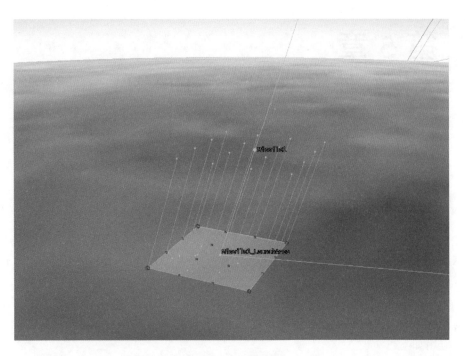

图 4 - 23　发射区域

图 4 - 24　Blackouts 和 Clear Intervals 轨迹

第 5 章
光电红外模块(STK/EOIR)

STK/EOIR 光电红外模块最早是太空动力学实验室(Space Dynamics Lab,SDL)为导弹防御仿真而开发的,SDL 公司具有 50 年的设计、制造、测试和部署空间传感器的经验,主要客户包括:NASA、U.S. Air Force、Missile Defense Agency (MDA)等,最早于 STK9.2 中引入。它基于物理的渲染引擎对目标进行成像仿真,能够直接嵌入到 STK 中,实现与 STK 的无缝连接。主要应用如下:

- 支持成像系统的设计和开发;
- 对光电系统建模;
- 模拟精确的样本数据和真值,开发图像分析和评估技术。

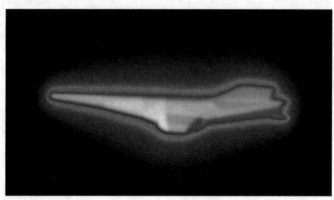

5.1　STK/EOIR 概述

近年来 EOIR 模块在版本更新中取得了一系列的改进,主要改进见表 5-1。

表 5-1　EOIR 版本及其改进

版　本	主要改进
10.0	引入了: ● 运动模糊; ● 泊松噪声模型; ● 对成像浏览器的更新

版　本	主要改进
10.1	焦平面建模提升,可以对更多目标进行探测
11.0	引入了： ● 时间动态温度曲线； ● 自定义 3D 模型； ● 自定义材质； ● 基于 Modtran 的大气模型； ● 实现 64 位程序代码升级
11.1	地球反射纹理映射大气模型改进
11.2	● 解除了 ITAR 国际武器交易限制； ● 实现非地球传感器和目标仿真； ● 底层传感器建模； ● 地球温度以及辐射纹理映射
11.6	增加了激光干扰的分析

STK/EOIR 目前主要用于太空目标监视、导弹防御、航天侦察等领域,具有光电和红外传感器的探测、跟踪和成像性能的仿真能力,能够生成以地球和太空为背景的探测性能参数,如目标信噪比等。STK/EOIR 支持概念研究、设计、试验与验证。

① 辐射传感器模型能够开展高保真度的仿真模拟。EOIR 考虑了传感器、目标和环境之间的相互作用,而不仅仅是目标的简单几何形状模拟。

② 比复杂独立的传感器模型更快、更易于访问。STK/EOIR 低复杂度模型能够较好地适用于任务分析过程,系统工程师和传感器设计人员能够简单快速地使用该模块。

③ 任务综合分析。STK 支持对光电-红外性能与传感器平台、通信和环境等要素进行统一建模与架构集成,以评估各种任务场景的集成性能。

根据 STK 对象(天体、卫星、飞机和导弹等)的位置、方向、形状、尺寸、光学属性、温度等特性进行合成场景建模,生成场景图像文件以及考虑传感器影响的传感器数据文件。STK/EOIR 建模对象、合成图像生成器、传感器模型三者之间的关系如图 5 - 1 所示。

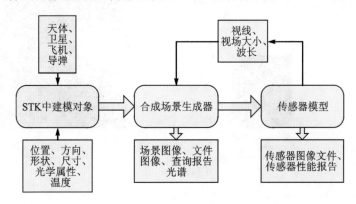

图 5 - 1　STK/EOIR 场景合成流程

STK/EOIR 的主要特性如下：

① 目标建模。能够对卫星、导弹等目标的光学和热学特性进行建模,包括设置目标形状、大小、表面材料和表面温度等。对于导弹目标,可以对每一级分别建模。

② 恒星背景建模。涵盖 STK 数据库中超过 200 万个恒星的星空背景,包括地球、月球、太阳和行星等主要天体的热学和光学特性。

③ 传感器设置。包括传感器的空间属性、光谱属性、光学属性、辐射属性四个方面的特征性能参数,如传感器视场、焦距、口径等。

④ 传感器性能。通过 STK 报告、图像和动态显示的方法,输出点源和面源的辐射性能,包括目标对象辐射、背景辐射、信噪比、噪声等效强度等。

⑤ 传感器图像输出。动态输出传感器观测图像,并且能够将传感器输出图像转换为 ASCII 文件以方便进行图像处理。

5.2　EOIR 属性

5.2.1　EOIR 工具栏

STK/EOIR 工具栏用于访问传感器的 EOIR 配置和生成 EOIR 图像。单击 View 菜单项,选择 Toolbars→EOIR Sensor Plug－In,则会在快捷工具栏中显示 STK/EOIR 插件,如图 5－2 所示。

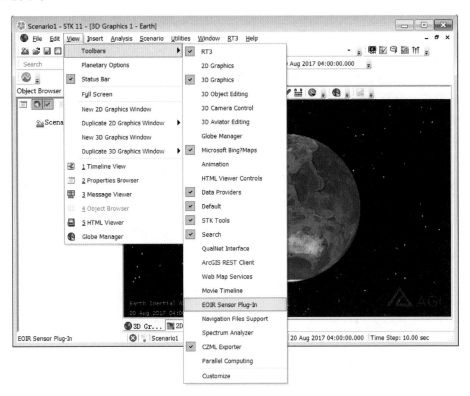

图 5－2　在工具栏中加载 EOIR 插件

EOIR 工具栏按钮功能见表 5-2。

表 5-2 EOIR 工具栏按钮及功能

按 钮	说 明
⚙	显示 EOIR 配置页,更多信息见 5.2.2 小节 STK/EOIR 配置界面和 5.2.3 小节 EOIR 大气模型
🎤	显示传感器的 EOIR 合成图像,更多信息见 5.2.9 小节合成场景生成

【注】默认情况下,在快捷工具栏中不显示 EOIR 工具按钮。在安装了 EOIR 模块后,则可以在工具栏上显示该插件。

5.2.2 EOIR 配置界面

单击 ⚙ 按钮打开传感器的 EOIR 配置页,如图 5-3 所示,可以对传感器的属性进行配置,此外,还可以在场景中视情况添加相关的中心体。

- 传感器的载体平台,如飞机、地面设施、站点、目标、导弹、卫星等对象必须放在已选目标列表(Selected Target List)中;
- 在 Scenario→Basic→Database 属性页中设置恒星的星等值范围,则该星等值范围的恒星会自动配置到分析场景中。

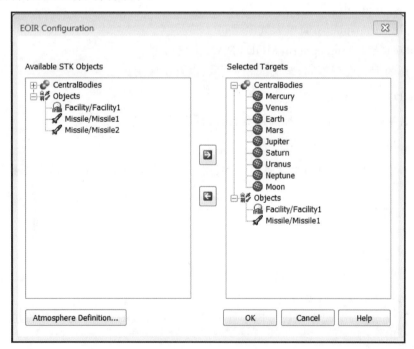

图 5-3 EOIR 配置页

单击向右按钮将对象添加到已选择对象列表中,对象在满足以下条件时即可对其成像:

- 目标对象在 EOIR 传感器的视场中;
- 目标对象的亮度(无论是反射或自身辐射)超过传感器的探测灵敏度。

5.2.3　EOIR 大气模型

STK/EOIR 可以设置大气层模型和大气参数,单击 Atmosphere Definition 按钮,弹出大气模型设置页面,如图 5-4 所示。

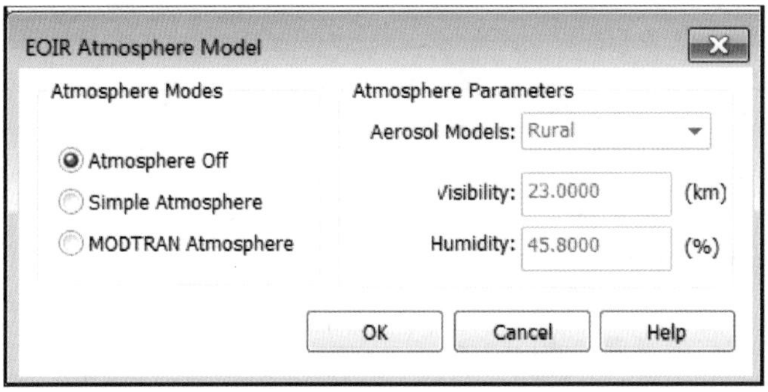

图 5-4　EOIR 大气模型设置窗口

5.2.3.1　大气模型

可以设置三种大气模型:

● Atmosphere Off:不考虑大气影响;
● Simple Atmosphere:简单大气模型;
● MODTRAN Atmosphere:MODTRAN 大气模型。

根据选择的大气模型不同,定义的相关参数也有所区别。

(1) MODTRAN 大气模型

MODTRAN 大气模型是一种高保真、公共标准的大气模型。

(2) Simple Atmosphere 大气模型

该模型考虑了垂直方向的大气属性,可根据光谱波长范围以及由光谱间隔数量计算大气以下特性:

● 传播特性;
● 散射特性;
● 路径传播特性。

【注】路径辐射损耗影响上述特性的计算,计算的结果考虑了传感器、目标位置的影响,但还没有考虑地球临边背景的影响。

Simple Atmosphere 模型仅仅考虑了在不同高度上大气的属性,而在水平方向上的天气、云层则没有考虑。

5.2.3.2　大气属性参数

大气物理特性参数包括气溶胶模型、能见度和湿度。

● 气溶胶模型:气溶胶能够影响人眼的可见距离,每种气溶胶模型代表不同大小粒子的分布以及光线与粒子之间的相互作用。

- 能见度:能见度的单位以 km 表示,能见度是指在白色背景下一个尺寸合适的黑色物体在地表附近能够被看见和识别的最大距离。
- 湿度:相对湿度的数值以 0~100%表示。

5.2.4　EOIR 传感器选项

5.2.4.1　通用属性

EOIR 传感器可以从空间几何属性、光谱属性、光学属性、辐射属性四个方面进行设置。并且可以设置信号传播路径中的大气特性,包括大气模型、气溶胶模型、气象学可见性和大气湿度。在定义 EOIR 传感器时,需在 Sensor→Definition 属性页中,将 Sensor Type 设置为 EOIR。EOIR 传感器属性设置如图 5-5 所示。

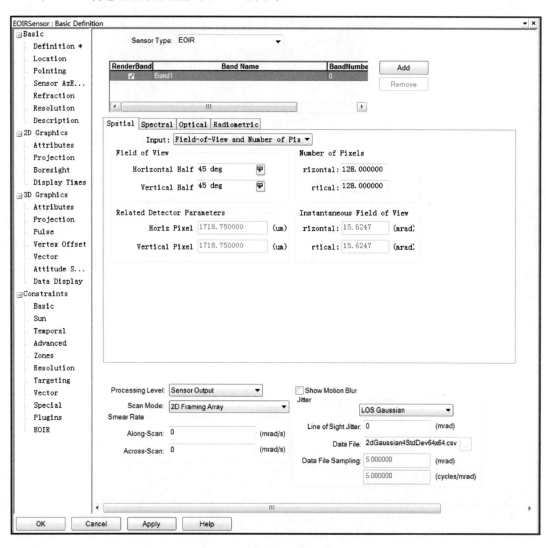

图 5-5　EOIR 传感器属性设置

（1）增加波段

单击 Add、Remove 按钮，为 EOIR 传感器增加、删除波段。EOIR 最大支持 36 个波段的设置，这些波段共用位置和视线，可以应用两种典型仿真：

- 不同波段响应能力——多波段传感器；
- 不同的图像放大倍率——不同焦距镜头的仿真。

（2）定义波段属性

在 EOIR 传感器的每一个波段都可以定义以下 4 种属性：

- 空间属性；
- 光谱属性；
- 光学属性；
- 辐射属性。

选中某个波段，即可以查看和修改该波段的相关属性。

（3）传感器属性

1）处理等级

传感器包含 4 个成像等级，分别是：

- Sensor Off：合成图像不考虑传感器属性参数。
- Geometric Input：表示合成图像仅包含目标的几何信息。目标对象的相对明暗程度基于目标的温度，该选项支持快速生成图像。
- Radiometric Input：合成图像包含目标的几何和辐射信息，但没有考虑传感器的影响，通常这种成像方式代表目标在相机入瞳处的辐射度。
- Sensor Output：合成图像考虑了 EOIR 传感器属性的影响，得到的是传感器的输出图像。

上面这些处理等级按次序成像，保真度越来越高，生成图像的时间也越来越长。

2）扫描模式

选项中的 2D Framing Array 为二维帧序列。

3）运动模糊

在积分时间内，目标或传感器都可能发生运动，选择该选项，可模拟相机或目标运动时造成的成像模糊。

- Smear Rate Along Scan：相对于传感器 up 矢量，EOIR 传感器沿扫描方向的模糊率；
- Smear Rate Across Scan：相对于传感器 up 矢量，EOIR 传感器沿垂直扫描方向的模糊率。

4）抖 动

模拟相机视线抖振，抖振类型包括：

- LOS Gaussian：高斯型；
- MTF File：频率调制函数；
- PSF/Realization File：点扩散函数型；
- Power Spectrum File：功率谱类型；
- Line of Sight Jitter：传感器载体的抖振会引起传感器视线抖动，使得图像变得模糊；

- Data File：抖振描述数据文件；
- Data File Sampling：抖振数据文件频率或采样频率。

5.2.4.2　空间属性

定义波段的空间属性，如图 5-6 所示。

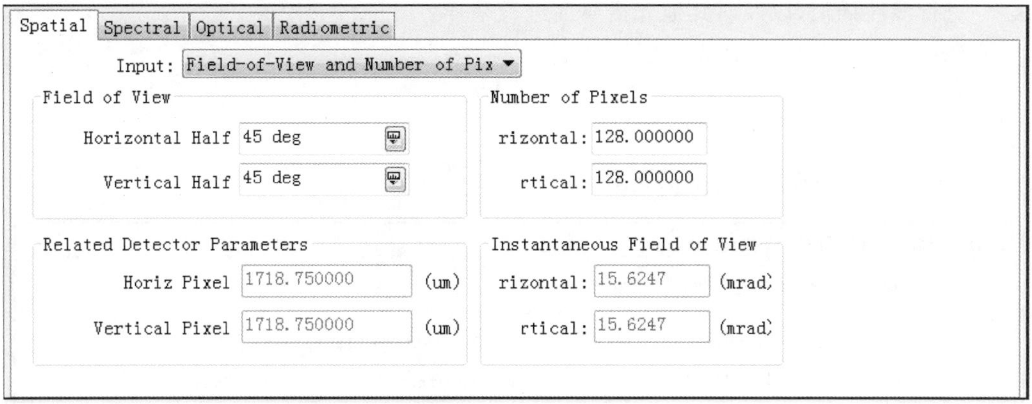

图 5-6　空间参数设置

空间属性包括：

- Input：选择相机视场定义方式，包括：视场和像素数（Field of View and Number of Pixels）、像素数和像元尺寸（Number of Pixels and Detector Pitch）以及视场和像元尺寸（Field of View and Detector Pitch）；
- Field of View（视场）：设置垂直和水平方向上视场角的大小；
- Number of Pixels（像素数）：设置垂直和水平方向上的像素数；
- Related Detector Parameters：像元在焦平面上的物理尺寸大小，单位为 μm；
- Instantaneous Field of View（瞬时视场）：像元在水平和垂直方向上的角度范围。

5.2.4.3　光谱属性

定义波段的光谱属性，如图 5-7 所示。

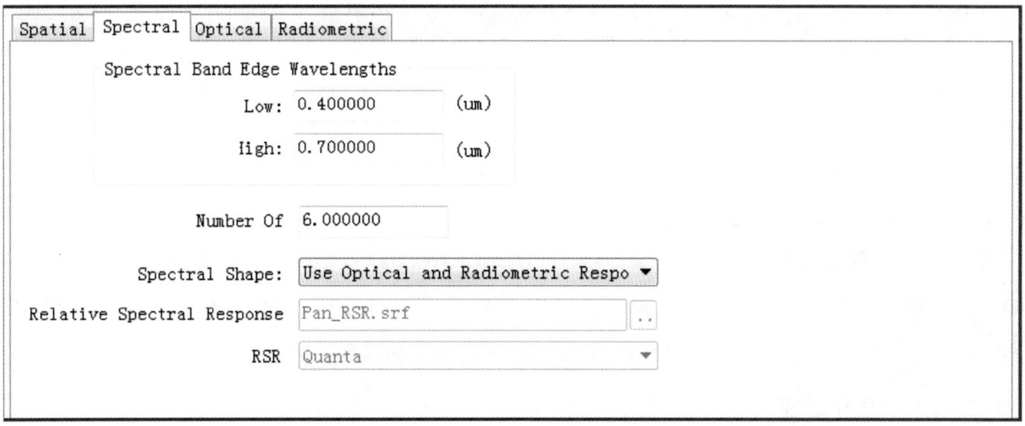

图 5-7　光谱参数设置

波段光谱属性包括：
- Spectral Band Edge Wavelengths：光谱范围上下边界的波长；
- Number Of Intervals：间隔数越多，计算精度越高，但计算时间越长；
- Spectral Shape：设置波段的光谱响应特性；
- Relative Spectral Response file：用 SRF 格式指定波段的相对光谱响应，可对特定范围进行线性插值，以及对其他光谱属性进行采样。
- RSR units：设置 RSR 光谱值的单位。

5.2.4.4 光学属性

光学属性主要定义光学系统的参数，如图 5-8 所示。

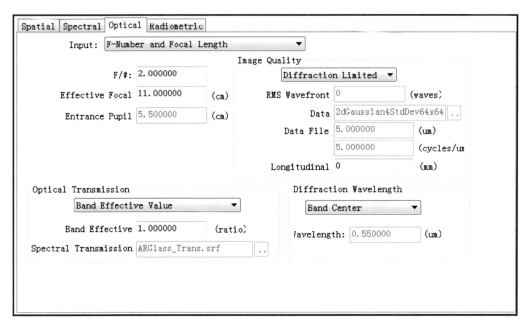

图 5-8 光学参数设置

光学参数主要是对 F 数、相机孔径以及相机焦距进行设置。输入选项包括：F 数和入瞳孔径（F - Number and Entrance Pupil Diameter）、F 数和焦距长度（F - Number and Focal Length）、焦距长度和入瞳孔径（Focal Length and Entrance Pupil Diameter）。

图像质量相关参数包括：自定义波前误差、自定义 OTF/MTR 文件和自定义 PSF 文件，具体参数项见模块设置。预置畸变等级基于均方根波前误差建模：Diffraction Limited＝0.0；Negligible＝0.07；Mild＝0.14；Moderate＝0.21。

光学传输参数包括设置光学波段等效值（Band Effective Value）和光谱传输函数（Spectral Transmission Function）。同时，设置光学衍射波长（Diffraction Wavelength）用于光学衍射建模计算。

5.2.4.5 辐射属性

辐射属性参数设置如图 5-9 所示。

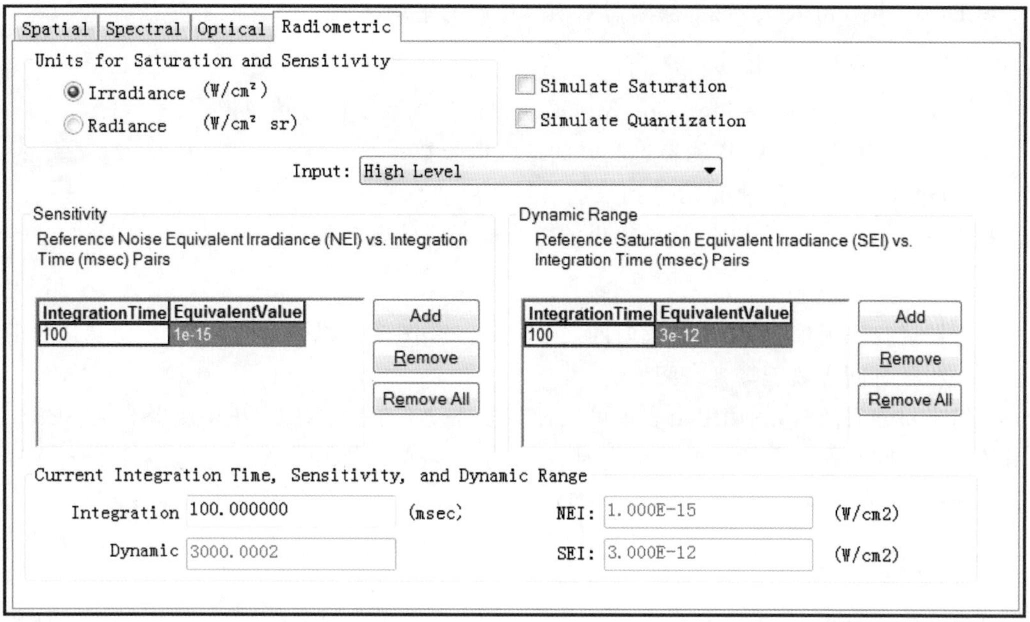

图 5-9　辐射参数设置

其主要包括饱和度和灵敏度两类参数：

● 辐照度(Irradiance)：灵敏度和动态范围参数，以 W/cm² 为单位，适用于点源和不可分辨类的目标，如恒星等。

● 辐射率(Radiance)：灵敏度和动态范围参数，以 W/(cm² · sr)为单位，适用于可分辨形状的面目标。

● 饱和度(Simulate Saturation)：只有超过特定饱和度水平的信号才可以输出到相应像素中，该种方式更符合实际应用。饱和度定义了传感器可以量测到的信号强度水平。

● 模/数转换(Simulate Quantization)：将模拟图像转化为数字图像输出。

● 辐亮度参数输入模式(Radiometric Parameter Input Mode)：包括 High Level 和 Low Level。

当选择 High Level 时，需进一步设置的参数包括：等效噪声辐照度/辐射率(NEI/SEI)和相机动态范围，可编辑内容包括以下 4 个方面：

● 噪声等效辐照度 vs 积分时间；

● 噪声等效辐射率 vs 积分时间；

● 等效辐照度饱和度 vs 积分时间；

● 等效辐射率饱和度 vs 积分时间。

当选择 Low Level 时，需进一步设置的参数包括：

● Quantum Efficiency Mode：指定量子效率模式；

● Spectral QE File：光谱 QE 文件；

● QE：QE 值；

● Detector Fill Factor：探测器填充比例；

● Read Noise：读出噪声；

● Dark Current Rate：每个探测器累积黑噪声的平均率。

（1）模拟信号到数字信号转换

● Analog to Digital Conversion Mode：模拟信号到数字信号转换模式；
● Full-Well Capacity：探测器饱和时的最大电子数；
● Digital Bit Depth：模拟信号到数字信号转换动态范围电子位数；
● Quantization Step Size：量子输出的每个电子位的电子数。

（2）指定积分时间

传感器接收辐射信号，累积一段时间之后生成一幅图像。积分时间越长，传感器接收的能量越多。积分时间等效于曝光时间。

当给出积分时间时，利用编辑表单可以计算成像动态范围、NEI/NER 或者 SEI/SER。当给出的积分时间不在表单给定的范围内时，可基于该表单外推相应的动态范围、NEI/NER 或者 SEI/SER 的值。

5.2.5　导弹形状

导弹在飞行过程中，由于级间分离，其形态会发生改变。EOIR Shape 可以通过组件拼接的方式自定义导弹级数和形状，如图 5 - 10 所示。

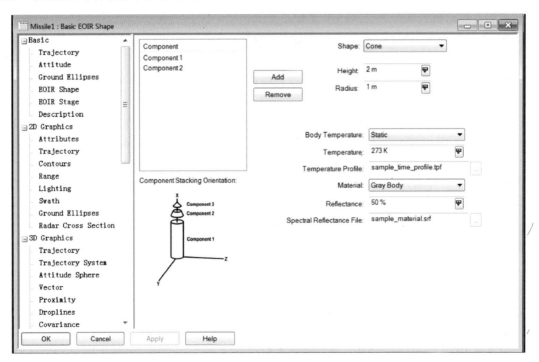

图 5 - 10　导弹形状设置

5.2.5.1　导弹组件

构成导弹每一级的形状包含以下参数：

- 形状；
- 尺寸；
- 温度；
- 表面材质；
- 反射率。

每种材质的光学特性可以分别设置,比如材质表面的反射率。

5.2.5.2　导弹构建示例

① 定义导弹第一级,选中 Component 1,选择圆柱体(Cylinder)并修改以下参数：

- Height:10 m;
- Radius:0.5 m;
- Body Temperature:310 K;
- Material:White Thermal Control。

这样就可以得到一个半径为 0.5 m、高为 10 m、表面温度为 310 K、表面材质为白色热控涂层的导弹一级助推器,如图 5-11 所示。

图 5-11　导弹一级助推器示意图

② 单击 Add 按钮添加中间段,选中 Component 2,选择中间件(Coupler)形状,并修改以下参数：

- Radius1:0.5 m;
- Height:0.6 m;
- Radius2:0.4 m。

图 5-12 显示的是在圆柱上堆积中间件后的形状。

图 5-12　添加中间件后的示意图

③ 添加弹头。单击 Add 按钮在耦合器上增加一个 Cone,选择 Component 3,将形状设为

圆锥(Cone),并修改以下参数:

- Height:1 m;
- Radius:0.4 m。

完整的导弹形状如图 5-13 所示。

图 5-13 完整导弹示意图

5.2.6 导弹级属性

EOIR 导弹尾焰羽流是基于普朗克函数及相关温度函数的建模,其模型是辐射率为 99% 的灰体辐射模型,如图 5-14 所示。

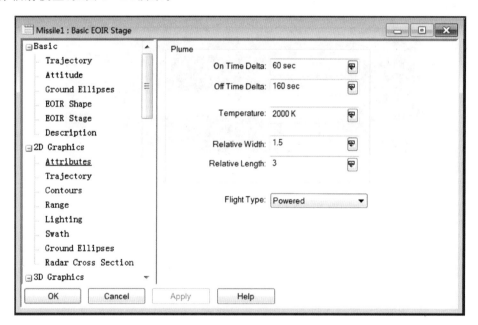

图 5-14 导弹级参数设置

- On Time Delta:羽流开始时间,相对于导弹的发射时间,最大值为 86 400 s。On Time Delta 必须小于或等于 Off Time Delta。
- Off Time Delta:羽流关闭时间,相对于导弹的发射时间,最大值为 86 400 s。
- Temperature:羽流的温度。
- Relative Width/Length:羽流的相对尺寸。
- Flight Type:Powered、Falling 或 None。

羽流的形状可根据导弹第一级形状自动调整,由球体和锥体组成,球体与导弹第一级相连。也可以通过自定义修改 Relative Width/Length 参数来调整羽流的形状。羽流的材质用低反射率灰体建模,用户可以自定义修改羽流的温度。通过调整羽流的温度和大小,可以建立辐射谱段和绝对亮度模型。导弹尺寸越大,羽流形状越大,其尾焰温度就越高。

时间点(开始时刻、关闭时刻)代表了羽流当前的变化序列。时间点单位为 s,与级间段点火时间相关。从羽流图像可以看出羽流的当前状态(点火或关闭)。实际中导弹羽流特征随点火时段而变化,例如羽流温度。在当前版本中,可以通过时序设置羽流的特征变化。

5.2.7　目标形状

卫星和飞机等目标的 EOIR 形状设置如图 5-15 所示。

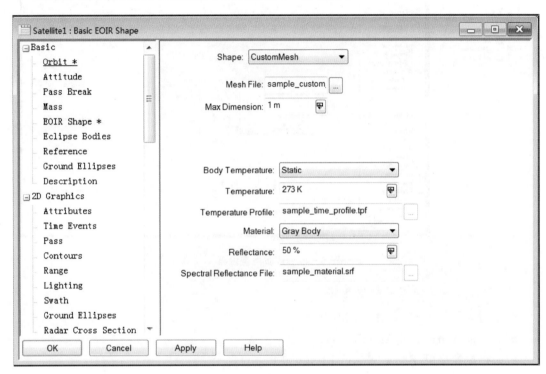

图 5-15　卫星 EOIR 形状设置

目标对象的外形包括箱体、圆锥、连接件(平头圆锥)、圆柱体、圆盘或球体等简单几何体,或由简单几何体组合而成,如图 5-16 所示。也可以选择 None 选项,即不考虑目标几何外形以及辐射模型,只考虑目标的位置和方向。

通过设置形状、尺寸、表面材料和表面温度等对卫星、太空碎片和导弹进行光和热特性建模。对于导弹目标,可以对其每一级进行独立的建模。目标外形建模有两种方式:一是通过简单几何体组合构成复杂的几何外形,EOIR 自带静止轨道通信卫星(GEOComm)、低轨通信卫星(LEOComm)以及低轨成像侦察卫星等典型目标库;二是通过加载外部模型文件(.obj)来自定义目标模型,EOIR 通过读

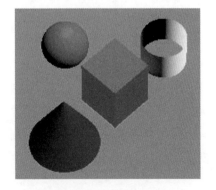

图 5-16　目标对象的外形组合

取外部文件来对目标实体进行建模。

【注】STK11 中 EOIR 模块相对于 STK9 中增加了可以自定义卫星的形状。

5.2.8 材质类型

STK/EOIR 能够对飞机、导弹、卫星以及地球表面等材质进行建模,如图 5-17 所示。

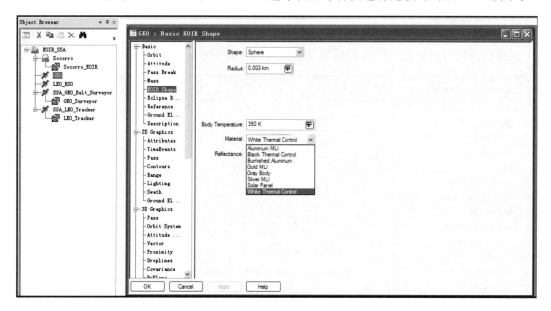

图 5-17 材质类型设置

(1) 飞机、导弹和卫星的材质类型

● 铝质多层包覆(Aluminum MLI);

● 抛光铝(Burnished Aluminum);

● 黑色热控涂层(Black Thermal Control Point);

● 金色多层包覆(Gold MLI);

● 灰体(Gray Body),需指定反射率;

● 银质多层包覆(Silver MLI);

● 太阳帆板(Solar Panel);

● 白色热控涂层(White Thermal Control Point)。

(2) 地球表面材质

EOIR 模块中的地表模型采用 17 届国际土地生物项目(IGBP)全球地面覆盖类型以及 Tundra 模型。利用来自美国地质测量组织与约翰斯·霍普金斯大学的光谱反射数据库数据构建 SRFs。地表覆盖类型采用简单材质线性组合模型。

5.2.9 合成场景生成

单击 STK/EOIR 工具栏上的✏图标,生成传感器的合成场景。STK/EOIR 的视线和视场与传感器对象同步。通过对模型的数字采样得到合成场景,在像素每一个方向上进行 4 次采样(即对每个传感器像素进行 16 次空间采样),采样区间覆盖了传感器模型所有的通频带和波段。因此合成场景就是采样得到的浮点集构成的"数据箱"(水平空间分辨率×垂直空间分辨率×谱段分辨率)。

通过上述方式可以生成两种合成场景图像:一是传感器获取的原图,二是合成场景。合成场景区别于传感器原图的地方在于:

- 合成场景受三原色(R、G、B)显示性能的约束,压缩动态范围;
- 合成场景可进行自主增益控制,可对亮度/对比度进行设置;
- 合成场景是伪彩色像素值匹配图像。

右击传感器场景,在弹出的选项中选择"Details...",可以进行显示、调整以及保存等操作。

5.2.10　合成场景生成器

合成场景生成器可对下列对象和属性进行建模:

(1) 材质光学属性

STK/EOIR 可对多达 27 种材质建模,材质参数包括:

- 光谱反射;
- 辐射;
- 双向反射分布函数 BRDF。

(2) 外　形

在传感器图像中提供以下形状模型:

- 中心体以其平均半径进行球形建模;
- 恒星作为点源目标建模;
- 卫星、飞机、导弹以用户选择的形状和尺寸建模。

(3) 热

热模型和材料的反射率通过普朗克函数计算实体对象的自身辐射,包括:

- 行星;
- 恒星;
- 太阳辐射;
- 导弹羽流;
- 卫星、飞机和导弹。

【注】在图像上右击,可以查看图像的细节。

5.2.11　EOIR 约束属性

在传感器的 Constraints→EOIR 中可以设置 EOIR 传感器的信噪比 SNR,SNR 与目标的被探测概率有关,传感器获取的信噪比越大,目标的被探测概率越高,如图 5-18 所示。

同时可以设置拒绝时间区间(Exclude Time Intervals)来满足信噪比的要求。拒绝时间区间是指观测条件不满足传感器约束的时段,在该时段传感器不工作。约束条件包括传感器观测最大/最小距离、俯仰角上/下限等。

图 5 - 18　传感器 EOIR 约束属性设置

5.2.12　外部文件格式

5.2.12.1　动态温度文件

实体对象的动态温度变化(Time Dynamic Temperature Profile，TPF)可以由动态温度文件来定义，由时间和温度组成，其中时间单位为 s，温度单位为 K。文件格式样例如下：

```
# Sample time dynamic temperature profile
    # Time [epoch s]        Temperature [K]
    0                       250.00
    7200                    275.00
    14400                   293.30
    21600                   300.00
    28800                   293.30
    36000                   275.00
    43200                   250.00
    50400                   225.00
    57600                   206.70
    64800                   200.00
    72000                   206.70
    79200                   225.00
    86400                   250.00
```

5.2.12.2　光谱响应函数

光谱响应函数(Spectral Response Function，SRF)能够自定义不同光谱的反射率，由波长和反射率组成。其中，波长之间采用线性插值。文件格式样示例如下：

```
# Sample reflectance spectral response function
    # Wavelength [um]       Reflectance Value [ratio]
    0.10                    0.00
    0.60                    0.00
    0.70                    0.99
    2.00                    0.99
    3.00                    0.00
    4.00                    0.00
    20.00                   0.99
```

第 6 章
雷达模块(STK/Radar)

STK/Radar 雷达分析模块能够模拟在合成孔径雷达(SAR)或搜索/跟踪工作模式下雷达系统的性能,可以对单基地、双基地、多功能雷达系统建模,评估各种条件和干扰对雷达系统的影响,并通过报告、图表以及二维和三维进行可视化展示。主要用于:

- 动态雷达性能分析;
- 时频环境建模;
- 系统级干扰分析;
- 深空延迟距离测量;
- 天体及宇宙环境对信号衰减和雷达接收机温度的影响分析;
- 雷达布站优化等。

6.1 雷达系统

双击 Radar 对象,在 Definition 页面选择雷达系统类型,并根据所选模型输入与雷达特性有关的各种参数。STK 雷达模块提供了以下雷达系统类型:

- 单基地雷达(Monostatic);
- 双基地雷达接收机(Bistatic Receiver);

- 双基地雷达发射机(Bistatic Transmitter);
- 多功能雷达(Multifunction Radar)。

界面如图 6-1 所示。

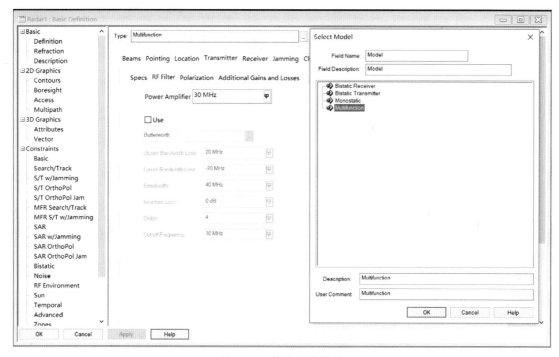

图 6-1 雷达系统模型

6.1.1 单基地雷达

单基地雷达收发共用一套天线,其设置参数有以下几种。

(1) 雷达模式

可选择的雷达模式包括:

- Search/Track:搜索/跟踪雷达,用于探测并跟踪点目标;
- SAR:合成孔径雷达,利用装有雷达的飞行器相对目标的运动,合成大天线孔径,实现横向高分辨率成像;
- RAE:雷达高级环境(RAE),引入地面反射率作为雷达性能评估的一个因素。

(2) 雷达组件

单基地雷达的相关组件包括:

- Antenna(天线);
- Transmitter(发射机);
- Receiver(接收机);
- Jammer(干扰机);
- Clutter(杂波)。

单基地雷达设置页面如图 6-2 所示。

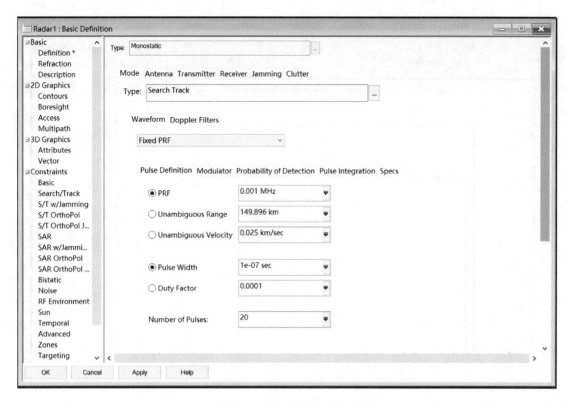

图 6-2　单基地雷达组件设置

【注】只有运动平台才能选择 SAR 模式;雷达高级环境模块需要单独安装。

6.1.2　双基地雷达接收机

双基地雷达的发射天线和接收天线可以分开非常大的距离。选择双基地接收机类型后,其他作为发射机的雷达(与发射机父对象一起列出)将处于可选状态。双基地雷达接收机模型可以设置的选项有以下几种。

(1)雷达模式

可选择的雷达模式包括:

● Search/Track:同 6.1.1 小节;

● SAR:同 6.1.1 小节。

(2)雷达组件

双基地雷达接收机的相关组件包括以下几种,如图 6-3 所示。

● Antenna(天线);

● Receiver(接收机);

● Jamming(干扰机);

● BistaticTransmitters(双基地发射机);

● Clutter(杂波)。

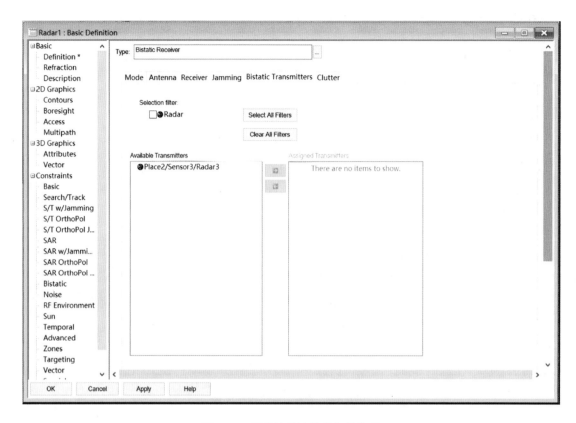

图 6-3 双基地雷达接收机的选项

6.1.3 双基地雷达发射机

选择双基地雷达发射机类型后,其他作为接收机的雷达(与发射机父对象一起列出)将处于可选状态。双基地雷达发射机模型可设置的选项有以下几种。

(1)雷达模式

可选择的雷达模式包括:

● Search/Track:同 6.1.1 小节;

● SAR:同 6.1.1 小节。

(2)雷达组件

双基地雷达发射机的相关组件包括以下几种,如图 6-4 所示。

● Antenna(天线);

● Transmitter(发射机);

● Bistatic Receiver(双基地接收机)。

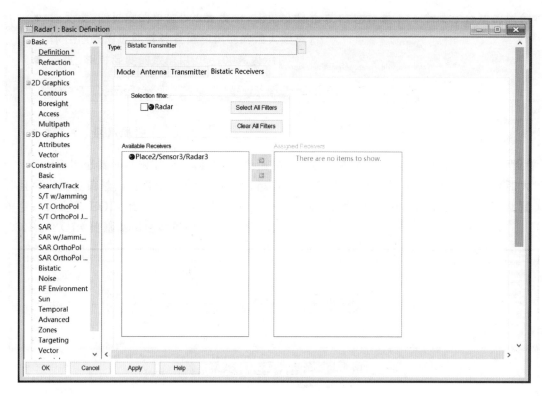

图 6-4　双基地雷达发射机的选项

6.1.4　多功能雷达

多功能雷达能够模拟在一个位置点多波束的仿真,每个波束都可以设置功率和约束。多功能雷达是 STK11.6 新增的功能。在雷达系统中选择 MultiFunction,则弹出多功能雷达参数设置页面,如图 6-5 所示。

多功能雷达的参数选项包括:

● Beams(波束);

● Pointing(指向);

● Location(位置);

● Transmitter(发射机);

● Receiver(接收机);

● Jamming(干扰);

● Clutter(杂波);

● Detection Processing(探测处理)。

其中每一项的具体设置如下。

第
6
章

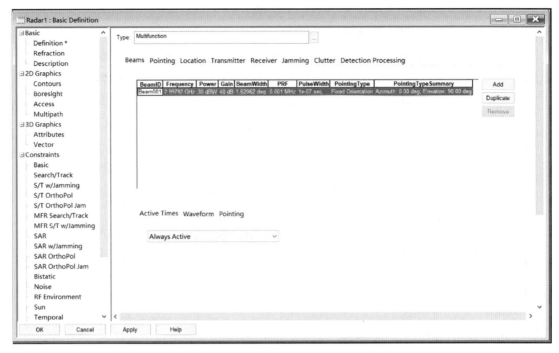

图 6-5 多功能雷达参数设置页面

（1）波　束

在 Beam 标签页面,设置的参数包括:

- BeamID(波束编号);
- Frequency(频率);
- Power(功率);
- Gain(增益);
- BeamWidth(波束宽度);
- PRF(脉冲重复频率);
- PluseWidth(脉冲宽度);
- Pointing Type(指向类型);
- PointTypeSummary(指向类型概述)。

在该页面可增加、删除、编辑波束,设置波束的波形(Waveform)和指向(Pointing),并可设置波束的工作时间。

（2）指　向

使用 Pointing 标签页定义整个雷达天线波束系统的指向类型,每个波束都可以在 Beams-Pointing 类型中定义方向偏置,如图 6-6 所示。

【注】这里的指向是整个雷达天线波束指向,注意与每一个波束指向的区别。

（3）位　置

使用 Location 标签页定义波束相对于父对象坐标系中心的位置偏移量,如图 6-7 所示。

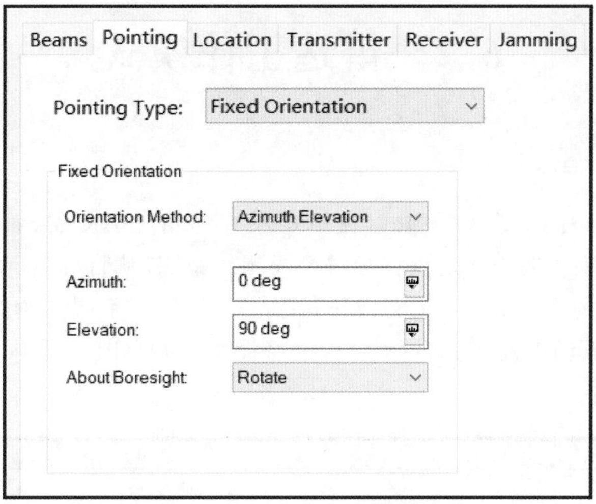

图 6 - 6　多波束雷达指向设置

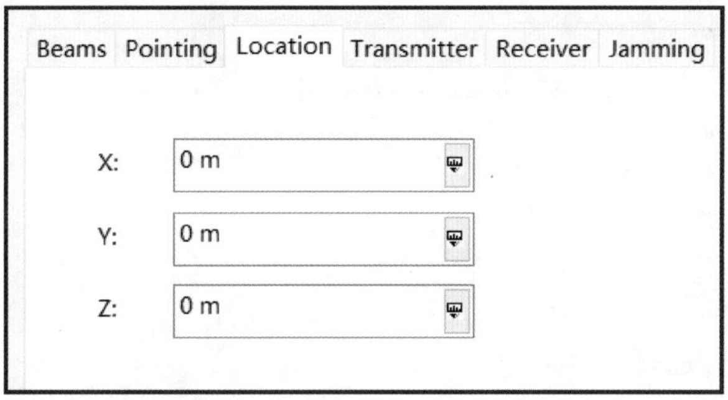

图 6 - 7　多波束雷达波束位置设置

（4）发射机

参考 6.4 节雷达发射机设置。

（5）接收机

参考 6.5 雷达接收机设置。

（6）干　扰

使用 Jamming 标签页启动干扰计算。其中单基地雷达和发射机都可以作为干扰机,这两类对象都会添加到"可用干扰器"列表中。

（7）杂　波

使用 Clutter 标签页启用杂波几何算法,该算法可确定每个杂波点相对于雷达的位置。

（8）探测处理

使用 Detection Processing 标签页定义探测概率参数、脉冲积分参数和脉冲相关参数说明。

6.2 雷达工作模式

6.2.1 搜索/跟踪雷达

STK/Radar 模块中的雷达工作模式(见图 6-8)主要有 SAR 或 Search Track 两种类型,其中 Search Track 类型主要用于对点目标进行探测与跟踪,从目标返回的信号与目标距离的 4 次方成反比,与目标的雷达截面(RCS)成正比。实际目标在不同的角度上的 RCS 值差别非常大。Search Track 页面涉及雷达的搜索和跟踪设置,包括 PRF(脉冲重复频率)及其对距离、速度模糊度的影响。

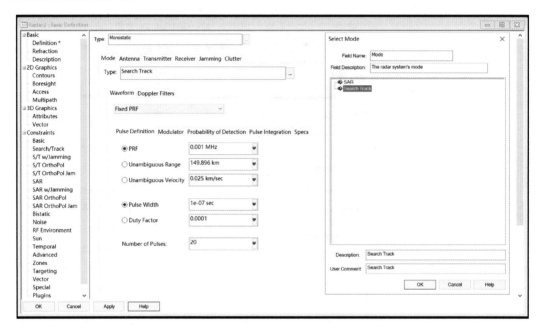

图 6-8 Search Track 雷达工作模式页面

(1) 波 形

在 Search Track 类型中,可以选择以下波形:

● Continuous Wave(连续波);

● Fixed PRF(固定脉冲重复频率)。

【注】某些报告和图形元素的可用性取决于用户是否启用搜索/跟踪模式。

(2) 多普勒滤波器

选择 Doppler Filters 选项卡可以模拟主瓣杂波和副瓣杂波滤波器。

6.2.1.1 连续波

连续波 CW 雷达的接收机和发射机分离,且发射机始终开启。它使用频率调制来解析目标距离。CW 雷达的脉冲重复频率 PRF 可以认为是无限的,因此无论目标移动速度有多快,它们的速度都是明确的。连续波设置界面如图 6-9 所示。

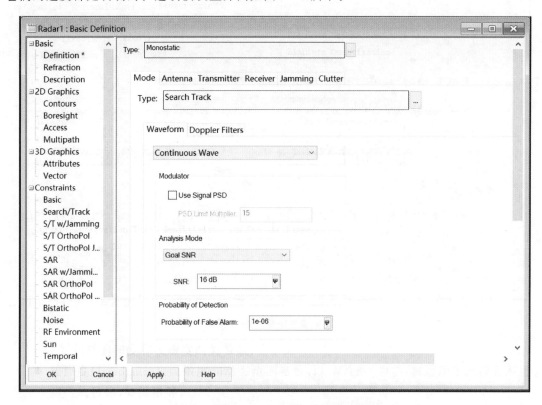

图 6-9　Search Track 雷达连续波设置页面

连续波雷达可以设置以下参数：

（1）调制器(Modulator)

① 信号功率谱密度(Power Spectral Density)：STK 根据雷达工作模式、S/T 脉冲或连续波来计算功率谱密度。

对于脉冲波形，在 RF 频谱上 PSD 计算为±n 个零点(n 是用户可选的，默认值是15)。脉冲信号频谱遵循正弦模式。第一个零点为 1/脉冲宽度(例如，脉冲宽度的默认值为$(1.0e-7)$s；对于 n 默认值为15，频谱计算为±150 MHz)。频谱采样率是自适应的，且基于信号所使用的频谱带宽，从而确保采用足够的速率对频谱进行采样以保证精度。

搜索/跟踪连续波模式将载波建模为纯正弦波。通过启用 PSD 分析，可以将其更改为具有高斯功率密度分布的载波。频谱在雷达基本系统属性页上的功率谱密度和射频频谱滤波器组中指定的带宽上扩展到±6sigma。

使用信号功率谱密度分析能提高雷达性能分析的保真度。基于信号频谱特性和带宽，STK 将计算雷达发射机和发射机滤波器的射频功率。在雷达接收端，根据输入信号频谱、接收端滤波器特性和带宽，计算接收功率。信号功率谱密度分析也改善了干扰情况下雷达的性能分析。根据干扰信号频谱、带宽、雷达的接收滤波器和带宽，计算接收的干扰功率。干扰功率表示雷达接收机接收到的有意或无意的干扰信号的功率。

脉冲雷达信号频谱是一串正弦形的频谱。这些正弦谱的峰值幅度的包络线也遵循正弦特性曲线。

② PSD 信号放大器(Signal Multiplier):PSD 极限放大器用于扩展 PSD 带宽。PSD 带宽可以通过以下公式计算：

$$BW = 2/脉冲宽度 \times n$$

其中：n 是 PSD 极限倍增数(PSD Limit Multiplier)。

（2）分析模式(Analysis Mode)

选择基于目标信噪比(Goal SNR)或固定时间的积分分析，并输入适当的值。

【注】为 CW 雷达产生的每脉冲信噪比(SNR)值是基于 1 s 信号宽度。

6.2.1.2 固定频

雷达系统通常使用多脉冲积累来提高信噪比。该过程可以是相参积累(如在 PD 雷达中)或非相参积累。脉冲积累有如下方式：

① 完全相参积累(积分类型为 Perfect)，积分 SNR 等于积累脉冲数乘以单脉冲 SNR，即 $SNR_M = M \cdot SNR_1$，其中 M 为积累脉冲数，SNR_1 为单脉冲 SNR，SNR_M 为积累 SNR；

② 恒定效率方法，即积累增益 $SNR_M = \rho \cdot M \cdot SNR_1$，其中 ρ 为积累效率，其取值范围在 $0 \sim 1$ 之间；

③ 利用非相干积累的特性，即积累增益 $SNR_M = M^\rho \cdot SNR_1$，其中指数 ρ 的范围在 $0 \sim 1$ 之间；

④ 用户可以使用积累增益文件来指定给定数量脉冲的积累增益。

Search Track 雷达固定频率设置页面如图 6-10 所示。

以下参数适用于固定式 PRF 雷达，见表 6-1。

表 6-1 固定 PRF 脉冲定义参数设置

固定式 PRF 参数	说 明
(Fixed) PRF / Unambiguous Range / Unambiguous Velocity	根据需要，输入 PRF、无模糊距离或无模糊速度的值；指定一个参数后，其他两个参数的值将自动生成。 当目标真实速度大于模糊速度值时，将出现速度模糊。当目标真实距离大于模糊距离时，将出现距离模糊。 脉冲多普勒雷达的距离和/或多普勒通常是模糊的。明确的距离 RU 由 $c/2f_R$ 给出，其中 c 是光速，f_R 是 PRF。当速度不明确时(即强制执行高 PRF 模式时)，无模糊速度约束拒绝访问。当距离不明确时(即强制执行低 PRF 模式时)，无模糊距离约束拒绝访问。 因此，可不采用固定式 PRF，而指定明确的目标距离或速度，并导出其他值；例如，如果指定了目标距离，则可以导出 PRF 和明确的速度值。PRF 的默认值为 1.0 kHz
Pulse Width / Duty Factor	根据需要输入脉宽/占空比的值；指定一个参数后，另一个参数的值将自动生成。 雷达的占空比是脉冲宽度与脉冲重复周期之比。脉宽的默认值为 0.1 ms
Number of Pulses	调制脉冲序列中的脉冲数

（1）脉冲定义

脉冲定义参数设置见表 6-1。

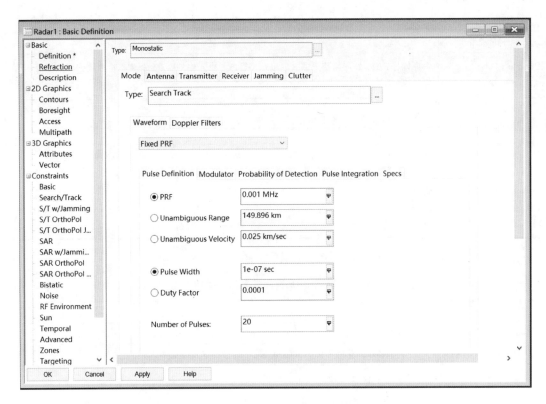

图 6 - 10　Search Track 雷达固定频率设置页面

（2）调制器

调制器参数设置见表 6 - 2。

表 6 - 2　固定 PRF 调制器参数设置

类　型	说　明
Use Signal PSD	见连续波雷达参数调制器
PSD Limit Multiplier	

（3）检测概率（P_d）

STK 雷达模块实现了 swerling 检测模型。检测概率是单脉冲 SNR(信噪比)、脉冲积累数、虚警概率和雷达横截面积 RCS 波动类型的函数。对于 CFAR(恒虚警)雷达，P_d 也是参考单元数量的函数，见表 6 - 3。

表 6 - 3　固定 PRF 探测概率参数设置

CFAR 类型	描　述
Cell Averaging Constant False Alarm Rate (CA - CFAR)	单元平均恒虚警率(CA - CFAR)以在相同方位径向条件下,关注单元前后参考单元的杂波作为依据。对参考单元中的杂波功率进行平均以调整 CFAR 阈值。 【注】建议将 CFAR 单元选项中的杂波几何范围与此 CFAR 类型一起使用。可实现在 CFAR 计算和概率检测期间对当前单元前后单元中的杂波进行评估

第 6 章

CFAR 类型	描 述
Constant False Alarm Rate	恒虚警(CFAR)处理器基于感兴趣单元邻近参考单元中的噪声,来调整检测阈值以确定是否存在目标
Non - constant False Alarm Rate	不调整阈值以保持 CFAR 恒定。相应地计算 P_d
Ordered Statistics Constant False Alarm Rate (OS-CFAR)	参考单元中的杂波功率按降序排序,并进行后续选择以计算 CFAR 阈值。 加拿大国防研究与发展部(DRDC)的 Chen Chin 博士对 CA-CFAR 和 OS CFAR 算法的部分进行了改进。 【注】建议将 CFAR 单元选项中的杂波几何范围与此 CFAR 类型一起使用。这允许在 CFAR 计算和概率检测期间对当前单元前后单元中的杂波进行评估

用户可以设置以下与检测概率有关的参数,见表 6 - 4。

表 6 - 4 固定 PRF 检测概率相关参数设置

参 数	说 明
Probability of False Alarm	虚警概率,目标实际上不存在而被声明存在的概率。输入 0~1 范围内的值
CFAR Reference Cells	CFAR 计算时考虑的方位角径向中的参考单元数量

(4) 脉冲积累

提供以下选项用于选择和定义搜索/跟踪雷达的脉冲积累模式,见表 6 - 5。

表 6 - 5 固定 PRF 脉冲积累相关参数设置

参 数	说 明
Analysis Mode	积累分析模式,对于固定 PRF 雷达,可选择为所需的信噪比(Goal SNR)或固定脉冲数
Maximum Pulses	仅在积累分析模式为 Goal SNR 时可用。输入所需的最大脉冲数
Integration Type	● Perfect:M 是积分脉冲数;SNR_1 是单脉冲 SNR;SNR_M 是积分 SNR,且满足 $SNR_M = M \cdot SNR_1$。 ● Constant Efficiency:$SNR_M = \rho \cdot M \cdot SNR_1$,其中效率 ρ 满足 $0.0 < \rho < 1.0$,其他同上。不适用于 CW 雷达。 ● Exponent on Pulse Number:$SNR_M = M^\rho \cdot SNR_1$,其中指数 ρ 满足 $0.0 < \rho < 1.0$,其他同上。不适用于 CW 雷达。 ● Integration Gain File:输入积累增益文件的路径和文件名,或单击"…"按钮浏览该文件。不适用于固定脉冲数积累分析模式

6.2.2 合成孔径雷达

合成孔径雷达(SAR)通过携带雷达的飞行器运动,合成大天线口径,实现横向高分辨率。SAR 类型仅适用于安装在飞机、运载火箭、导弹或卫星上的雷达(或安装在这些飞行器上的传感器上)。脉冲定义、调制器和脉冲积累参数适用于 SAR,见表 6 - 6、表 6 - 7、表 6 - 8。

表 6-6　SAR 脉冲定义相关参数

参　数	描　述
PRF or Unambiguous Range	脉冲重复频率或无模糊距离
Range Resolution or Bandwidth	距离分辨率或带宽
Pulse Compression Ratio，Pulse Width，Scene Depth，or FM Chirp Rate	选择下列互补因素中的一个： ● Pulse Compression Ratio：脉冲压缩比，即压缩与未压缩 RF 带宽的比值； ● Pulse Width：发送脉冲带宽； ● Scene Depth：沿着雷达视线到目标的距离； ● FM Chirp Rate：脉冲压缩的调频斜率($1/s^2$)
Range Broadening Factor	距离展宽因子，以补偿距离维中的信号处理损失，默认值为 1.2
IF Bandwidth	IF 带宽是 SAR 的模数采样率。该带宽采用正交采样而不进行过采样；在实值采样的情况下，IF 带宽必须是采样率的 2 倍。此速率决定了在给定时间内可以收集的数据量
Number of Pulses	调制脉冲序列中的脉冲数

表 6-7　SAR 调制器相关参数

类　型	描　述
Use Signal PSD	与 6.2.1.1 小节调制器类似
PSD Limit Multiplier	PSD 极限乘法器用于扩展 PSD 带宽，利用该带宽和接收雷达频谱滤波器进行频谱重叠计算。PSD 带宽可以通过以下公式计算： $$BW = 2/脉冲宽度 \times n$$ 其中，n 是 PSD 极限乘数

表 6-8　SAR 脉冲积累相关参数

参　数	描　述
SAR Analysis Mode	合成孔径雷达在方位角分辨率与积累时间上进行折中。积累时间与方位角分辨率的乘积由几何和定义 SAR 的参数确定。分析模式选项菜单指定一个固定值，用于分析积累时间或方位角分辨率。此选择将影响报表、图形元素以及约束。 选择固定方位角分辨率或固定积累时间，然后输入适当的值
IF Bandwidth	IF 带宽是 SAR 的模数采样率。该带宽采用正交采样而不进行过采样；在实值采样的情况下，IF 带宽必须是采样率的 2 倍。此速率决定了在给定时间内可以收集的数据量
Azimuth Broadening Factor	方位向展宽因子，以补偿方位维中的信号处理损失，默认值为 1.2
Multiplicative Noise Ratio	影响模糊距离和旁瓣，进而影响图像形成过程。在文本框中输入适当的值，默认值为 -20 dB

6.3 雷达天线类型

6.3.1 天线模型

使用接收机、发射机、雷达或天线对象的 Basic Definition 页面,从组件浏览器中选择天线模型类型;然后,定义所选天线类型的参数和指向,所有类型的雷达和部分类型的接收机、发射机也可以链接到天线对象。

(1) 嵌入式天线

当选择嵌入式天线组件时,组件定义被复制到发射机、接收机或雷达对象中。对发射机、接收机或雷达对象进行的额外更改不会影响原始组件。

(2) 链接天线

当选择链接天线对象时,天线定义只能够使用发射机、接收机或雷达对象进行查看。若要修改链接天线的属性,则在对象浏览器中双击它以访问其属性页。所做的任何修改都会影响链接到天线对象的所有发射机、接收机和雷达目标。

如果要重复建模和修改同一物理天线,则使用链接天线对象来节省按键次数,并减少输入错误。

(3) 链接到传感器的天线

为了尽可能紧密地模拟实际配置,STK 预设天线对象通常放置在传感器上,因此,天线对象可以继承传感器特性,例如位置和指向。另一方面,链接到该天线的雷达、接收机或发射机对象必须耦合在传感器的父对象上,而不是传感器本身。在这种情况下,将传感器视为天线的伺服机构,而雷达、接收机或发射机仅表示不需要指向的电子部件,并且其位置不影响 RF 特性。虽然 STK 允许雷达、接收机或发射机对象直接放置在传感器上,但在这种情况下仅能使用嵌入式天线。

(4) STK 天线模型

STK 提供多种天线型号,具体见 STK 帮助文档。此外,用户还可以使用组件浏览器自定义天线模型。

6.3.2 极 化

极化是电磁波的特性,它描述了相对于天线方向的电场矢量的方向。极化的三种基本类型如图 6-11 所示。

在线性极化图中,电场 E 在坐标系中沿 y 方向极化。特殊情况下,电场相对于天线垂直或水平对齐。在另外两种类型的方向中,电场 E 矢量的尖端分别形成椭圆和圆,因为它随时间旋转。圆极化可以是右旋或左旋。

STK 计算的极化匹配,用发射机和接收机之间极化匹配系数衡量,它与极化类型、位置和姿态有关。

对于简单的接收机或发射机模型,可以在模型规格选项卡上选择极化类型。对于其他接收机和发送机模型,可以在天线的型号规格选项卡上选择极化类型。

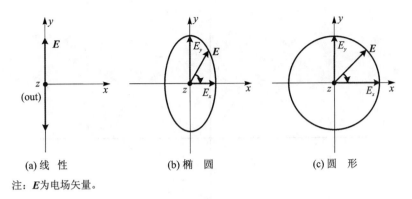

(a) 线　性　　　　(b) 椭　圆　　　　(c) 圆　形

注：E 为电场矢量。

图 6 - 11　部分天线极化类型

（1）极化类型

STK/Communication 提供以下极化类型：

- Elliptical：接收机椭圆极化，电场相对于天线方向的矢量随着时间旋转形成椭圆；
- Horizontal：接收机线性极化，电场与参考轴对齐；
- Left-hand Circular：接收机配置为左旋圆极化；
- Linear：接收机线性极化，电场与参考轴对齐；
- Right-hand Circular：接收机配置为右旋圆极化；
- Vertical：接收机线性极化，电场与参考轴正交。

（2）极化参数

根据所选的极化类型，以下参数可用于确定极化参数，见表 6 - 9。

表 6 - 9　极化参数

参　数	描　述
Reference Axis	适用于线性、垂直、水平和椭圆类型。指定电场定向的天线体轴(X、Y 或 Z)
Tilt Angle	参考轴与电场矢量之间的夹角。 - 如果选择 x 轴作为参考，则在 xy 平面中从 x 到 y 测量正倾斜角； - 如果选择 y 轴作为参考，则在 xy 平面中从 y 到 $-x$ 测量正倾斜角； - 如果选择 z 轴作为参考，则在 xz 平面中从 z 到 x 测量正倾斜角
Axial Ratio	适用于椭圆极化，表示极化椭圆的长短轴比值。范围在 $-1e+15\sim1.0$ 为右旋椭圆极化，范围在 $1.0\sim1e+15$ 为左旋椭圆极化
Cross-Pol Leakage (Receiver only)	在理想条件下，当 STK 检测到发射信号与接收信号之间的完全极化不匹配时，应用交叉极化泄漏值(Cross Polarization Leakage)来模拟不太理想的真实性能。该值的范围为 $-9\,999.9\sim-0.001$ dB，反映了用户系统的性能，其中 $-9\,999.9$ dB 代表理想条件(无泄漏)

图 6 - 12 说明椭圆极化类型的倾斜角和轴比。

发射和接收对象极化匹配在 0～1 的范围内动态可调，其中 0 为不匹配并且不产生接收信号，而 1 是完全匹配(无损耗)。

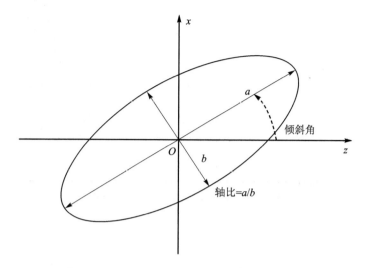

图 6-12　椭圆极化类型的极化参数

（3）雷达信号极化

用户可以为雷达的发射信号设置极化类型，且为其接收端设置极化类型。发射信号极化与目标雷达 RCS 相互作用，并基于极化 RCS 类型进行修改。更新的极化信号由雷达接收机接收，并与接收端极化相互作用。极化 RCS 类型可参考 STK 文档。

（4）发射端极化

雷达发射端极化使发射信号相对于雷达天线的体轴极化。默认天线方向将天线视轴（信号传播方向）与体坐标系的 z 轴对齐。电场 e 可以与参考 x 轴或 y 轴对齐。术语垂直和水平是指电场 e 垂直或沿参考轴。例如，x 轴为参考轴；水平极化将沿 x 轴对准电场 e，而垂直极化将垂直于 x 轴的电场 e。线性极化的倾斜角是指电场 e 与参考轴的夹角。

极化矢量的最终取向实际上是用对象的姿态、父对象和祖父对象来计算的，也取决于父对象到目标的方向矢量。

（5）接收端极化

雷达接收端极化相对于接收天线体轴设置接收天线极化。z 轴是沿着视轴的默认天线方向。接收端的极化参考轴的设置类似于发送端的设置。在任何时候设置了发射端极化，都还必须设置接收端极化，以计算极化失配损耗。

（6）发射和接收正交极化

雷达目标散射特性对不同的极化信号有不同的响应。雷达使用正交极化信号来获取不同响应。选择启用发射/接收正交极化(Transmit/Receive Orthogonal Polarization)以创建具有完全相同系统特性的辅助信号通道，以及与原始通道正交的极化设置；也就是说，正交信道用相同的频率、功率和信号属性等建模。

可以在雷达系统的发射端或接收端独立地启用正交信道。正交极化由 STK 基于原始信道的极化产生。例如，垂直和水平、RHC 和 LHC、具有倾斜角的线性极化和具有倾斜角+90°的线性极化都是正交极化对的例子。

具有复散射 RCS 的目标可以对两个输入信号产生不同的响应，并且可以产生多达 4 路散射特性。图 6 - 13 表示双基地雷达工作模式,但雷达配置可以是单基地的。无论雷达接收机的位置如何,以及它是否共用发射或接收天线,都具有相同的分析能力。这 4 路散射可以由 2 个正交极化的接收机通道接收。这些信号在信号处理系统中相结合,以计算单信道和聚合信道的性能。

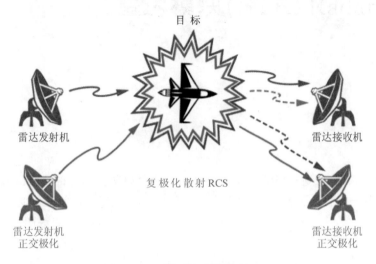

图 6 - 13　双基地复极化散射 RCS

(7) 雷达目标 RCS 复极化散射矩阵

STK 支持所有类型雷达目标对象的固定的、方位相关且对称的、单基地和双基地雷达 RCS。可通过简单文本文件向用户提供角度相关的 RCS 数据。与 RCS 和 External RCS Files 相关的更多信息可以查看 STK 帮助文档。

(8) 雷达干扰极化

其他单基地雷达和 RF 发射机可以充当雷达接收机的干扰机。从 STK 9 开始,极化已扩展到干扰信号。(正交)极化接收机与输入干扰信号的极化匹配,可计算干扰对其性能的影响,如图 6 - 14 所示。

干扰极化信号与其他雷达信号一样进行相同的姿态和方向计算,处理与雷达接收机的极化失配。当干扰信号未被极化时,则跳过对雷达接收机的主信道和正交信道的极化失配计算。在这种情况下,干扰机将对每个信道产生相同的影响。

(9) 雷达极化分析性能

用户可以生成提供以下数据的报表:
● 极化对雷达主信道性能的影响;
● 主信道雷达接收机遇到干扰的时间;
● 雷达正交极化信道性能;
● 正交信道受到干扰的威胁。

第 6 章

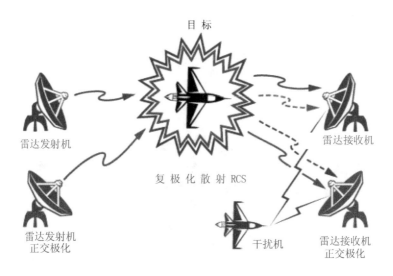

图 6-14　雷达干扰极化

6.3.3　天线定向方法

STK 提供的方法允许用户指定天线坐标系相对于父对象坐标系的方向。天线视轴对应于天线坐标系的+z 轴。天线的默认方向与父对象的本地坐标系对齐。例如,飞行器上的天线视轴指向飞行器的+z 轴。默认飞行器姿态导致天线视轴直接指向地球中心,其中卫星的默认姿态是天底与 ECI 速度矢量对齐,其他飞行器默认姿态是天底与 ECF 速度矢量对齐。依附在设施、地点或目标的相同天线指向父对象−z 轴。

天线指向设置有两种方式：

- 对于天线对象,在天线的基本定向属性页面设置;
- 对于嵌入式天线,在接收机、雷达或发射机的 Basic Definition 属性页,单击 Antenna 选项卡,然后单击 Orientation 选项卡。

在设置页面选择所需的天线定向方法,并指定适合该方法的参数。

【注】如果不熟悉坐标系旋转,则 A_z-E_l 定向方法最直观。例如,如果希望天线指向飞行器的+x 轴,请输入 0°的方位角和 0°的仰角。

（1）A_z-E_l 定向方法

该方法根据父对象局部坐标系中的方位角和仰角来指定天线视轴的位置。执行 323 欧拉旋转序列,其中第一次旋转角度为 A_z,第二次旋转角度为 $90°-E_c$,第三次旋转角度为 0°。基于地面的天线,则按照方位角的负值旋转。A_z-E_l 方法可以指定以下参数,见表 6-10。

表 6 - 10　A_z - E_l 定向方法参数

参　数	说　明
Azimuth	以 +z 轴的右手定则进行测量，+x 轴对应的方位角为 0°
Elevation	从 x - y 平面向 +z 轴测量
About Boresight	选择下列选项之一： ● Rotate：围绕天线的 z 轴旋转，然后围绕新的 y 轴旋转； ● Hold：绕天线的 y 轴旋转，然后绕新的 x 轴旋转

（2）四元数定位方法

四元数表示从惯性坐标系到卫星本体坐标系的变换。四元数必须标准化为单位长度。只有在指定了所有三个轴时才能访问四元数输入。表 6 - 11 描述了四元数的组件。

表 6 - 11　四元数定位方法参数

参　数	描　述
q_x	四元数在 x 方向上的向量分量
q_y	四元数在 y 方向上的向量分量
q_z	四元数在 z 方向上的向量分量
q_s	四元数的标量分量

（3）欧拉角定位方法

该方法根据三个欧拉角（A、B、C）来指定天线方向。指定欧拉角后，还需要在 Sequence 字段中指定旋转顺序。最常见的欧拉序列包括围绕 z 轴的旋转，然后围绕新 x 轴的旋转，最后围绕新 z 轴的旋转，称为 313 序列。此方法的参数总结在表 6 - 12 中。

表 6 - 12　欧拉角定位方法参数

参　数	描　述
Euler A	绕旋转顺序指定的第一轴的旋转角度
Euler B	绕旋转顺序指定的第二轴的旋转角度
Euler C	绕旋转顺序指定的第三轴的旋转角度
Sequence	指定旋转顺序三个数字的序列，其中 1、2 和 3 分别对应于围绕 x、y 和 z 轴的旋转。默认的 Euler 序列是 Y、P、R

（4）YPR 角定位方法

姿态可以使用偏航、俯仰和滚转角度来定义，参考与物体一起移动的局部坐标系、本体坐标系或惯性坐标系来定义。此方法可用以下参数，见表 6 - 13。

表 6 - 13　欧拉角定位方法参数

参　数	描　述
Yaw	围绕参考坐标系 Z 轴的旋转角度，称为偏航角
Pitch	围绕参考坐标系 Y 轴的旋转角度，称为俯仰角

续表 6 - 13

参　数	描　述
Roll	围绕参考坐标系 X 轴的旋转角度,称为滚动角
Sequence	指定旋转顺序的三个字母的序列,其中 R(roll)、P(pitch)和 Y(yaw)分别对应于围绕 x、y 和 z 轴的旋转。默认顺序是 Y、P、R

6.3.4　多波束天线

多波束天线通过小型或中型 STK 天线阵列来模拟。每个波束被建模为独立天线,它们具有单独的增益模式类型、频率、极化、方向,以及与天线父发射机/接收机对象体坐标系的偏移。

使用多波束天线建模场景时,需注意以下事项:

① 多波束模型可以仅具有一个波束,并且与复杂发射机/接收机模型类似,仅支持一个天线。对于具有一个天线或共用天线的系统,建议使用复杂模型。

② 具有多于一个波束的多波束天线,使用波束选择策略来选择一个波束用于链路预算计算。选择策略可以在每个时间步长中调用不同的波束。

③ 每个选定波束在链路预算计算时要考虑对应的频率增益、极化、方向和偏移。

④ 2D 和 3D 天线图同时显示阵列中的所有有源波束。

⑤ Aggregate All Active Beams 选项将增益和 EIRP 组合成一个复合波束。复合波束的创建具有以下假设:

- 所有波束具有相同的相位(零);
- 波束方向和偏移用于计算每个波束对复合增益和 EIRP 的贡献;
- 在计算聚合波束时不使用每个波束的极化。

【注】在计算传播损耗时,多波束天线不利用波束位置偏移。

可以利用 Access 计算多波束天线父对象之间的视线(LOS)可见性。波束水平偏移预计为几毫米到几米,对几千米到几千千米范围内的物体之间的 LOS 可见性影响非常小。

选择 Aggregate All Active Beams 选项后,将根据父体坐标系原点计算链路预算图形和 LOS 可见性。如果要为整个多波束天线添加偏移量,则建议将多波束发射机/接收机附加到传感器上,并将偏移量添加到传感器对象。

【注】STK 为将单个波束放置在父坐标系上提供了完全的灵活性。没有对每个波束输入的偏移值施加限制,并且也不发出消息。Access LOS 计算仍然从父对象发起,并且可能存在显著差异。这与天线物体和复杂的发射机/接收机模型形成对比。强烈建议在访问 LOS 时使用复杂模型。

6.3.5　相对位置偏移

对于单波束天线,使用相对位置下的 x、y 和 z 值来指定天线在父对象(发射机、接收机或雷达)笛卡儿坐标中的偏移位置。对于多波束天线,可以为每个单独的波束指定偏移。使用相对位置偏移下的 x、y 和 z 值,根据父对象(发射机或接收机)笛卡儿坐标中的偏移量来指定波束的位置。

【注】多波束天线中每个波束的偏移需要在单个波束的基础上设置。

6.4　雷达发射机

6.4.1　发射机参数

- Frequency/Wavelength:选择波长或频率,然后输入所需的值,此选项仅适用于单基地雷达。对于双基地雷达,频率/波长由作为双基地发射机的另一个雷达确定。
- Power:发射机的峰值输出功率,仅适用于单基地雷达。对于双基地的情况,峰值功率由作为双基地发射机的另一个雷达确定。默认值为 40 dBW。

6.4.2　射频滤波器

用户可以在雷达对象上启用功率谱密度(PSD)分析和 RF(射频)频谱滤波器。雷达对象使用信号功率谱密度分析来计算雷达接收机前端接收到的反射信号功率。通过考虑信号频谱和整个频带的功率分布,增强了雷达系统分析的保真度。接收端滤波器更新输入雷达返回信号的频谱形状。滤波器可用于增强频谱分量或抑制不需要的干扰信号。

【注】从 STK 10.1 开始,雷达模型将发射机端 RF 滤波器放置在功率放大器之后。这意味着滤波器的响应特性将影响发射信号 PSD,最终信号带宽是发射信号的 RF 带宽。此外,RF 滤波器插入损耗将对雷达系统的 RF 输出功率产生衰减。

- Power Amplifier(Transmitter RF Filter 中的 Power):功率放大器,用户指定雷达发射信号带宽的默认值。统一的功率谱密度模型用于信号功率在带宽上的分布。该信号带宽值用于计算接收机带宽上的信号功率。
- Use:需要指定滤波器模型时,选择 Use 并设置滤波器模型。

6.4.3　极　化

如果要指定极化模型,请选择 Use 并选择极化类型。极化相关的更多信息请参考 6.3.2小节。

6.4.4　附加增益与损耗

Post - Transmit Gains/Losses(Transmitter 中的 Additional Gain and Losses):单击 Add 要定义增益或损失。在 Identifier(标识符)字段中输入 Gain or Loss(增益或损失)的简要说明以及在 Gain(增益)字段中的值。输入损耗值,则将其设为负值。输入值后,可以单击 Remove 从表中删除条目。要修改现有条目,只需编辑网格中的字段即可。传输后,字段中的值将反映表中记录的所有增益和损失的净值。

6.5　雷达接收机

6.5.1　接收机参数

- Antenna to LNA Line Loss:天线和低噪声放大器之间传输线的损耗;

- LNA Gain:LNA 引入的增益;
- LNA to Receiver Line Loss:LNA 和接收机之间的传输线损耗;
- Rain Model:要在场景中使用降雨模型,必须在场景的 RF 环境属性页面上选择全局降雨模型。使用 Outage Percent 设置降雨模型造成的最大中断百分比。要禁用该接收机计算中使用雨模型,则清除 Use。

【注】如果未在场景中选择雨模型,则雨模型参数将显示为灰色。

6.5.2 射频滤波器

用户可以在雷达对象上启用功率谱密度(PSD)分析和 RF 频谱滤波器。雷达对象使用信号功率谱密度分析来计算雷达接收机前端接收到的反射信号功率。通过考虑信号频谱和整个频带的功率分布,增强了雷达系统分析的保真度。接收端滤波器更新输入雷达返回信号的频谱形状。滤波器可用于增强频谱分量或抑制不需要的干扰信号。

- LNA Bandwidth:用户指定的雷达接收机低噪声放大器(LNA)带宽。该值用于计算雷达接收机带宽上的接收信号功率。在 LNA 带宽上使用统一的特征响应模型。接收端 RF 滤波器的使用确定了雷达接收机带宽。接收机 RF 滤波器特性用于计算接收信号的功率。在这种情况下,接收机 RF 滤波器带宽将(内部)覆盖 LNA 带宽值。

【注】当使用 RF 滤波器时,它们各自的带宽用于确定发射机信号和接收机带宽。指定的 LNA 带宽 GUI 值将保留供以后使用。

- Filter Model:需要指定滤波器模型时,请选择 Use 并浏览滤波器模型。

【注】从 STK10.1 开始,雷达接收端的 RF 滤波器位于低噪声放大器(LNA)的前面。这将影响接收 RF 滤波器带宽上的所有输入信号。

6.5.3 极 化

如果要指定极化模型,请选择 Use 并选择极化类型。极化相关的更多信息请参考 6.3.2 小节。

6.5.4 系统噪声温度

接收机的系统噪声温度允许用户指定系统的固有噪声特性,这可以更准确地模拟真实的 RF 情况。除简单模型以外的所有接收机模型,都可以定义计算系统温度的方式。简单模型接收机不需要这个,因为系统噪声温度包含在指定的 g/T 值中。接收机的系统噪声温度选项卡包含以下系统温度选项:

- 可以通过选择常量并直接输入值来设置系统温度。
- 可以让 STK 计算系统温度。选择 Compute 并指定 STK 在计算系统温度时使用以下参数,见表 6 - 14。

表 6 - 14 系统噪声温度计算参数

参　数	说　明
Antenna to LNA Transmission Line Temperature	天线和 LNA 之间传输线的物理温度

参　数	说　明
LNA Noise Figure	噪声系数表示接收机增益级对总系统噪声的贡献。噪声系数始终大于 0 dB
LNA Temperature	低噪声放大器(LNA)的物理温度
LNA to Receiver Transmission Line Temperature	LNA 和接收机之间传输线的物理温度
Antenna Noise	天线在其辐射方向图中从辐射体中拾取的噪声,是天线指向方向、辐射方向图和周围环境状态的函数。可以使用以下选项: ● Constant:输入期望值; ● Compute:在计算中选择是否使用地球、太阳、大气、城市陆地、雨、云和雾、对流层闪烁和/或宇宙背景噪声。还可以为其他源输入常量值
Earth Temperature	如果在 Antenna Noise(天线噪声)下选择 Compute 和 Earth,则可以选择将地球温度设置为本地接收机温度。要设置地球温度,需清除从场景中继承的值并输入新值。默认值为 290 ℃

【注】External、Intelsat 和 GIMROC 天线模式本质上不是分析性的,因此,不建议对这些天线类型使用集成天线增益。

6.5.5　STC 衰减

要指定敏感度时间控制(Sensitivity Time Control,STC)衰减参数,请选择 Enable Rf STC,并选择 STC 衰减类型。下面介绍 STC 衰减参数。

雷达使用基于距离(或脉冲传播时间)的衰减,来减少来自附近杂波对象的强回波。用户可以在射频(RF)和/或中频(IF)信号电平上启用 STC,并选择基于计算的 STC 类型或基于外部文件的 STC 类型。

(1) 基于计算的 STC 类型

● Decay Factor:STC 是距离的函数。它被用于计算指定距离单元的逆功率(衰减因子)。例如,衰减作为 R^{-2} 的函数而减小,其中 R 是距离,2 是衰减因子。STC 衰减设置在最小距离的 STC 起始值。衰减作为指定距离单元的距离因子的函数而减小。一旦衰减值降至 0 dB,STC 应用就会停止。

● Decay Slope:STC 衰减表示为衰减斜率。例如 6 dB/倍频程。STC 衰减设置在最小距离的 STC 起始值。使用衰减斜率值减小衰减直到值为零。

上述两种类型的参数见表 6 – 15。

表 6 – 15　基于计算 STC 类型的参数

STC 参数	说　明
Max Value/dB	STC 衰减最大值
Start Value/dB	最小距离的 STC 衰减值
Atten. Step Size/dB	衰减步长
Decay Factor	衰减因子。例如,R^{-3},其中 R 是距离,3 是衰减因子

第 6 章

STC 参数	说　明
Decay Slope / Octave/(dB · octave^{-1})	STC 衰减斜率
Start Range	应用 STC 时的最小距离
Stop Range	STC 被切断的距离。 【注】STC 衰减值可以在停止距离之前衰减到 0 dB,这取决于衰减因子或衰减斜率值

(2) 基于外部文件的 STC 类型

STC 衰减表由用户在外部 STC 文件中提供。衰减值以 dB 为单位。选择下列中的一种 STC 类型,并在 Filename 字段中输入 STC 文件的名称。

- Map Range:由用户提供的距离与衰减的表。如果指定距离单元的距离在表格中的最小和最大距离范围内,则从表格中读取并应用衰减值。
- Map Azimuth Range:方位角与距离的二维表。行包含方位角数据,列包含距离。STC 衰减适用于所有仰角。在距离单元上应用相同的衰减值,直到在数据表中达到下一个距离。
- Map Elevation Range:仰角与距离的二维表。行包含仰角数据,列包含距离。STC 衰减适用于所有方位角。

外部文件不会自动重新加载,用户对文件作出改变后,要重新加载文件,则单击 Reload 重新加载。

6.5.6　预增益与损耗

Pre - Receive Gains/Losses:预接收增益/损失。要定义增益或损失,请单击 Add 按钮。在 Identifier(标识符)字段中输入 Gain or Loss(增益或损失)的简要说明及其在 Gain 字段中的值。输入损失,则将其设为负值。输入值后,可以单击 Remove 从表中删除条目。要修改现有条目,只需编辑网格中的字段即可。预接收(Pre - Receive)字段中的值将反映表中记录的所有增益和损失的净值。

6.6　雷达干扰

STK 雷达能够识别干扰机并评估其对雷达系统性能的影响。使用雷达基本定义(Basic Definition)页面上的干扰(Jamming)选项卡启用干扰计算,并在干扰分析中分配和取消干扰。任何单基地雷达都可以起干扰作用。此外,如果用户获得 STK 通信许可,则可以将任何发射机指定为干扰机。只有合格的设备(Assets)才会出现在 Available Objects(可用对象)区域中。如果场景中包含双基地雷达或转发器,则此处将看不到它们。

此外,用户可以为干扰机设置 SAR 或搜索跟踪(Search Track)约束,并在覆盖范围和姿态覆盖率分析中包括干扰的影响。

（1）干扰计算

选择或禁用 Use 以启用或禁用干扰效果的计算。允许用户暂时关闭干扰分析,而无需删除干扰设置,即没有必要取消分配干扰机、关闭约束等。如果用户想在场景中做出其他更改并进行测试,且不必每次都重新计算干扰,则禁用干扰计算将节省处理时间。这在包括许多干扰机的情况下尤其有利。

【注】必须启用干扰计算才能考虑分配干扰信号的影响。

（2）干扰分配

要将设备(asset)指定为干扰源,可以双击它,或选择它并单击向右箭头按钮,将其复制到 Assigned Objects(已分配对象)区域。要取消分配,双击它,或选择它并单击左箭头按钮,将其从"已分配对象"区域中删除。

使用 Selection filter(选择过滤器)按类分配多个对象。要选择给定类(雷达或发射机)的所有对象,选中该类的复选框。要将所有选定对象指定为干扰机,单击向右的箭头按钮。如果不合适的话,可以使用上述步骤取消分配所选对象。

【注】还可以使用多选技术来管理可用(Available)和/或分配(Assigned)对象的大型列表。

雷达干扰对象(干扰机)不能驻留在 STK 对象浏览器中的 Radar 父对象上。因此,
- 当 STK 对象已经有雷达干扰对象时,则不要将雷达复制并粘贴到其上;
- 若雷达将干扰对象保持在其干扰列表中,则不要将干扰对象复制并粘贴到该雷达的父对象上;
- 不要使用 Connect 将干扰对象添加到雷达的父对象上。

（3）SAR 或搜索跟踪约束

如果雷达系统需要对干扰引起的系统参数进行约束,请设置考虑干扰的搜索/跟踪约束和 SAR 约束。

（4）干扰对覆盖和姿态覆盖的影响

干扰的影响可以包括在覆盖和姿态覆盖分析中。在定义覆盖定义(Coverage Definition)或姿态覆盖(Attitude Coverage)的基本网格时,可以选择雷达对象作为关联类。如果选择访问约束(Access Constraint)作为 Figure of Merit Definition,则雷达的可用约束(包括考虑干扰的约束)将显示在约束列表中。

6.7　雷达杂波

要配置杂波项(确定每个杂波点相对于雷达的位置),并在特定雷达上使用它,需要选择 Enabled,并选择以下选项之一,见表 6-16。

表 6 - 16　杂波几何参数

参　数	描　述
Single Point	计算目标上的单个杂波点
Range Over CFAR Cells	与 CA - CFAR 和 OS - CFAR 算法一起使用。允许 CFAR 参考单元数量(在 Radar ▸ Mode ▸ Detection of Probability of Detection 选项卡上指定)在感兴趣单元前后均匀分布。 在包含感兴趣目标的单元前后沿着当前扫描径向分布杂波。使用 Probability of Detection(检测概率)选项卡上提供的 Number of Reference cells(参考单元数量)值。考虑指定单元前后各半数的单元。例如,如果参考单元数量是 32,则分析当前感兴趣单元之前的 16 个单元和之后的 16 个单元的杂波。当前检测单元是计算检测概率的基本单位。 【注】建议将此选项与 Probability of Detection 选项卡上的 Cell Averaging Constant False Alarm Rate (CA - CFAR)选项或 Ordered Statistics Constant False Alarm Rate (OS - CFAR)选项一起使用
Smooth Oblate Earth	计算平滑扁平地球上的杂波
COM Plugin	如果计算机上存在 Clutter Geometry Model COM 插件且已正确注册,则可以从 Clutter Geometry 下拉列表中选择它。相关的更多信息请参阅 STK 帮助文档

第 7 章
导弹任务分析工具(STK/MMT)

导弹任务分析工具(Missile Mission Toolbox,MMT)包括 4 个部分,分别是:
- 导弹设计工具(Missile Design Tool,MDT);
- 导弹飞行工具(Missile Flight Tool,MFT);
- 拦截飞行工具(Interceptor Flight Tool,IFT);
- 导弹转换工具(Missile Conversion Tool,MCT)。

可以用于:
- 创建高保真弹道;
- 评估导弹系统的设计;
- 模拟拦截交战;
- 计算拦截保证和拒止区域。

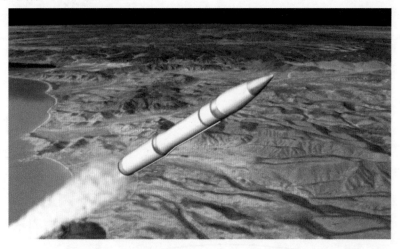

7.1 导弹设计工具(MDT)

MDT 是 MMT 的一部分,主要用于创建和修改导弹的模型,用于定义和编辑导弹模型。MDT 可以与导弹飞行工具 MFT 和拦截飞行工具 IFT 联合使用,在 MDT 中创建的模型可以导出到 MFT 和 IFT 中,对其弹道精确建模,然后导出到 STK 中进行分析和可视化。此外,MDT 可以导入和修改 MFT 和 IFT 数据库中的火箭和导弹模型。MDT 的启动界面如图 7-1 所示。

图 7-1 MDT 启动界面

【注】MMT 9.2.3 与 STK / EOIR 兼容,可以在 MDT 的 Thermal 属性中定义导弹的 EOIR 属性。

7.1.1 MDT 界面

MDT 用户界面围绕构建导弹三维模型展开。该窗口包括质量比例窗口、尺寸窗口、测试和属性窗口等。MDT 界面如图 7-2 所示。

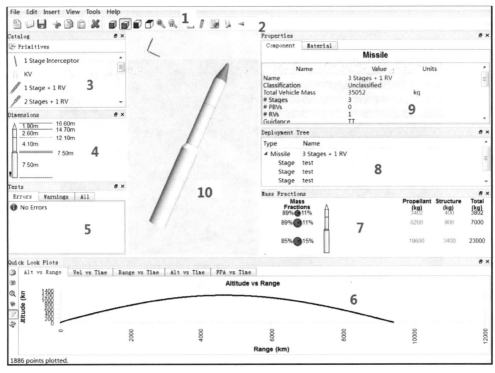

图 7-2 MDT 界面

图中数字对应区域含义如下：

① Menus(菜单)；

② Toolbars(工具栏)；

③ Catalog(目录)：用于存储导弹、导弹组件相关数据；

④ Dimensions(尺寸)：用于显示标有尺寸的导弹轮廓；

⑤ Tests(测试)：显示在导弹设计过程中对导弹执行的验证测试结果；

⑥ Quick Look Plots(快速查看)：显示导弹的性能特征；

⑦ Mass Fractions(质量比例)：显示每级导弹的质量分布概况；

⑧ Deployment Tree(部署树)：显示导弹部件的分层排列；

⑨ Properties(属性)：用于设置导弹及其部件参数；

⑩ 3D Model View Area(三维模型视图)：显示导弹模型窗口。

下面主要描述 MDT 的特有功能。

7.1.1.1　菜　单

MDT 的菜单项与大多数窗口应用的菜单项相似,菜单项功能如下所示：

- File：加载、保存导弹模型等功能；
- Edit：编辑导弹部件及其数据等功能；
- Insert：插入导弹及其部件等功能；
- View：修改导弹布局与显示等功能；
- Tools：导弹可选工具快速访问功能；
- Help：访问 MDT 帮助文档。

但也有 MDT 特定的菜单项,本节重点描述这些与 MDT 特定的功能。

（1）File

在 MDT 的 File 中,特定功能有以下几种。

1) Import from MFT

加载.mis(MFT)或 ACD 导弹模型。详细说明请参阅 7.1.3.1 小节"导入和导出导弹和拦截器"。

2) Export Missile to MFT

将导弹模型保存为.mis(MFT)文件。此命令还会创建.pay 文件、.pen 文件和.thr 文件(用于推力和推进剂流数据表),并更新 MFT 模型数据库文件。除此之外,如果导弹定义了 Mass Jettison、Axial Force 或 RV Axial Force 等数据项,则此数据将分别导出.mjt、.axf 和.rva 文件。

3) Import from IFT

加载拦截器模型。加载.int(IFT)拦截器模型文件。详细说明请参阅 7.1.3.1 小节"导入和导出导弹和拦截器"。

4) Export Interceptor to IFT

将导弹模型保存为.int 和.kv ASCII 文件。将为模型生成飞行扇区(flyout fan),并另存为.char、.grd 和.out 文件。

5) Export to IFT(no fan)

将导弹模型保存为.int 和.kv ASCII 文件,不生成飞行扇区。

6）Run Flyout Manager

Flyout Manager 管理飞行扇区的生成。

（2）Edit

在 MDT 的 Edit 菜单中,特定的功能有以下几种。

1）偏好设置 Preference

偏好设置用于设置 MDT 的通用属性、导弹模型的材质和颜色等。界面如图 7-3 所示。

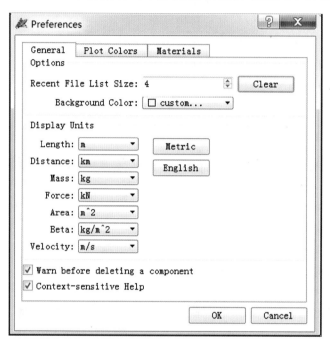

图 7-3　MDT 全局设置界面

2）模板文件设置

MDT 将导弹导出为 MFT 使用的格式时,需要模板文件来提供基本文件结构并填写 MDT 未提供的缺失信息。界面如图 7-4 所示。

图 7-4　MDT 输出模板文件设置界面

MDT 在创建导弹时会分配一组默认模板文件,对于从 MFT 导入的导弹,源文件被指定为模板文件,以便从原始导入中保留尽可能多的信息。导弹模型和拦截器模型的模板文件见表 7 - 1。

表 7 - 1　导弹模板文件

类　型	文件名	说　明
Ballistic Missile	U_Complete. mis	导弹信息,10 000~39 999 行
Ballistic Missile	U_Complete. pay	PBV 和 RV 载荷信息,40 000~59 999 行
Ballistic Missile	U_Complete. pen	其他对象信息,60 000 行以上
Interceptor	U_Complete. int	拦截导弹信息,10 000~39 999 行
Interceptor	U_Complete. kv	KV 载荷信息,40 000~59 999 行

导弹模板文件(.mis)的格式如图 7 - 5 所示。

```
11500 Stage Two - Boost Phase Parameters          Header
11510      Propellant Type                        Solid
11520      Start of Stage                         61.39 sec
11530      Maximum Stage Duration                 67.00 sec
11540      Minimum Stage Duration                 67.00 sec
11550      Stage Diameter                         1.32 m
11560      Stage Length                           4.12 m
11570      Interstage Length                      NA m
11580      Interstage Final Diameter              NA m
```

图 7 - 5　导弹模板文件格式

（3）插　入

Insert 菜单项主要功能是从所有可用的 Catalog 页面插入导弹组件。

（4）视　图

View 菜单项主要是设置窗口布局以及通过不同的视图查看导弹模型。

（5）工　具

Tools 菜单项是 MDT 最主要的菜单,包含了导弹的常用设置工具。详细功能见 7.1.2 小节。

- 通用属性;
- 级间属性;
- 制导;
- 载荷;
- 动力学;
- 热属性;
- 编辑管理器;
- 拦截性能曲线;
- 将弹道文件输出。

7.1.1.2　工具栏

工具栏共包含三种类型的常用工具,这几个工具栏与菜单项对应,分别如下。

第7章

(1) 标准工具栏

- 新建；
- 打开；
- 保存；
- 剪切；
- 复制；
- 粘贴；
- 删除。

(2) 查看工具栏

- 正射投影；
- 透视投影；
- 前视；
- 顶视；
- 缩放范围；
- 缩放选择。

(3) 向导工具栏

- 通用属性；
- 级间属性；
- 制导；
- 载荷；
- 动力学。

7.1.1.3 目录窗口

目录窗口(Catalog Window)用于存储导弹及其部件的相关数据。默认目录页面标记为组元(用于构建导弹组件)，如图 7 - 6 所示。

7.1.1.4 三维模型视图

三维模型视图区(3D Model View Area)是显示当前导弹模型的窗口，如图 7 - 7 所示。

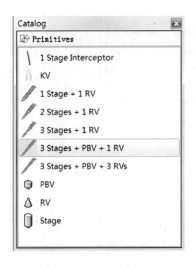

图 7 - 6 MDT 目录窗口   图 7 - 7 MDT 三维模型视图窗口

MDT 三维模型视图窗口显示定义的导弹 3D 模型,包括级间段(Stages)、末推级飞行器(PBV)和再入飞行器(RV),选中时部件则显示为红色。该窗口是交互式的,可以放大、缩小、旋转,以及使用鼠标添加和删除组件。

【注】3D 模型视图不能从界面中删除,也无法手动调整其大小。

MDT 三维模型窗口鼠标功能见表 7 - 2。

表 7 - 2 MDT 三维模型窗口鼠标动作

按键组合操作	说　明
Ctrl+Left-click	选择导弹组件,单击两次以选择整个导弹,所选组件将以红色显示
Left-click + Drag	旋转导弹模型
Shift + Left-click + Drag	在 3D 模型显示区域内向上、向下、向右或向左移动模型的位置
Right-click + Drag	放大或缩小

7.1.1.5　测试窗口

测试窗口(Test Window)在导弹设计过程中自动执行导弹模型验证测试结果。其中,绿色框表示参数有效且正常;黄色框表示该参数无效或具有异常值警告;红色框表示错误,如图 7 - 8 所示。

MDT 执行以下验证测试。

(1) 密度测试

MDT 根据质量除以体积计算密度估计值 ρ,测试结果见表 7 - 3。

第 7 章

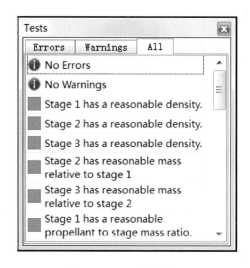

图 7 - 8   MDT 测试窗口

表 7 - 3   MDT 密度测试结果

值范围/kg·m⁻³)	说　明	测试结果
$\rho<250$	极低	错误
$250<\rho<750$	低	警告
$750<\rho<2\,000$	标准	好
$2\,000<\rho<2\,500$	高	警告
$\rho<2\,500$	非常高	错误

【注】当前所选导弹组件的密度以及与其最相似的材质将显示在 Properties 窗口中。要改变导弹组件的密度,需调整组件的质量、直径、长度或其级间的尺寸。

（2）推力测试

MDT 根据当前的推进选项计算起飞时的净推力,并将其与点火时的导弹质量进行比较。如果选择线性推力曲线,则 MDT 使用开始推力进行计算;如果选择推力表,则 MDT 将检查前 10 s 内的燃烧曲线,并使用最大的推力值。推力测试结果见表 7 - 4。

表 7 - 4   MDT 推力测试结果

值范围	测试结果
MDT<1.0	错误
1.0≤MDT<1.1	警告
MDT>1.1	好

【注】具有足够推力的起飞加速度,结果在测试窗口中标记为绿色;推力不足时,显示推重比,并将结果标记为黄色或红色。

（3）推进剂/导弹质量比测试

MDT 计算推进剂与导弹当前组件的质量比(PR),PR ＝推进剂质量/(推进剂质量＋导弹级质量)。通常下 PR 值越高越好,但受工程限制,PR 值不可能达到 100%。PR 越低,则效率越低,该阶段的 ΔV 值越小。PR 测试结果详见表 7 - 5。

表 7 - 5　PR 测试结果

值范围/%	说　明	测试结果
PR<60	极低	错误
60<PR<75	低	警告
75<PR<90	标准	好
90<PR<94	高	警告
PR<94	非常高	错误

(4)导弹直径与长度比率测试

MDT 计算导弹长度和直径的"形状比"(LD),导弹不能太方、太圆,当然也不能太长和太薄。LD 测试结果具体见表 7 - 6。

表 7 - 6　LD 测试结果

值范围	说　明	测试结果
LD<2	极低	错误
2<LD<3.5	低	警告
3.5<LD<20	标准	好
20<LD<30	高	警告
LD>30	非常高	错误

(5)导弹级间质量与导弹结构质量的测试

如果导弹级间质量小于导弹结构质量,则验证测试结果为 OK。

(6)导弹级间长度与导弹结构长度的测试

如果导弹级间长度小于导弹结构长度,则验证测试结果为 OK。

(7)RV 直径比较测试

如果 RV 直径小于 PBV 直径,并且 RV 直径小于导弹最上面级直径,则验证测试结果为 OK。

(8)PBV 直径比较测试

如果 PBV 直径小于导弹上面级直径,则验证测试结果为 OK。

7.1.1.6　属性窗口

属性窗口(Properties Window)用于设置导弹及其部件参数,包括部件属性和材质属性,界面如图 7 - 9 所示。

(1)部件属性

用于设置导弹质量、长度等参数。

第 7 章

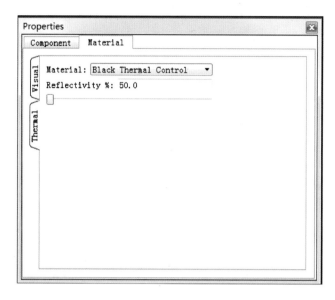

图 7-9　MDT 导弹属性窗口

（2）材质属性

可以在 Visual 属性中设置颜色和透明度；在 Thermal 属性中设置材质和反射率。

7.1.1.7　快速查看曲线窗口

快速查看曲线窗口（Quick Look Plots Window）显示导弹模型的性能特征曲线。MDT 没有使用高精度弹道模拟器计算弹道，但可以快速简单地计算导弹的性能，该估计误差在 10% 以内，可以通过将导弹模型导入 MFT 或 IFT 来计算验证，如图 7-10 所示。

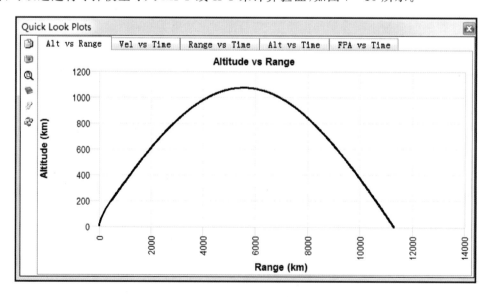

图 7-10　MDT 快速查看窗口

可以查看的特征曲线包括：高度 & 距离曲线、速度 & 时间曲线、距离 & 时间曲线、高度

&.时间曲线以及 FPA&.时间曲线。

另外左侧面板还具有以下功能：

🔟 复制到剪贴板：将当前选定的绘图作为位图图像复制到剪贴板。

🔟 将图像保存到文件：将当前选定的绘图保存为位图图像文件，格式包括.png、.bmp、.jpg 或.xpm。

🔍 Zoom Extents：重置绘图比例以显示所有数据。

📇 技术报告：显示一个单独的窗口，其中包含加速度和动压与时间的关系图。此外，该窗口包含弹道数据和 max q 选项，允许查看 MDT 弹道计算的过程值，如图 7 - 11 所示。

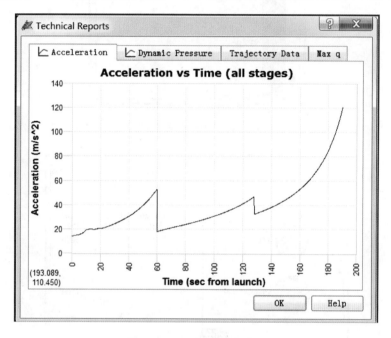

图 7 - 11　MDT 技术报告图

✏️ 切换自动更新：打开或关闭自动绘图更新。

🔄 刷新图：重新计算所有绘图并刷新其显示。

7.1.1.8　尺寸窗口

尺寸窗口(Dimensions Window)用于显示导弹模型的轮廓，并标记导弹尺寸数据，如图 7 - 12 所示。

【注】可以通过鼠标左键单击选中其中的组件。

7.1.1.9　质量比例窗口

质量比例窗口(Mass Fractions Window)显示导弹各级之间的质量分布情况，如图 7 - 13 所示。

【注】结构和推进剂质量的分布对于导弹的性能非常重要。推进剂的质量比例越高，则导弹的加速度越大。

第 7 章

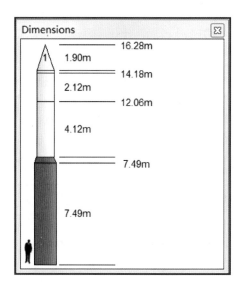

图 7 - 12　MDT 导弹尺寸窗口

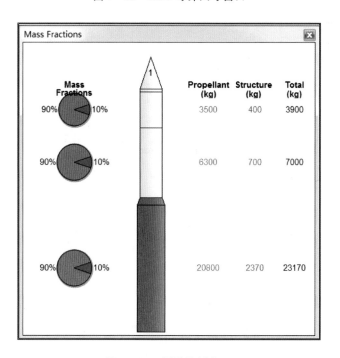

图 7 - 13　导弹比例窗口

7.1.1.10　导弹结构树

导弹结构树窗口显示导弹部件的层次结构,如图 7 - 14 所示。

【注】可以对每一级执行复制、粘贴操作。

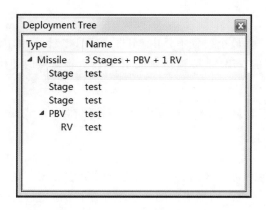

图 7 - 14　MDT 导弹结构树

7.1.2　MDT 导弹编辑工具

MDT 导弹编辑工具用于定义导弹的相关参数。

7.1.2.1　通用属性

通用属性用于定义导弹的一般特征,包括导弹名称、最小射程等,通用属性编辑窗口如图 7 - 15 所示。

图 7 - 15　MDT 通用属性编辑窗口

(1) 导弹名称

完整名称存储在 .mdt 文件中,但不存储在 .mis 或 .int 文件中。

（2）最小射程

定义导弹的最小射程。最小射程不是由 MDT 或 MFT 计算的,因为它不是由物理学决定的,而是由用户设计决定的。MFT 弹道仿真或 IFT 设置拦截点时使用该最小距离。

（3）说　明

导弹模型说明。注释存储在.mdt 文件中,但不存储在.mis 或.int 文件中。

7.1.2.2　结构选项

结构设置用于定义导弹每一级的属性。结构编号显示在窗口的右上角,可以分别选择导弹的当前级、下一级或前一级。结构组件图表显示在窗口的右侧,当前选定的结构组件以红色突出显示,如图 7 - 16 所示。

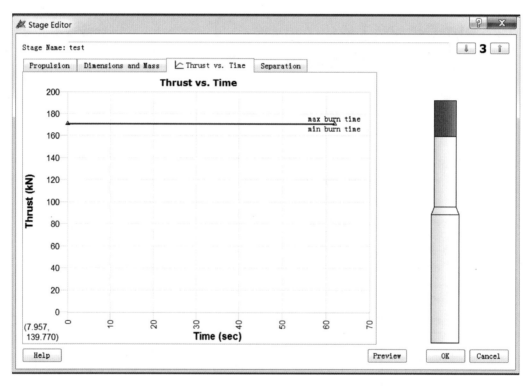

图 7 - 16　MDT 导弹级编辑窗口

主要参数包括:
● 名称;
● 推力;
● 尺寸和质量;
● 推力和时间;
● 分离。

（1）推　力

推力包括主引擎推进设置和游动发动机推进设置,如图 7 - 17 所示。

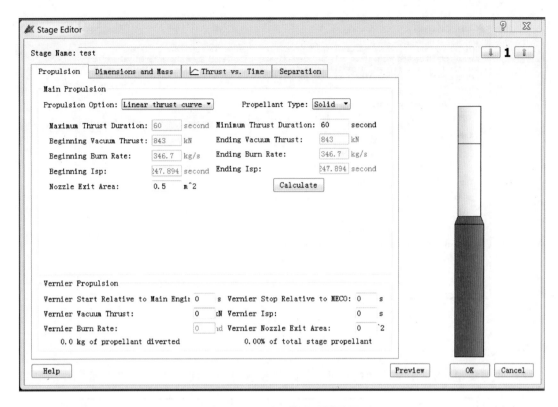

图 7 - 17　MDT 推力设置页面

1) 主引擎推进

有两种用于设置主引擎的选项:线性推力曲线(Linear Thrust Curve)和推力表(Thrust Table)。线性推力曲线假设推力曲线从燃烧开始到燃尽的推力呈近似直线趋势;推力表则是通过手动或文本文件导入构成推力值的表单,导弹的推力随时间的变化可以从该表单中选取。

2) 游动发动机推进

导弹在上升过程中,游动发动机(Vernier)主要用于姿态控制。可以定义的参数包括:

① 游动发动机相对于主引擎启动时间。定义游动发动机点火时刻与主引擎点火时刻的时间差。负值表示游动发动机在主引擎启动之前就已经点火启动。

② 游动发动机相对于主引擎关机时间。定义游动发动机关机时刻与主引擎关机时刻(MECO)的时间差。正值表示在 MECO 之后停止,而负值表示在 MECO 之前停止,值为零表示与 MECO 同步。

③ 游动发动机真空推力。定义游动发动机处于真空状态时所达到的推力水平。

④ 游动发动机比冲。定义推进剂在游动发动机喷管出口平面处达到的比冲。

⑤ 游动发动机燃烧率。游动发动机喷管的推进剂的消耗率,该值由 MDT 计算。

⑥ 游动发动机喷管出口面积。定义出口处喷管的横截面积。对于过膨胀流动,例如在海平面,该区域被定义为流体与喷管壁分离的点。

3) 推力计算

MDT 推力计算窗口如图 7 - 18 所示。

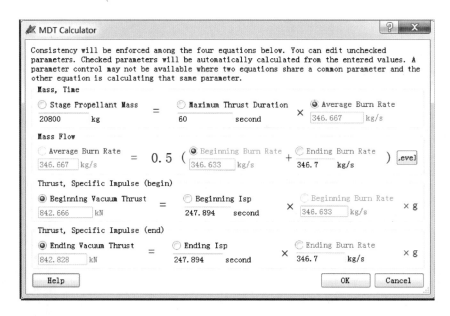

图 7 - 18　MDT 推力计算窗口

（2）尺寸与质量

"尺寸与质量"用于定义导弹的尺寸、质量、质量抛射等属性，如图 7 - 19 所示。

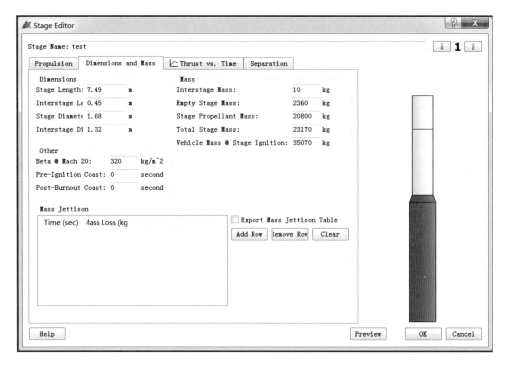

图 7 - 19　尺寸与质量窗口

1) 尺　寸

● 导弹级长度（stage length）；

- 导弹级直径(stage diameter);
- 导弹级间段长度(interstage length);
- 导弹级间段直径(interstage diameter)。

相互关系如图 7-20 所示。

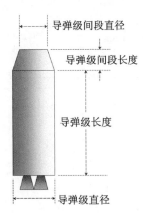

图 7-20　导弹级关系

2) 质　量

- 级间段质量(interstage mass);
- 导弹级的结构质量,不包括推进剂质量(empty stage mass);
- 导弹级推进质量(stage propellant mass);
- 导弹级总质量(total stage mass);
- 导弹级点火时刻飞行器质量(vehicle mass@stage ignition)。

导弹级的总质量定义为在点火时刻该级及其所有上面级的总质量,该值由 MDT 计算。发动机在第一级点火时产生的推力必须大于第一级点火时的导弹质量与海平面重力加速度(约 9.8 m/s²)的乘积。例如,对于三级导弹:

$$M_{\text{veh @ ignition,1st}} = M_{\text{stage1}} + M_{\text{stage2}} + M_{\text{stage3}} + M_{\text{payload}}$$

$$M_{\text{veh @ ignition,2nd}} = M_{\text{stage2}} + M_{\text{stage3}} + M_{\text{payload}}$$

$$M_{\text{veh @ ignition,3rd}} = M_{\text{stage3}} + M_{\text{payload}}$$

因此,满载推进剂的导弹总质量等于第一阶段点火时的导弹质量,$M_{\text{veh @ ignition,1st}} = M_{\text{total\_vehicle}}$。

【注】"质量分数"窗口显示导弹每一级的推进剂和非推进剂质量与总质量的比率。可以查看这些质量分布,以快速验证用户输入的质量是否合理。

3) 其他参数

- 导弹系数 Beta @ Mach 20:在 $Ma = 20$ 时的导弹系数;
- 预点火时间(Pri-Ignition Coast):前一级分离之后和该级点火之前导弹滑行时间;
- 关机后时间(Post-Buruout Coast):级分离前滑行的时间。

4) 质量抛射

质量抛射(Mass Jettison)定义为导弹在飞行过程中所抛射的质量。

（3）推力与时间

推力与时间是导弹级推力随时间的变化关系，如图 7 - 21 所示。

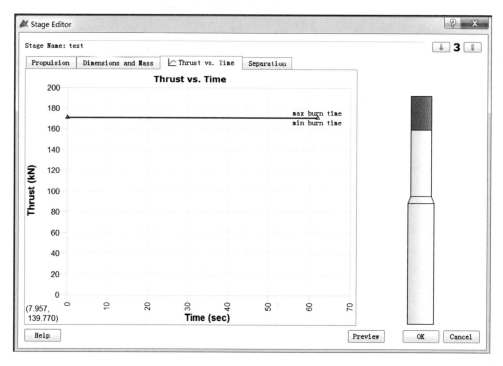

图 7 - 21　MDT 导弹推力 & 时间图

（4）分　离

分离（Separation）用于定义燃尽的导弹级与导弹本体分离时的速度参数，界面如图 7 - 22 所示。速度参数包括以下几种。

1）平均（最小）轴向分离速度

定义沿导弹纵轴相对平台的平均速度。MFT 或 IFT 将使用此值作为导弹级分离速度随机抽取的基础。随机变量正态分布，其平均值等于此参数。

2）1σ（最大）轴向分离速度

定义导弹级分离速度的正态分布随机值的方差。如果要为导弹级分离速度指定常量值，此参数设置为 0.0。

3）平均（最小）法向分离速度

定义在分离时垂直于平台纵轴的平均速度。这是相对于导弹行进方向的"横向"速度。要消除平台的所有横向分离运动，请将此参数设置为 0，将 One Sigma(Max)Normal Stage Separation Velocity 参数设置为 0，如图 7 - 22 所示。

4）1σ（最大）法向分离速度

定义导弹级分离垂直速度值的方差或平均扩散程度。要将法向速度设置为常量值，需此参数设置为 0.0。

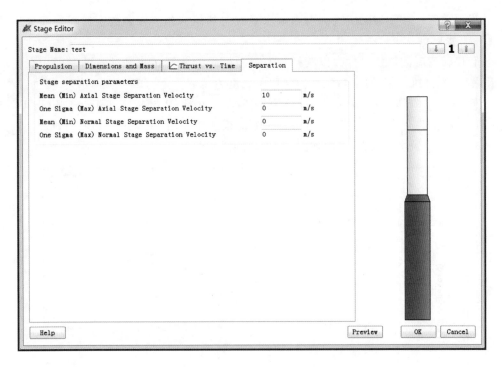

图 7 - 22 MDT 分离参数设置

7.1.2.3 制导选项

导弹必须设置制导模式,制导模式确定导弹将如何到达目标。拦截弹只能使用初始导弹俯仰(Initial Missile Pitchover)制导模式。MDT 为导弹提供了 7 种制导模式。制导模式在制导编辑器中选择,如图 7 - 23 所示。

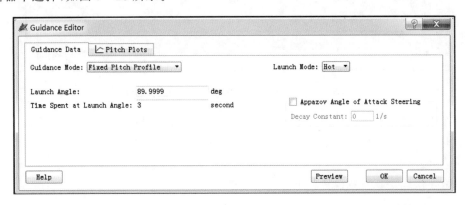

图 7 - 23 MDT 制导模式设置

另外,需要定义以下几项。

① 发射模式。选择热发射或冷发射模式。热发射模式表示火箭最初在发射台上点火,其初始加速度完全是由发动机喷射工质获得,是最常见的发射模式。冷发射模式指导弹从弹筒中弹出,通常是利用压缩气体的弹射作用。导弹的初始加速度是由压缩气体提供的,弹射后,导弹飞行一段时间后再点火。

② 发射角度。在发射时定义为与当地水平方向的俯仰角。大多数中远程导弹采用垂直或近似垂直发射。

③ 程序转弯时间。定义导弹以其初始发射角度爬升到开始机动转弯的时间。在完成初始爬升之后,才会执行制导操作,例如俯仰程序或重力转弯。

④ 俯仰图。俯仰图(Pitch Plots)选项在 Fixed Pitch Profile、Quadratic Pitch Profile、Fixed Pitch Profile 以及 Aero Extension 四种制导模式中使用,用于定义导弹的轨迹。在其他制导模式时,它处于禁用状态,界面如图 7-24 所示。

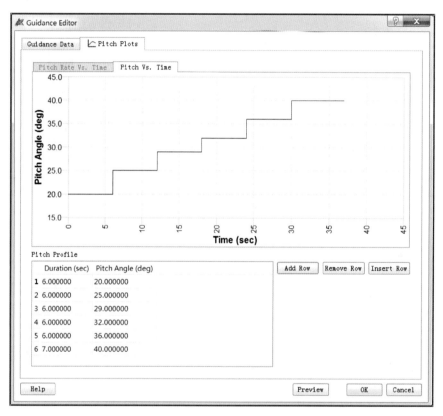

图 7-24　MDT 制导模式 Pitch Plot 设置

⑤ 阿帕佐夫攻击角转向。阿帕佐夫制导在发射后短时间内控制导弹的俯仰角。它取代了最初的垂直上升和俯仰操作。可以为除初始导弹俯仰之外的所有制导模式配置此制导程序。选择 Appazov Angle of Attack Steering 启用此制导程序。

每种制导模式及其参数设置如下。

(1) 固定俯仰角模式

固定俯仰角(fixed pitch profile)制导模式一般用于较老的导弹系统。制导逻辑的核心是固定导弹的俯仰角。对于 MFT 中生成的轨迹,导弹与飞行方位角对齐,遵循事先编制的俯仰程序,并在达到所需速度时关闭发动机(推力终止)。为了使轨迹适合所需的发射和目标配对,MFT 迭代计算飞行方位角和助推器最终阶段燃烧时间。因此,要使用此模式,重要的是在最终阶段的最大和最小推力持续时间之间提供一些余地;否则,MFT 将无法对低于系统最大射程的目标弹道进行足够的控制,如图 7-25 所示。

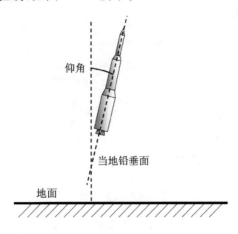

图 7-25　固定仰角制导模式

【注】使用这种制导模式需要对导弹 pitch profile 进行试验才能获得最大射程,最大射程通常是单调递增的仰角文件实现,增加 pitch profile 数量,通常能够提高射程。

(2) 二次仰角制导模式

二次仰角曲线(Quadratic Pitch Profile)制导模式通过定义二次方程中的一组常数对导弹飞行路径进行建模,其仰角变化率为

$$\dot{\gamma} = a_0 + a_1 t + a_2 t^2$$

其中 t 以发射时刻为零点。对仰角变化率按时间积分可以得到导弹每时刻的仰角。整个飞行时段可以定义多达 15 个时间段,每个时段都可以自定义一组仰角变化率系数。

同样可以使用俯仰角曲线表(Pitch Profile Table)对俯仰角和俯仰角变化率进行编辑。

(3) 推力终止,可变 Loft 模式

推力终止,可变弹道顶点(Thrust Terminating, Variable Loft)制导模式通常用于大型液体洲际弹道导弹。在初始爬升之后,导弹飞行弹道与发射方位角对齐。紧接着是重力转弯,最后,导弹保持恒定的惯性姿态,直到推力终止。如果导弹的最后一级是固体推进剂,则不适宜采用该制导模式,因为很难在任意时间可靠地终止固体火箭发动机的燃烧。

1) 初始程序转弯速度

定义初始程序转弯速度,通常发生在初始爬升之后。MFT 将控制程序转弯的时间以匹配发射弹道。

2) 重力转弯时间

定义重力转弯的时间,一旦弹道轨迹与发射方位角对齐就会发生重力转弯。在这一时间内,MFT 完全根据给定的值,对弹道的迭代计算不施加控制。

3) 最小再入角

定义速度矢量和当地水平面之间的最小角度。该值应该定义为正值,即使再入飞行路径或仰角为负值,也应将其输入为正值。非常小的再入角难以实现。

4) 最大再入角

定义速度矢量和当地水平面之间的最大角度。即使重新进入是负飞行路径或仰角为负

值,也应将其输入为正值。非常大的再入角难以实现。

再入角如图 7 - 26 所示。

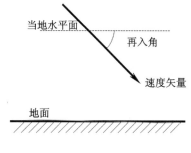

图 7 - 26 再入角

(4) 射面内仰角机动模式

射面内仰角机动(in - plane pitch maneuver)制导模式利用向上/向下的俯仰机动,来攻击不同射程的目标。MFT 通过改变俯仰角的大小、俯仰机动的开始时间以及飞行方位角,从而使得弹道轨迹与射面相匹配。定义的参数包括:

① 初始程序转弯速率。

② 重力转弯时间。

③ 最小再入角。

④ 最大再入角。

⑤ 方向:表示仰角机动的方向。

⑥ 机动导弹级:选择仰角机动的导弹级。

⑦ 机动开始时间:定义机动点火到机动开始之间的时间。

⑧ 机动率:定义向上/向下仰角机动变化率。

(5) 射面外偏航机动模式

射面外偏航机动(out-of-plane yaw maneuver)制导模式消耗的能量大于射面内仰角机动制导模式。导弹执行左/右偏航机动(有时称为"平面外机动"),来攻击不同射程的目标。MFT 改变偏航角、俯仰角和飞行方位角,从而使得弹道轨迹与射面相匹配。定义的参数包括:

① 初始程序转弯速率。

② 重力转弯时间。

③ 最小再入角。

④ 最大再入角。

⑤ 方向。如果选择了随机(random),MFT 将在执行期间随机选择向左或向右。

⑥ 机动级。选择仰角机动的级。

⑦ 机动开始时间。定义机动点火到机动开始之间的时间。

⑧ 机动率。定义偏航机动的速率。

射面外偏航机动可能是一种难以采用的制导模式。如果使用这种制导模式,请考虑以下几点提示:

①　不要在导弹的第一级使用偏航机动,特别是在点火时不要立即开始。

②　如果收到有关动压限制的飞行状态消息,可尝试在上升过程中稍后或稍早进行操作。避免在最大 q(最大动态压力)期间发生机动。

③　如果试图达到导弹的最大射程,需要限制偏航机动的次数,只有不使用偏航制导才能达到最大射程。

④　有些组合根本行不通。例如在导弹最后一级的后期执行偏航制导,很难对射程进行控制,因为导弹没有足够的速度冲量来改变射向。MDT 或 MFT 无法提前准确预测这些情况。

⑤　如果怀疑制导模式出现问题,请先尝试使用其他模式。

(6) 变发射角制导模式

变发射角(variable launch angle)制导模式与初始俯仰角模式非常相似,只是初始发射角度不是垂直的。在以一定角度爬升后,导弹重力转弯飞行。这种模式的导弹燃烧时间是最长的,MFT 用于控制弹道的迭代参数是发射角和方位角;MFT 通过控制发射角来控制总射程。参数包括:

1) 最小发射角

定义 MFT 在构造导弹弹道时应考虑的最小发射角。

2) 最大发射角

定义 MFT 在构造导弹弹道时应考虑的最大发射角。

3) 分段法(Sub-Ranging Method)

可以选择 Lofted 或 Depressed。在 MFT 可以选择的某些情况下,该参数控制轨迹是应该选择为远地点的高点(Lofted)还是远地点的低点(Depressed)。

【注】此制导模式最适用于短距离、高加速度系统,多级导弹一般不采用该制导模式。

(7) 固定仰角/气动扩展模式

固定仰角/气动扩展(fixed pitch profile, aero extension)制导模式与固定俯仰模式非常相似,但增加了使用气动升力扩展导弹射程的能力。通常适用于整个飞行过程都处于大气中的短程导弹。当导弹仅采用推力导致射程不够时,MFT 将导弹以一个仰角飞行,这会产生一个小的升力。

1) 开始抬升时间

导弹发射后升力开始机动的时间。在导弹飞行的中段到末端升力更有用,该时间一般设置在导弹越过远地点之后。

2) 最大升力系数

定义可以生成的最大升力。由于圆柱体不是非常好的翼型,因此该值不应超过 0.1。

3) 升力机动持续时间

定义导弹以升力产生的仰角飞行的持续时间。

(8) 初始程序转弯模式

初始程序转弯(initial missile pitchover)制导模式是 MDT 中可用的最简单模式,也是唯一可同时适用于拦截器的制导模式。在初始爬升之后,导弹以指定的仰角变化率以不同的时间间隔机动。MFT 或 IFT 将通过调整仰角控制的持续时间来控制导弹射程。此模式的燃烧时间始终为最长时间。定义参数包括以下几种。

1）初始程序转弯速率

定义在初始爬升之后的初始程序转弯的速率。MFT 或 IFT 将控制程序转弯的时间,使得弹道轨迹与射面相匹配。

2）攻角限制

定义导弹可以达到的最大攻角。

3）重力转弯时间

定义重力转弯的持续时间,一旦导弹的轨迹与飞行方位角对齐就会发生重力转弯。

7.1.2.4 载荷选项

一枚导弹可携带多达 10 个再入弹头(Reentry Vehicle,RV)。由多个再入弹头组成的有效载荷必须具有末推级飞行器(Post-Boost Vehicle,PVB)。此外,导弹可以携带其他装置(如穿透辅助物)和整流罩。拦截器的有效载荷包括杀伤器(KV)和整流罩。

（1）PVB

PVB 用于在大气层外飞行对弹道进行微小调整,通常作为多弹头导弹的有效载荷。PVB 通过推力改变第一个弹头的轨迹,然后释放它。对有效载荷中的每个弹头重复该过程。弹头通常定义为 PVB 的子对象。因此,在任何时候删除 PVB 都会导致导弹的所有弹头被删除。设置界面如图 7 - 27 所示。

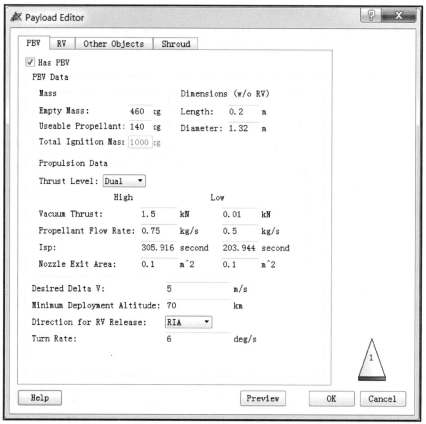

图 7 - 27　载荷 PVB 设置

可以定义的参数包括：

1) 有效载荷

有效载荷是否有 PBV 装置。

2) 质　量

- 不包括推进剂的飞行器质量。
- 推进剂质量。
- 点火总质量。

3) 尺寸(不包括 RV)

- 长度。
- 直径。

4) 推进数据

- 推力水平：选择单推力或双推力。
- 真空推力。
- 推进剂流量。
- ISP。
- 喷管出口区。

5) 其　他

- 期望的 ΔV。
- 最低部署高度：定义部署 RV 的最低高度。该高度必须小于 PBV 轨迹的远地点。
- RV 释放的方向：选择 RIA(Range Insensitive Axis)或 Zero AOA(attack of attack)定义 RV 释放方向。如果 RV 要飞行的轨迹与 PBV 的范围大致相同，则可以使用 RIA；Zero AOA 是另一种方法，其中 PBV 将瞄准 RV，调整其飞行姿态和再入轨迹，以便提高 RV 下降的准确性。
- 转弯率：定义 PBV 从一个方向转向另一个方向的最大速率。这主要影响来自 PBV 的 RV 部署的调度。

(2) 再入弹头

再入弹头(RV)由装药载荷和由烧蚀材料构成的外壳两部分组成，其设计用于抵消通过大气减速产生的热量。RV 通常被设计成带有圆锥形的或近似圆锥形的鼻部，并且可以旋转以获得姿态稳定性。MDT 将所有 RV 模型简化为简单锥体，如图 7-28 所示。

可以定义的参数包括：

① RV 的数量。

② RV 数据。

- 标签；
- 质量；
- 鼻部直径；
- 总长度；
- 底座直径；
- 锥半角；
- Beta @ Mach 20；

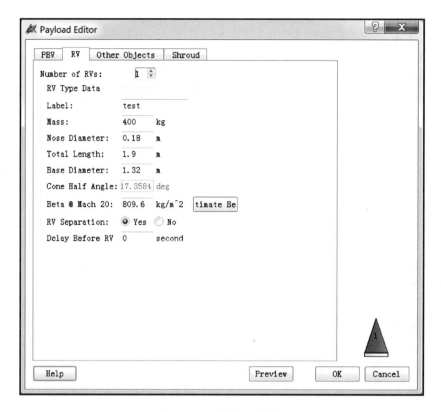

图 7-28　载荷 RV 设置

- 估计 Beta;
- RV 是否分离;
- RV 释放前延迟。

(3) 拦截弹

拦截弹(kill vehicle)用于摧毁目标导弹。可以定义的参数包括:

1) 拦截弹数据

- 质量;
- 总长度;
- 底座直径;
- 最小拦截高度;
- 最短运行时间:定义 KV 能够成功接近目标导弹的最短运行时间;
- KV 是否分离;
- KV 释放前延迟。

2) 拦截弹类型

可以选择空气动力学或推进式拦截弹。拦截弹一般假定具有机动能力,用于从导弹释放后进行轨迹校正。此功能未直接在 MDT 中建模。

- 空气动力学拦截弹:具有最大机动能力,其定义为 KV 使用其飞行控制表面进行操纵的最大速率。

- 推进式拦截弹:定义参数包括推进剂质量、转移推力(定义拦截弹与拦截器分离时的推力)、质量变化率(定义每秒流过喷管的质量,主要是燃烧剂和氧化剂的质量。如果燃烧混合物不是化学计量的,它还可以包括额外的未燃烧的燃料或氧化剂)。

3) 大气阻力

选择 Beta 或 Cd 定义 KV 的大气阻力属性。

(4) 其　他

除了标准有效载荷或 RV 之外,RV 和 PVB 还可以携带和释放其他物体(如诱饵)。MDT 允许定义单个导弹携带两种类型的其他物体,如图 7-29 所示。

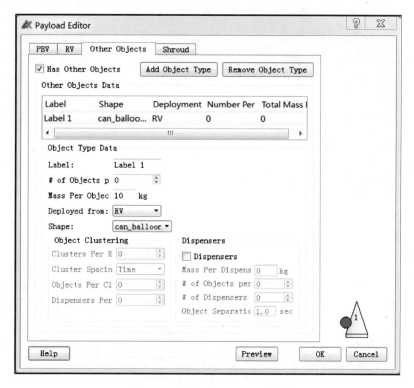

图 7-29　载荷其他对象设置页面

可设置的参数包括:

① 是否有其他对象;

② 其他对象数据,包括:名称、每个 RV 的对象数、每个对象的质量、释放自 RV 还是 PBV、形状等;

③ 对象集簇(Object Clustering),包括:每个 RV 的集簇、集簇间距、每个集簇的对象数、每个集簇的分配器;

④ 分配器,包括:是否使用分配器、每个分配器的质量、每个分配器的对象数、每个 RV 的分配器数量、对象分离时间间隔等。

⑤ 考虑集簇,分配器和对象。每个 RV 都可以具有一个或多个集簇。在每个集簇内可以是一组对象或一组分配器。反过来,每个分配器都可以包含多个对象。部署的对象总数是每个数量的乘积。例如,对于具有分配器的 RV。

每个 RV 的对象数量＝每个 RV 的集簇×每个集簇的分配器数×每个分配器的对象数量，则使用分配器部署的对象总数为

对象数 ＝ RV 数×每个 RV 的集簇×每个集簇的分配器数×每个分配器的对象数量

（5）整流罩

整流罩(shroud)是有效载荷或运载火箭头部的覆盖物。虽然 MDT 不要求指定整流罩，但应该将此组件添加到具有多个 RV 的导弹中以创建逼真的模型。界面如图 7-30 所示。

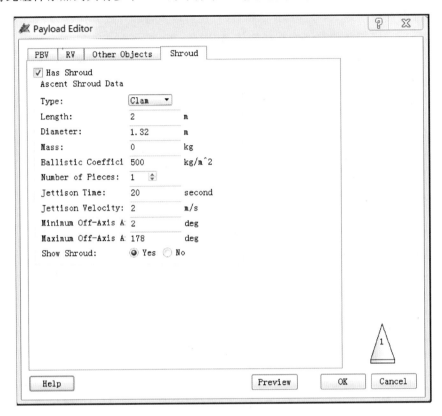

图 7-30　载荷整流罩设置页面

可以设置的参数包括：

- 类型：定义护罩的形状，cone、clam 或 random；
- 长度；
- 质量；
- 弹道系数；
- 组成保护罩的装置个数；
- 抛射时间：整流罩抛离所需的时间，之后可以释放 RV；
- 抛射速度：整流罩抛离速度；
- 最小离轴角度：飞行器纵轴与保护罩飞行速度方向之间的最小角度；
- 最大离轴角度：飞行器纵轴与保护罩飞行速度方向之间的最大角度；
- 显示整流罩。

7.1.2.5　动力学选项

MDT 基于导弹的几何形状进行空气动力学计算,包括其前部区域、长度和级间的角度。MDT 使用的阻力计算算法是由 SAIC 开发的基于 MISSILE DATCOM、CFD 代码和高超声速空气动力学的经验。算法考虑了组合波阻、基础阻力和黏性阻力增量。界面如图 7 - 31 所示。

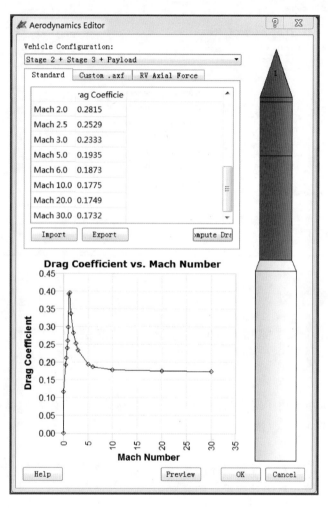

图 7 - 31　MDT 动力学设置

可配置参数包括级与有效载荷的组合,以及空气动力学数据。通过以下三种方式,可以设置导弹在不同马赫数下的大气阻力系数:

① 标准;

② 定制轴向力;

③ RV 轴向力。

7.1.2.6 热属性选项

"热属性"定义可使用 STK / EOIR 定义的导弹属性。在填充对象时,使用此工具定义的属性将通过 MFT 或 IFT 导出到 STK,允许对导弹或拦截器执行 EOIR 目标特性分析。该工具分为三个选项卡:导弹组件、导弹羽流和其他对象。界面如图 7 - 32 所示。

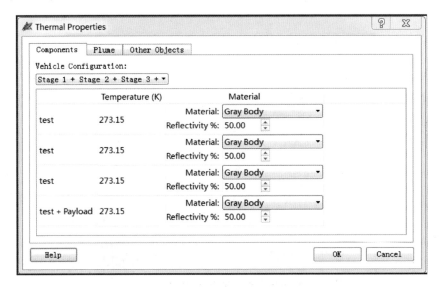

图 7 - 32 热属性设置

(1) 导弹组件

导弹组件(Components)选项卡用于定义级和有效载荷的 EOIR 属性,包括温度、材质、反射率等。

(2) 羽 流

羽流(Plume)选项卡用于定义级的 EOIR 属性,表示羽流的行为和属性。从选项卡左侧的列表中选择要编辑的级,包括:

- 羽流温度;
- 羽流宽度:羽流相对于导弹尺寸的宽度;
- 羽流高度:羽流相对于导弹尺寸的高度;
- on time delta:羽流开启时相对于导弹点火的时间;
- full time delta:羽流达到最大强度时相对于导弹点火的时间;
- diminished time delta:羽流强度开始减弱时相对于导弹点火的时间;
- off time delta:羽流关闭时相对于导弹点火的时间。

(3) 其他对象

"其他对象"选项用于定义其他对象的 EOIR 属性。从选项卡左侧的列表中选择要编辑的对象类型,可设置的参数包括:

- 温度;
- 材质类型;

● 反射率。

7.1.2.7 拦截性能曲线

拦截器性能曲线工具使用距离与高度曲线、时间与速度曲线来评估拦截器的性能。从"拦截器类型"下拉菜单中选择要评估的拦截器模型,如图 7-33 所示。

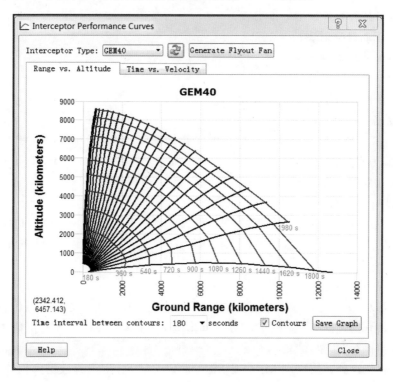

图 7-33 拦截性能曲线

为了形成性能曲线,至少需要计算 180 次飞行。"生成飞行扇区"按钮生成性能曲线,然后在绘图窗口中显示这些飞行的图形表示。拦截器模型必须先为其生成一个飞行扇区,然后才能在 IFT 中进行分析。

7.1.3 MDT 导入与导出

7.1.3.1 导入与导出导弹和拦截弹

MDT 支持三种目标数据格式:.mdt、.mis 和.int。.mdt 格式是 MDT 的原生格式。.mis 格式是导弹飞行工具(MFT)的原生格式,也可以用在拦截飞行工具(IFT)中来模拟弹道导弹。.int 格式是 IFT 的原生格式,用于模拟拦截器。要加载和保存这些文件,请使用"导入和导出文件"菜单命令。

【注】MFT7 和 IFT7 之前的版本不能使用 MDT 创建的.mis 文件。

(1) MFT 导弹

要导入 MFT 导弹,请单击"文件"菜单中的"从 MFT 导入",然后在出现的窗口中,浏览到

第 7 章

所需的 .mis 文件。MDT 将自动搜索并导入相关文件。

MFT 导弹由一组文件定义。主文件是<filename> .mis,它是 MDT 中引用这些文件的名称。此外,还有一些与主文件关联的其他文件:

- pay:用于有效载荷(如 PBV 和 RV);
- pen:用于从 RV 和 PBV 部署的其他对象;
- thr:用于某些导弹模型的推力表;
- mjt:用于质量喷射表;
- axf:用于轴向力表;
- rva:用于 RV 轴向力表;
- mmt:用于元数据,例如 EOIR 属性。

1) 修改新格式的 MFT 导弹

MFT 8.0 和 MDT 1.0 发布了一个新的导弹数据库。用户可以在 MDT 中编辑这些导弹,然后将它们另存为 MDT 文件,或将它们导出到 MFT。在导出从 MFT 导入的导弹模型时,请务必为其指定一个新名称,以免意外写入原始 MFT 模型。

2) 修改旧格式的 MFT 导弹

通过 MFT2.5.1 版本使用的较旧的 .mis 导弹模型几乎与新扩展数据库中对应的相同,但它们缺乏尺寸信息。如果导入这些导弹,则需要为导弹级和有效负载添加尺寸,以便在 3D 显示中查看它们。

3) 将导弹导出到 MFT

MDT 可以以 MFT 的 .mis 格式保存文件,以便使用 MFT 进行导弹弹道仿真。要以此格式保存导弹,请单击"文件"菜单中的"将导弹导出到 MFT",然后在出现的窗口中输入导弹的名称,然后单击"保存"按钮。

必须将导弹保存到首次启动 MFT 或 MDT 时定义的 MFT 导弹数据库位置;可以选择另一个位置来保存模型;但只有存储在初始数据库位置,才能在 MFT 中使用。MDT 将自动更新 MFT 模型数据库并将 .mdl 对象分配给导弹组件。

(2) IFT 拦截器

要导入 IFT 拦截器,请单击"文件"菜单中的"从 IFT 导入",然后在出现的窗口中,浏览到所需的 .mis 文件。MDT 将自动搜索并导入任何相关文件。

IFT 拦截器由一组文件定义。主文件是<filename> .int,它是 MDT 中引用这些文件的名称。此外,还有一些与主文件关联的其他文件:

- kv:用于杀伤飞行器;
- char:用于飞行扇区数据;
- grd:用于飞行扇区数据;
- out:用于飞行扇区数据;
- mmt:用于元数据,例如 EOIR 属性。

MDT 可以保存成在 IFT 中使用的 .int 格式,以便在 IFT 进行分析。导出拦截器到 IFT 命令将为拦截器生成一个飞行扇区,然后保存它。要在 IFT 中使用拦截器进行拦截,拦截器必须有一个飞行扇区。但是,创建飞行扇区可能需要很长时间。导出到 IFT(飞行扇区)命令将保存拦截器而不会在此时生成飞行扇区。

【注】拦截器必须保存到首次启动 IFT 时定义的 IFT 导弹数据库位置。

7.1.3.2　导入与导出 ACD 导弹

来自美国导弹防御局的对手能力文档(Adversary Capabilities Document,ACD)中的导弹信息通常伴随着 STAMP .mis,.pay,.pen 和相关文件形式的导弹定义。这些导弹可用于 MDT 和 MFT。ACD 的对手数据包(ADP-06)中的导弹在 MMT 8.1 中进行了测试。导弹的输出通过了 MDT 和 MFT 的测试。未来的 ACD 导弹也应该可用于 MDT 和 MFT。对于大多数导弹而言,将导弹导入 MDT 并将其重新输出到 MFT 是唯一需要的步骤。

要生成与 MFT 兼容的 ACD 导弹,需要执行以下步骤:

① 从 File 菜单中选择 Import from MFT 命令,将导弹加载到 MDT 中;

② 在 MDT 中修改导弹;

③ 从 File 菜单中选择 Export Missile to MFT 命令,将导弹导出为 MFT 格式。

7.1.3.3　命令行运行 MDT

可以使用名为 mdtapi 的实用程序从批处理程序、脚本或其他应用程序调用 MDT,该程序绕过 MDT 图形用户界面。每次运行该程序时,API 都会尝试确定射程、飞行时间、远地点和远地点时间;然后将这些值输出到命令行。此外,计算 MDT 中显示的四个图的数据点并将其放入输出文件中。

(1) 设置 mdtapi

mdtapi 程序安装在 Program Files 中 MDT 文件夹的 bin 文件夹中,文件名为 mdtapi.exe。在第一次使用 mdtapi 之前,用户必须先启动一次 MDT;MDT 必须正确建立导弹数据库目录,以及第一次启动时执行的任务。

(2) mdtapi 语法

mdtapi [-h] [9m filename | -i filename] [-s filename] [-o filename] [-e filename] [-t filename]

- -h:显示 mdtapi 可用选项的简要帮助说明。
- -m:处理指定的导弹设计工具导弹文件(.mdt)。此选项不能与-i 选项组合使用。弹道数据将显示在命令行中并保存到输出文件中。如果文件路径包含任何空格,则必须用引号括起整个路径。
- -i:处理指定的输入文件。此选项不能与-m 选项组合使用。弹道数据将显示在命令行中并保存到输出文件中。如果文件路径包含任何空格,则必须用引号括起整个路径。有关输入文件格式和用法的完整说明,请参阅本帮助页面的"输入文件"部分。
- -s:将已处理的.mdt 文件保存为指定的文件名。如果使用-i 选项,则文件将保存在与输入文件相同的文件夹中;如果使用-m 选项,则文件将保存在与源.mdt 文件相同的文件夹中。无论用户指定了什么扩展名,该文件都将被赋予.mdt 扩展名。
- -o:指定输出文件的名称。
- -e:输出导弹或拦截器;正确的类型由 mdtapi 确定,该类型的所有标准文件将使用输入的名称生成;此名称不能超过 10 个字符(不包括文件扩展名)。

● −t：指定包含文件名列表的文件的名称。列出的文件应该是导出的适当模板文件。此选项与−e 选项一起使用。如果省略−t，则使用默认的 U_Complete ＊文件。

（3）mdtapi 语法的示例

以下命令处理 test2.xml 输入文件并将修改后的导弹文件保存为 TestMissile2.mdt：

mdtapi−i"C：\ Documents and Settings \ jsmith \ My Documents \ Input Files \ test2.xml"−s TestMissile2.mdt

以下命令处理 TestMissile1.mdt 导弹文件并将输出文件保存为 TestMissile1Results.txt：

mdtapi−m"C：\ Documents and Settings \ jsmith \ My Documents \ Test Missiles \ TestMissile1.mdt"−o TestMissile1Results.txt

（4）输入文件

mdtapi 输入文件是一个 XML 文件，专门用于标识导弹模型文件并对其特定参数进行修改。该文件的第三行用于指定源导弹模型文件，所有后续行用于指定参数修改。要编辑各个阶段的参数，用户需要在单独的行上标识阶段编号，然后在其下面的行上标识所需的参数。如果导弹不使用 PVB，那么所有 PVB 线都应该被排除在文件之外。

（5）输入文件格式

其包含所有可用字段的输入文件的完整格式及其样例，见帮助文档。

7.1.4　MDT 仿真实例

该实例可帮助熟悉 MDT 的使用流程。

7.1.4.1　创建导弹

新导弹创建向导允许用户通过几个简单步骤定义基本导弹模型。下面以创建弹道导弹为例进行说明。

① 依次单击 File→New From Wizard，选择"创建新导弹"或"创建新拦截器"，如图 7−34 所示。

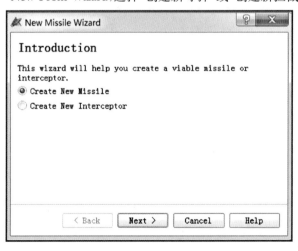

图 7−34　导弹创建流程图

② 对于弹道导弹,定义有效载荷质量和构成导弹的导弹级数。使用向导创建的导弹的有效载荷具有单个 RV、没有 PBV、整流罩或其他物体,如图 7-35 所示。

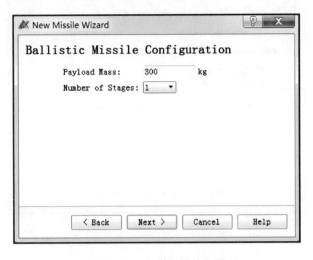

图 7-35　导弹创建流程图

③ 通过单击与所需级别对应的数字,为导弹选择技术级别。每个级别定义了级的推进剂质量比和它能够实现的特定冲量,如图 7-36 所示。

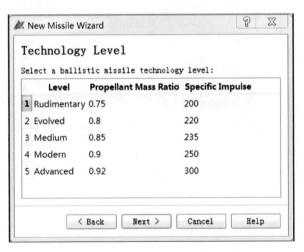

图 7-36　导弹创建流程图

④ 输入性能参数,对于弹道导弹,从 Maximum Range、Total DeltaV、BurnoutVelocity 中进行选择,如图 7-37 所示。

这样,就创建了一枚弹道导弹。

7.1.4.2　初级案例

在本练习中,将创建一个新导弹,并检查其基本性能,然后将其保存在".mdt"文件中。

① 启动 MDT。

② 找到 Catalog 窗口,如图 7-38 所示。

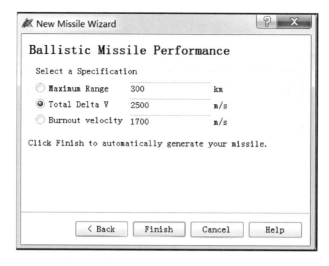

图 7-37 导弹创建流程图

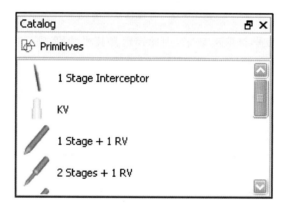

图 7-38 Catalog 窗口

③ 在 Catalog 窗口中左击 Stage 组件,然后将其拖动到 3D 模型显示区域,如图 7-39 所示。

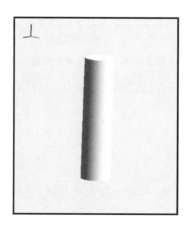

图 7-39 3D 模型

④ 在 Catalog 窗口中左击 RV 组件,然后将其拖动到 3D 模型显示区域。

⑤ 找到 Quick Look Plots 窗口,单击🔁按钮,如图 7 - 40 所示。

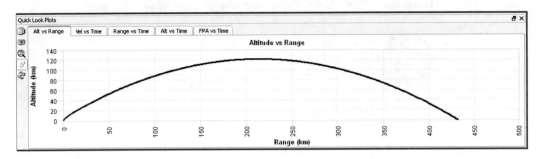

图 7 - 40　快速查看窗口

⑥ 单击 5 个绘图选项卡中的每一个,以查看导弹性能的不同图表。MDT 没有使用高精度轨迹模拟器进行计算;相反,它可以快速简单地计算导弹的性能来确定每个绘制特征的近似值。该估计通常在精确值的 10% 范围内,可以通过将导弹模型导入 MFT 来计算。

⑦ 单击 ✎ 按钮,以便在更改导弹设计时自动刷新绘图。

⑧ 找到 Test 窗口,如图 7 - 41 所示。

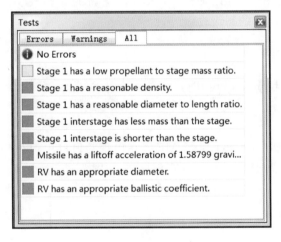

图 7 - 41　Test 窗口

【注】表中"绿色"表示相应项通过测试验证,"黄色"项警告说明级的推进剂质量偏低,可能导致导弹性能不佳。

⑨ 找到 Mass Fractions 面板,它包含一个饼图和导弹图片,如图 7 - 42 所示。

【注】此面板表明导弹的一级约 70% 是推进剂质量,30% 是结构质量。对于小型火箭或短程导弹来说,这个比例比较差;而对于远程导弹来说,比例达到 85/15,比较好。

⑩ 再次选择"快速查看图"窗口,然后选择"高度与射程"图。该图显示了由 MDT 计算的快速估计轨迹所达到的最大射程。

⑪ 在向导工具栏上 ▤ ✎ 🖾 ↧ ◂ ,选择 ✎ 按钮打开级的编辑器页面。

⑫ 假设可以对导弹进行优化设计,可以添加更多的推进剂。首先,在导弹长度字段中设置为 6 m。然后,在推进剂质量中,将值从 4 200(kg)更改为 6 000(kg)。

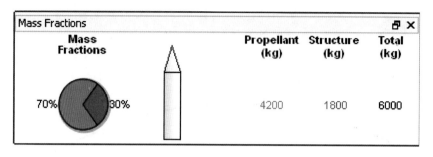

图 7-42　Mass Fractions 窗口

⑬ 当然,导弹尺寸加长导致结构质量增加。因此,将 Empty Stage Mass 字段的值从 1 800 kg 更改为 1 900 kg。保存更改,单击"确定"按钮。

⑭ 导弹的 3D 绘图和性能图将立即改变。注意,快速查看图中显示的新导弹射程已降至约 150 km。

⑮ 在"测试"窗口中,注意到推进剂警告已被"绿色"验证结果替换,并且"质量比例"窗口中显示的推进剂分数已增加到 76%。

⑯ 通过从"文件"菜单中选择"保存"来保存此新模型。

保存导弹模型并关闭,就可以加载、导入或创建新的导弹模型。关于在 MDT 中使用 MFT 的更多信息,尝试下面的高级教程。

7.1.4.3　高级案例

本教程将完成 MFT 格式(.mis)的导弹模型导入 MDT,并对其进行编辑以满足特定分析需求的过程。

① 启动 MDT。

② 从 File 菜单中选择 Import from MFT,在出现的窗口中,找到并选择 SRM_4.mis 导弹模型,然后将其打开。SRM-4 是一种短程导弹,如图 7-43 所示。

图 7-43　短程导弹示意图

③ 打开文件后,MDT 会向用户显示一条警告,通知用户使用从 MDT 导出的版本在覆盖.mis 文件时可能会导致数据丢失。为了避免意外的结果,立即用新名称保存导弹。从"文件"菜单中选择"另存为",输入新名称 SRM4custom,然后单击"保存"按钮。注意,导弹以

. mdt 格式保存,而不是. mis。

④ 检查"快速查看"窗口。这枚小型导弹高约 6 m,射程约 200 km。

⑤ 在 Mass Fractions 窗口中检查导弹阶段的推进剂部分,注意推进剂质量小于一级质量的 70%。

⑥ 假设需要模拟的导弹比这个标准模型更好。单击向导工具栏上的 按钮,打开 Stage 编辑器,并进行以下更改:

(a) 将 Stage 长度设置为 5.2 m。

(b) 将 Stage 直径设置为 0.82 m。

(c) 要在导弹上增加小型适配器,请将 InterStage Length 设置为 0.12 m,将 InterStage Diameter 设置为 0.8 m,将 InterStage Mass 设置为 36 kg。

(d) 将 Empty Stage Mass 设置为 650 kg,将 Stage Propellant Mass 设置为 3 150 kg。

(e) 根据导弹使用的压力液体推进剂的经验,当发动机关闭时,预计约有 4% 的初始推进剂(大约 126 kg)留在导弹中。因此,需要将 Stage Propellant Mass 减少 126 kg,即 3 024 kg,将 Empty Stage Mass 相应增加至 776 kg。

(f) 要将推进剂质量的变化等价为导弹的推进性能,单击"推进"选项卡,然后单击"计算"按钮,将出现 MDT 计算器窗口。

目前,"质量流量"部分显示"开始燃烧率"远高于"结束燃烧率"。但在实际中,更可能的是大致恒定的燃烧速率。要更正此问题,请在"结束燃烧率"字段中输入"平均燃烧率"字段中显示的值(应该大约为 75.6 kg / s)。

⑦ 如果用户无法在 3D 显示区域中看到所有导弹,请单击"视图"工具栏上的 按钮或按 F6 键。在 Mass Fractions 窗口中单击 Stage,然后找到 Properties 窗口,如图 7 - 44 所示。

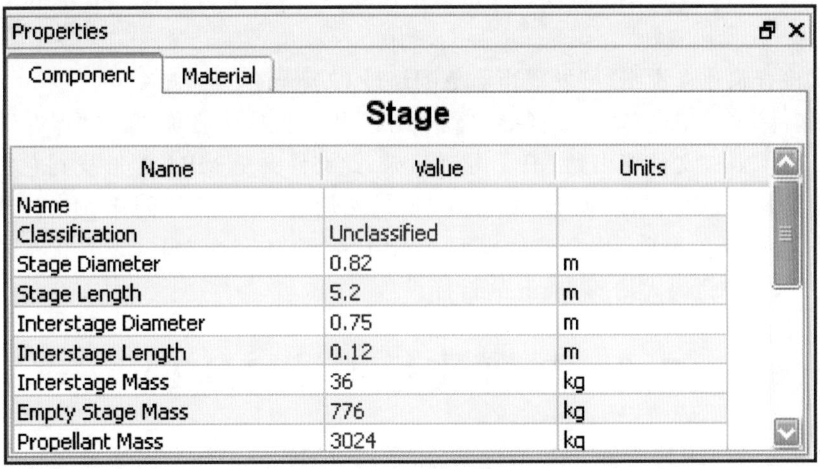

图 7 - 44　Properties 窗口

通过向下滚动属性列表,应该能够看到名为"近似密度"(Approximate Density)的参数,其值为"液氧-铝"。根据体积、推进剂类型和质量,MDT 计算得出与所得密度最一致的推进剂类型。这只是一个供考虑的设计检查,并不会覆盖任何其他阶段参数。

⑧ 接下来将调整导弹的有效载荷。SRM4 有效载荷为 1 200 kg。如要更改它,请单击

向导工具栏上的按钮以打开有效载荷编辑器。单击 RV 选项卡,可修改 RV 的质量。

⑨ 由于已经更改了有效载荷的质量,因此可以假设它的弹道系数或 beta 是不同的,可以手动输入 Beta @ Mach 20 的新值。

⑩ 检查快速查看图。射程已增加到近 550 km。如果需要的射程更大,扩大射程的一种方法是改变导弹的制导模式,目前导弹使用固定仰角制导模式。

⑪ 单击向导工具栏上的 按钮打开制导编辑器。目前导入的导弹定义的仰角可能设计用于更小的射程和更高的空气阻力。在该模型中,由于有效载荷较轻,推进剂比例较大,导弹很快就会逃离大气层。因此,尝试尽快降低仰角,将"开始角度"从 89.999 9°更改为 80°,然后单击"确定"按钮。检查快速查看图并注意到,仅仅改变发射角度就会略微增加该导弹的最大射程。

⑫ 返回 Guidance Editor 并选择 Pitch Plots 选项卡。在底部的"仰角文件"表中,单独保留"持续时间"列,但将所有"俯仰角度"值按升序更改为 28,31,35,38,42,45。这些变化将导弹导向 45°的飞行路径角度。单击"确定"按钮,检查"快速查看"图。观察到导弹射程进一步增加,大约 580 km。

⑬ 单击"保存"按钮保存导弹设置。尝试通过试验各种引导参数来获得更多的射程,例如发射角、发射角所用的时间、俯仰段的持续时间以及各种俯仰角。也可以尝试更换冷启动,并从弹簧或气管发射器每秒增加几米。

⑭ 完成实验后,从上一步开始时保存的版本重新加载导弹。

⑮ 要达到所需的射程,需要采取极端的措施。打开 Stage Editor,在 Diameter and Mass 选项卡上的"推进剂质量"字段中,将值从 3 024 更改为 3 274(添加 250 kg 推进剂)。要更新其余的推进值,请再次单击"推进"选项卡上的"计算"按钮,并将"结束燃烧速率"设置为与新的"平均燃烧速率"相匹配。单击"确定"按钮退出计算器,然后单击"确定"按钮退出 Stage Editor。

⑯ 再次检查快速查看图,可发现当前范围超过 670 km。

⑰ 从"文件"菜单中选择"将导弹导出到 MFT"并接受默认名称,单击"保存"按钮。默认情况下,MDT 将 .mis 文件导出到 MFT 导弹目录,此文件夹是 MFT 能够找到它的唯一位置。

⑱ 要验证用户的工作,启动 STK,创建场景,然后启动 MFT。创建 MissileSystem 并打开"属性"窗口,加载在 MDT 中创建的模型。使用"射程/方位角"模式设置正东发射(方位角为 90°),并尝试击中距离大约 600 km 的目标。

7.2 导弹飞行工具(MFT)

导弹飞行工具(MFT)是 MMT 的一部分,是由 SAIC 公司开发的导弹飞行弹道模拟器,MFT 能够提供生成多级导弹轨迹的能力,并可导入到 STK 中。MFT 通过定义导弹的发射点、落点、轨迹类型来生成弹道轨迹和飞行数据;MFT 提供了一套非保密的导弹数据库,代表了各种导弹类型和性能。

MMT 9.2.3 套件引入了与 STK / EOIR 的兼容性:

① 在 MFT 中定义的导弹 EOIR 属性,当导入到 STK 中时,场景会自动创建对象的 EOIR 属性;

② 包含在 MFT 数据库中的导弹已更新为包含 EOIR 属性;

③ Export Manager 已更新,可以将飞行弹道导出为独立的导弹对象,而不是作为 Missil-eSystem 的子对象。

7.2.1　MFT 界面

MFT 的界面如图 7 - 45 所示。

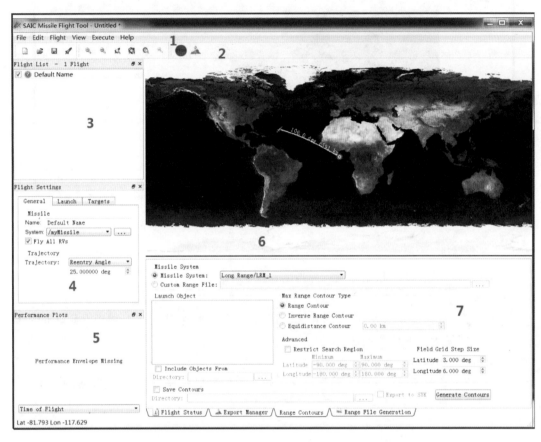

图 7 - 45　MFT 界面

7.2.1.1　菜　单

重点介绍 MFT 特有的功能,包括以下几种。

(1) 文　件

在文件菜单中包含了重新加载导弹 (Reinstall Default Missile)和运行导弹管理器(Run Missile Manager)的功能。其中,运行导弹管理器功能详见 7.2.2.4 小节。

(2) 编　辑

设置 MFT 的外观显示和行为。其中,Verbose STK Mode 行为指的是当 MFT 和 STK 交互时,在 STK 消息栏中显示的消息。可以在 Preference 窗口对显示效果进行定制,如图 7 - 46 所示。

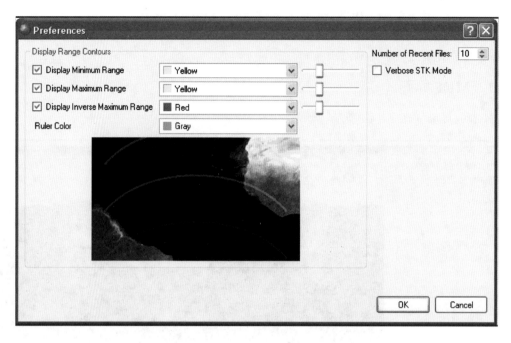

图 7 - 46   MFT 的 Preference 窗口

（3）飞行弹道

其包含用于创建、复制和删除飞行弹道的命令。

1）New Flight

创建新的飞行弹道。当 World Map 放大到局部区域时，创建的飞行弹道在地图的中央；否则，将从经纬度为 0 的位置创建。

2）Random Spread

定义其他 RV 距离第一个 RV 目标之间的距离。如果已知导弹的 PVB 轨迹，则提供了一种不需要精确测量、快速释放 RV 的方法。界面如图 7 - 47 所示。

图 7 - 47   Range 窗口

（4）视 图

用于更改布局和显示的功能。

（5）执 行

● Current Flight：计算和验证当前选择的飞行轨迹是否正确。其中在 Flight Status 中会给出执行结果。

- Checked Flights:计算和验证所有的飞行轨迹是否正确。其中在 Flight Status 中会给出执行结果。

(6)帮 助

MFT 的帮助文档和其他资源的访问。

7.2.1.2 工具栏

(1)文档工具栏。

- 新建。
- 打开。
- 保存。
- 创建新飞行弹道,与菜单项 New Flight 一致。

(2)缩放工具栏

- 放大。
- 缩小。
- 缩放到导弹:调整地图中心和缩放级别,显示当前所选的导弹弹道。
- 缩放到所有导弹:调整地图中心和缩放级别,显示当前项目中所有的导弹弹道。
- 缩放到目标:调整地图中心和缩放级别,显示当前所选导弹的打击目标。如果导弹有多个 RV,则需设置缩放级别,以便全部目标都在视场中。
- Zoom Extents:将视图恢复为整个世界地图的默认视图。

(3)STK 工具栏

- 停止执行:停止当前正在执行的弹道模拟。
- 与 STK 同步。

7.2.1.3 飞行列表

Flight List(飞行列表)窗口显示当前项目中的导弹飞行及其模拟飞行状态,如图 7 - 48 所示。

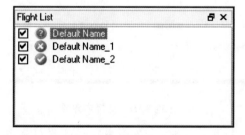

图 7 - 48 Figure List 窗口

- ❓该飞行弹道尚未模拟,或参数已更改。
- ✅该飞行弹道模拟飞行正常。
- ❌该飞行弹道模拟飞行失败。

7.2.1.4 飞行设置

Flight Settings(飞行设置)窗口用于定义导弹飞行的基本要素,包括导弹系统、发射场和打击目标。该窗口包含三个选项卡:常规、发射点和目标。

(1) General

定义导弹飞行的基本参数,如图 7 - 49 所示。

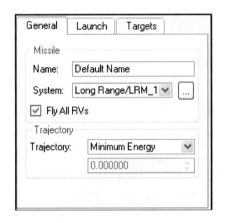

图 7 - 49　General 窗口

其中,导弹类型及其参数具体值如图 7 - 50 所示。

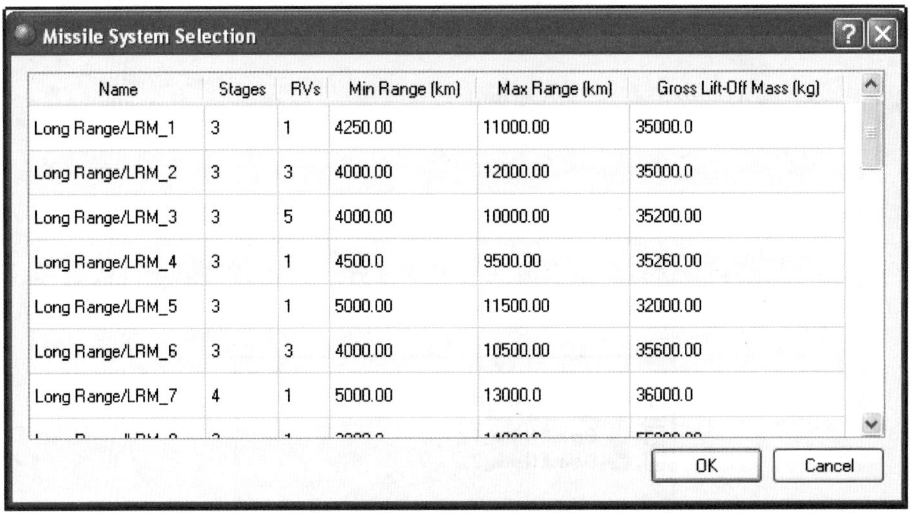

Name	Stages	RVs	Min Range (km)	Max Range (km)	Gross Lift-Off Mass (kg)
Long Range/LRM_1	3	1	4250.00	11000.00	35000.0
Long Range/LRM_2	3	3	4000.00	12000.00	35000.0
Long Range/LRM_3	3	5	4000.00	10000.00	35200.00
Long Range/LRM_4	3	1	4500.0	9500.00	35260.00
Long Range/LRM_5	3	1	5000.00	11500.00	32000.00
Long Range/LRM_6	3	3	4000.00	10500.00	35600.00
Long Range/LRM_7	4	1	5000.00	13000.0	36000.0

图 7 - 50　MFT 选择内置导弹

该表包括 32 枚 MFT 提供的导弹,以及用户在导弹设计工具(MDT)中创建并导出的导弹。

1) Fly All RVs

如果选中,MFT 将模拟导弹有效载荷中所有 RV 的飞行;否则,只会模拟第一个 RV。此控制对单个 RV 导弹没有影响。

2) Trajectory

定义生成导弹轨迹的类型和参数。有些参数针对特定的制导系统才具备,不同射程可选择的弹道生成类型也不同,参数主要包括:

- 飞行时间(Time of Flight):从发射到打击目标的飞行时间;
- 再入角度(Reentry Angle):指定再入角度;
- 远地点高度:指定弹道的最大高度;
- 远地点最高点(Maximum Loft):选择使用最大能量到达目标的轨迹,在实现打击目标的同时能够达到的最大远地点;
- 最小能量(Minimum Energy):选择使用最小能量到达目标的轨迹。

指定参数(Specified:定制导弹的轨迹参数,或者在目标模式设置为 Range/Az 时使用。指定的参数不同,在"性能曲线"中会给出不同的结果。

(2) Launch

定义导弹飞行的发射点位置,如图 7-51 所示。

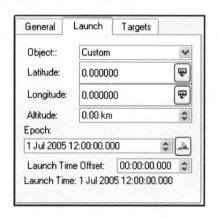

图 7-51　Launch 窗口

(3) Targets

定义 RV 打击的目标位置。如果要模拟多个 RV,则会显示多个 RV 设置标签,如图 7-52 所示。

可以选择 Lat/Lon 或 Range/Azimuth 模式。其中在 Range/Azimuth 模式下,可以选择 Minimum 将目标设为导弹的最小射程,Maximum 可将其设为最大射程或 Specified,可在 Range 字段中手动输入距离。选择 Specified 时,由于地球自转的原因,实际飞行方位角可能与目标方位角不同。

7.2.1.5　性能曲线

性能曲线(Performance Plot)窗口显示"飞行设置"窗口中导弹的性能图表,如图 7-53 所示。

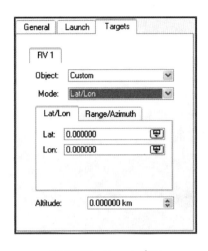

图 7-52 Targets 窗口

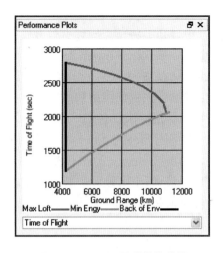

图 7-53 MFT 导弹性能曲线

7.2.1.6 飞行状态

"飞行状态"窗口显示当前正在执行模拟飞行的结果。该窗口包含两个选项卡：摘要信息和详细信息，如图 7-54、图 7-55 所示。

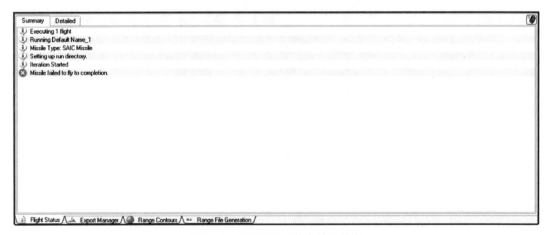

图 7-54 MFT 飞行状态摘要信息

7.2.1.7 世界地图

世界地图(World Map)用于显示当前定义的导弹飞行。地图可交互，可以编辑导弹发射位置和打击目标点位置。飞行弹道通过黄色大圆弧连接，并以它们之间的距离和方位角进行注释。

- 最小攻击范围：由细黄线表示，在此范围内的目标不能打击。
- 最大攻击范围：默认情况下，由中等或宽黄色线条表示，具体取决于 Range 文件的可用性；当没有 Range 文件与导弹关联时，会显示宽轮廓，但不精确。导弹不能击中超出最大射程的目标。

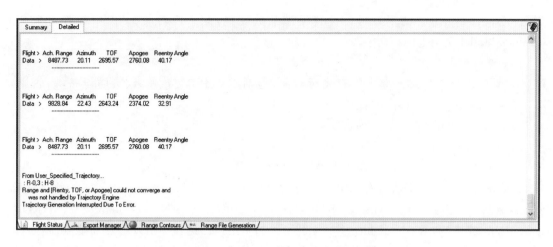

图 7-55　MFT 飞行状态详细信息

- 反向最大射程:是距离打击目标最远可放置发射点的位置,默认情况下用中等或宽的红色线条表示,取决于 Range 文件是否可用。导弹的发射点不能放置在反向最大射程范围之外,否则导弹将无法击中目标。
- 距离文件:由扩展名".rng"指定,包含考虑地球自转的精确距离数据。MFT 中包含的所有导弹文件都具有与之关联的 Range 文件。在导弹设计工具(MDT)中生成的导弹没有 Range 文件;如果希望 MFT 能够显示精确的范围轮廓,则需要在 MFT 中使用"Range 文件生成"实用程序为这些导弹创建距离文件。详见 7.2.2.5 小节"Range 文件"。

7.2.1.8　输出管理

输出管理(Export Manager)用于将飞行弹道输出到 STK,可以查看飞行仿真结果,并从中选择导出到 STK,如图 7-56 所示。

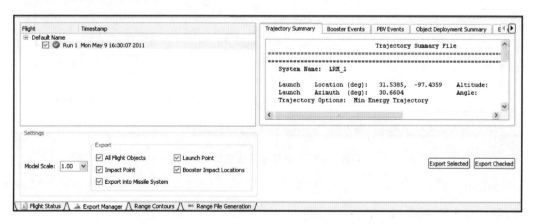

图 7-56　输出窗口

Export Manager 包含多个选项卡:Trajectory Summary、Booster Events、PBV Events、Object Deployment Summary 和 Execution Details。每个标签显示有关导弹飞行部分的输出

数据。Export Manager 的下方可以设置模型缩放比例，此字段对应 STK 中导弹对象 3D Graphics-Model 页面上的相同字段。

设置选择如下：

① All Flight Objects：导出所有飞行对象，包括 RV、PBV、导弹级、突防设备等；否则，MFT 只导出从发射点到落点的弹道。

② Launch Point：输出飞行弹道发射点。

③ Impact Point：输出飞行弹道的落点。

④ Boost Impact Location：输出助推器的落点位置。

默认情况下，MFT 会将所有选定的飞行对象导出为导弹对象。STK 中的飞行物体名称包括 L2I(从发射点到落点)、MSL♯、STG♯、PBV♯、PEN♯、CAN♯(canister♯)、SHRD♯(ascent shroud♯)和 RV♯(reentry vehicle♯)。如果用户已选择导出发射点和落点，则 STK 将为发射点创建 Facility，并为落点(Stage 和 RV)创建 Target。选择导出到 MissileSystem 作为 MFT 创建的导弹对象的容器。

7.2.1.9 射程等值线

Range Contour(射程等值线)窗口用于以 AreaTarget 对象的方式定义和输出导弹射程等值线到 STK，如图 7-57 所示。

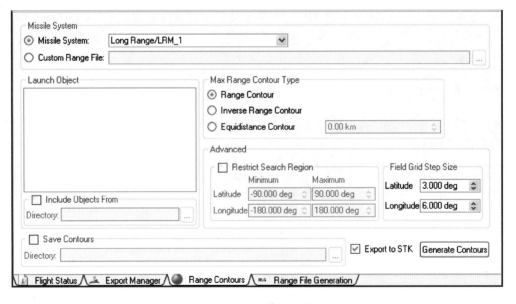

图 7-57 射程等值线窗口

(1) Missile System

选择导弹，定义轮廓。

(2) Custom Range File

自定义射程文件。

（3）发射对象

Launch Object 区域显示当前 STK 中的对象列表,可以选择这些对象定义发射点的射程等值线。

（4）轮廓类型

Max Range Contour Type 最大范围轮廓类型：

- Range Coutour：距离轮廓；
- Inverse Range Contour：反向距离轮廓；
- Equidistance Contour：等距离轮廓。

（5）高　级

- 限制搜索区域：选择生成距离轮廓的限制区域。
- 网格大小：生成距离轮廓的步长大小,最小值为 1°。

（6）导出和保存控件

- 输出到 STK：将轮廓导出到 STK 作为区域目标对象。
- 生成轮廓按钮：单击生成轮廓。

7.2.1.10　射程文件生成

射程文件包含导弹最大攻击距离的信息,用于生成 World Map 上显示的射程等值线。射程文件与导弹具有相同的名称,扩展名为".rng"。射程文件生成窗口显示 MFT 可用的所有导弹,并标示它们是否具有与之关联的射程文件,同时还可以生成射程文件,如图 7-58 所示。

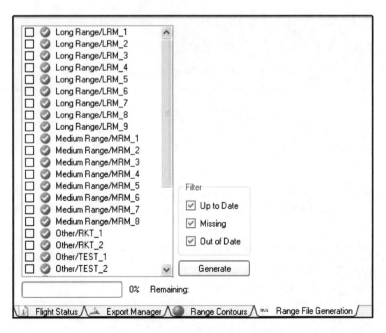

图 7-58　MFT 距离文件生成窗口

窗口左侧为导弹列表,每个导弹旁边都有一个复选框和一个状态图标。选中一个复选框,将为标记导弹生成一个新的射程文件。要为所有已检查的导弹生成射程文件,请单击 Generate 按钮。范围文件保存到与生成它们的导弹文件相同的目录中,并且在状态栏中可以显示文件的生成进度。

【注】在 MFT 中模拟导弹飞行不需要射程文件,它们专门用于定义射程轮廓。

7.2.2 导弹数据库

MFT 可以使用三种导弹模型来源:

- 使用 MFT 安装的模型;
- 使用 MDT 设计和导出的模型;
- 使用导弹防御局(MDA)的对手能力文档(ACD)模型。

(1) MFT 提供的代表型号

MFT 2.5.1 提供了 11 枚导弹,代表了各种导弹能力。所有这些例子都是通用的,并不是基于任何现有系统,它们足以代表目前世界上存在的导弹类型。

(2) MDT 模型

MDT 允许创建现有导弹模型的修改设计,在 MDT 中设计的导弹模型可以导出为 MFT 支持的格式。

(3) ACD 模型

美国导弹防御局的对手能力文件(ACD)可以通过 MDT 读取并格式化为 MFT 中的导弹模型。

7.2.2.1 MFT2.5.1 中的导弹类型

表 7 - 7 列出并描述了 MFT 2.5.1 提供的导弹类型。

表 7 - 7 MFT 中的导弹类型

导弹名称	说 明
LRM_1—11000	洲际弹道导弹,最大射程约 11 000 km。三级导弹和一个 PBV。采用俯仰引导
LRM_2—12000	ICBM,最大射程约 12 000 km。三级导弹和一个有 3 个 RV 的 PBV,用偏航机动来实现小于最大值的范围
LRM_3—10000	最大射程约 10 000 km。三级导弹和一个有 5 个 RV 的 PBV。采用推力终止引导
MRM_1—2500	中程导弹,最大射程约 2 500 km,采用 Fly—the—Wire(FTW)引导,并对小于最大打击范围的目标采用推力终止
MRM_2—5000	中程导弹,最大射程约 5 000 km。二级导弹一个 RV,采用初始俯仰引导
MRM_3—7000	中程导弹,最大射程约 7 000 km。二级导弹一个 RV,配备了姿态控制系统(ACS),用于分离后的 RV 定向控制。采用推力终止引导
SRM_1—400	一种短程非分离导弹,最大射程约 400 km,导弹一级和一个 RV 不可分离,采用推力终止和轨道的固定仰角制导,在过远地点后采用升力机动
SRM_2—700	射程最远约 700 km 的短程导弹,导弹一级和一个 RV,采用 FTW 制导

续表 7-7

导弹名称	说　明
SRM_3-1500	短程导弹,最大射程约 1 500 km。导弹一级和一个 RV,配备了姿态控制系统(ACS),用于分离后的 RV 定向控制。它采用 FTW 制导
RKT_1-300	一种简单的轨道发射火箭系统,其范围通过调整发射角度,最大射程约为 300 km。导弹一级和一个 RV 不可分离
TEST_1-500	轨道发射测试火箭,最大射程约 500 km,导弹二级和一个 RV

7.2.2.2　MFT7.1 中的导弹类型

随着软件的升级,MFT 高版本提供了所有 32 种类型导弹,详细内容见表 7-8。

表 7-8　MFT 中的导弹类型

	导弹名称	最大射程	弹头数	导弹级数	助推级关机时间/s	制导方式	载荷质量/kg	起飞质量/kg	PBV 或 ACS?	集族弹头	其他特性
远程导弹	LRM_1	11000	1	3	190	Pitch	1 000	35 000	PVB	否	
	LRM_2	12 000	3	3	190	Yaw	1 000	35 000	PVB	否	
	LRM_3	10 000	5	3	190	TTVL	1 400	35 200	PVB	否	
	LRM_4	9 500	1	3	160	TTVL	1 250	35 250	PVB	是	集簇弹头分导时间相同
	LRM_5	11 500	3	3	180	Pitch	900	32 000	PVB	是	集簇弹头分导在 4 个不同方向
	LRM_6	10 500	1	3	190	TTVL	1 600	35 600	PVB	是	集簇弹头分导时间相同
	LRM_7	13 000	1	4	205	TTVL	980	36 000	否	否	
	LRM_8	14 000	1	2	285	TTVL	900	55 000	否	是	气球
	LRM_9	15 000	1	2	285	TTVL	2 800	187 300	ACS	否	重新定向
中程导弹	MRM_1	2 500	1	1	140	FPP	1 500	70 000	否	否	
	MRM_2	5 000	1	2	180	IMP	1 000	60 000	否	否	
	MRM_3	7 000	1	2	230	TTVL	1 000	80 000	否	否	
	MRM_4	4 000	1	2	190	FPP	1 160	42 660	否	否	
	MRM_5	3 000	1	1	150	FPP	1 600	69 600	否	否	弹药
	MRM_6	6 000	1	2	160	FPP	1 100	47 800	否	是	诱饵
	MRM_7	5 500	1	2	156	FPP	1 300	46 200	否	否	重新定向
	MRM_8	8 000	1	3	160	TTVL	1 250	35 250	否	否	

第 7 章

续表 7-8

	导弹名称	最大射程	弹头数	导弹级数	助推级关机时间/s	制导方式	载荷质量/kg	起飞质量/kg	PBV或ACS?	集族弹头	其他特性
短程导弹	SRM_1	400	1	1	70	FPPAE	1 000	7 000	否	否	
	SRM_2	700	1	1	70	FPP	500	7 000	否	否	
	SRM_3	1 500	1	1	90	FPP	1 500	36 500	否	否	
	SRM_4	150	1	1	40	FPP	1 200	4 400	否	否	
	SRM_5	250	1	2	37	FPP	850	3005	否	否	
	SRM_6	350	1	1	68	IMP	1 100	7 100	ACS	否	重新定向
	SRM_7	300	1	1	65	FPP	1 150	6 850	否	否	
	SRM_8	1 000	1	1	82	FPP	1 250	8 650	否	是	诱饵
	SRM_9	1 700	1	2	132	TTVL	975	11 275	ACS	否	弹药/重新定向
	SRM_10	800	1	1	72	TTVL	700	7 200	否	否	
	SRM_11	500	1	2	62	FPP	1 175	5 975	否	是	诱饵
火箭	RKT_1	300	1	1	35	VLA_L	500	4 700	否	否	
	RKT_1	150	1	1	30	VLA_D	800	3 900	否	否	弹药
测试导弹	TEST_1	500	1	2	37	VLA_L	350	2 505	否	否	
	TEST_1	780	1	3	102	VLA_L	349	3 030	否	否	

【注】LRM_1,2,3、MRM_1,2,3、SRM_1,2,3、RKT_1 和 TEST_1 导弹在功能上与 MFT 2.5.1 提供的 11 枚导弹相同。缩略语含义是：

- Pitch:弹道面内俯仰机动；
- Yaw:非弹道面内偏航机动；
- TTVL:推力终止,可变 Loft；
- FPP:固定俯仰文件；
- IMP:初始导弹程序转弯；
- FPPAE:固定俯仰、气动扩展；
- VLA_L、VLA_D:可变 Loft 角,Lofted or Depressed sub-range method。

另外,需要注意的是:LRM_5 导弹具有制导算法,该算法可能导致模拟迭代困难,甚至可能无法收敛;SRM_1 导弹的 Trajectory Mode 必须选择为 Specified 模式。

7.2.2.3 制导类型

MFT 导弹制导类型见表 7-9,其中描述了 MFT 中包含的导弹系统采用的各种制导类型。

表 7 - 9　MFT 制导类型

类　型	初始上升段	初制导机动	中制导程序	末制导/弹道 管理技术	弹道类型	备　注
Pitch	以初始发射角飞行固定时间	以指定的仰角速率机动,机动时间取决于射程,确定弹道射面和最高点	重力转弯,某种姿态保持,或两者兼有	通过 1～2 次的俯仰机动的能量消耗实现射程控制	• 再入角 • 飞行时间 • 远地点 • 最大 Loft • 最小能量	推进到燃料耗尽
Yaw	以初始发射角飞行固定时间	以指定的仰角速率机动,机动时间取决于射程,确定弹道射面和最高点	重力转弯,某种姿态保持,或两者兼有	通过偏航机动消耗能量实现射程控制。导弹初始偏离目标,在助推阶段转向真正的目标点	• 再入角 • 飞行时间 • 远地点 • 最大 Loft • 最小能量	推进到燃料耗尽
TTVL	以初始发射角(通常为90°)飞行固定时间	以指定的仰角速率机动,机动时间取决于射程,确定弹道射面和最高点	重力转弯,某种姿态保持,或两者兼有	末段截止时间达到预期射程	• 再入角 • 飞行时间 • 远地点 • 最大 Loft • 最小能量	无
FPP	以初始发射角飞行固定时间	执行预定的固定仰角控制,该控制可以由具有不同仰角和时间的若干段组成	整个飞行继续执行俯仰控制段	末段截止时间达到预期射程	• 最大 Loft • 最小能量 • 指定	发射点和目标点唯一地确定弹道形状
IMP	以初始发射角飞行固定时间	调整初始仰角的大小和方向,以便导弹飞行到所需的目标点	重力转弯	无	• 最大 Loft • 最小能量 • 指定	推进到燃料耗尽,任务给定射程只有一条轨迹
FPPAE	以初始发射角飞行固定时间	执行由多个不同仰角、持续时间的预定的、固定仰角控制	重力转弯,某种姿态保持,或两者兼有	末段截止时间达到预期射程,气动升力可用于扩展射程	指定	弹道模式必须设置为 Specified,才能模拟此种方式
VLA_L VLA_D	导弹在离开导轨时开始重力转弯。发射角度决定了射程	无	无	无	• 最大 Loft • 最小能量 • 指定	燃料耗尽推力终止,通过增大或缩小发射角度,调整射程

第 7 章

7.2.2.4　导弹管理器

导弹管理器用于组织导弹数据库,编辑 3D 模型,并与他人共享定制导弹模型。图 7 - 59 所示为导弹管理器窗口。

(1) 共享导弹

共享数据库中的模型,选择导弹并单击 Export Missile 按钮。导弹管理器会将所有独立

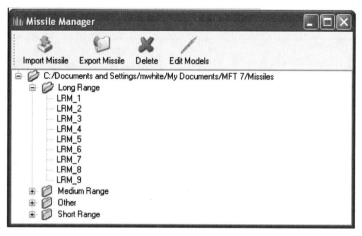

图 7-59　导弹管理器窗口

导弹文件打包成一个扩展名为".CMA"的压缩文件。单击 Import Missile 按钮可将".CMA"文件添加到导弹数据库中。

(2) 编辑 3D 模型

单击 Edit Models 按钮可在打开的界面中编辑当前所选导弹的 stk_model_matrix 文件。此文件定义 STK 3D 图形窗口中导弹的显示。在 Model Edit 窗口中,文件包括不同导弹组件的选项卡,每个选项卡最多显示 6 个独立的显示组件。图 7-60 所示为 3D 模型编辑窗口。

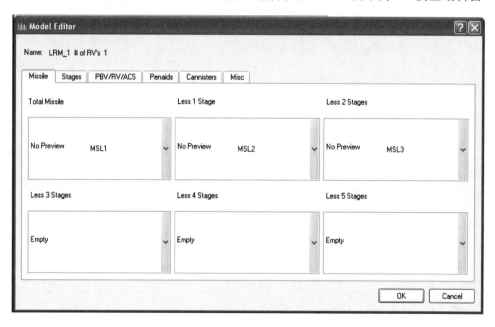

图 7-60　3D 模型编辑窗口

7.2.2.5　射程文件

射程文件(.rng)由纬度、方位角以及相应的最大地面距离组成。通过在该表上插值,MFT 可以确定在给定纬度和飞行方位角时精确的最大地面距离。在绘制世界地图中的距离轮廓以及将距离轮廓导出到 STK 时,将使用此信息。该文件的行格式如图 7 - 61 所示。

射点纬度	方位角	距离	保留值	保留值
0.000000	0.000000	11360.466011	999.0	999.0
0.000000	15.000000	12089.692732	999.0	999.0
0.000000	30.000000	12902.034653	999.0	999.0
0.000000	45.000000	13680.257037	999.0	999.0
0.000000	60.000000	14372.771502	999.0	999.0
0.000000	75.000000	14871.520568	999.0	999.0
0.000000	90.000000	15316.310000	999.0	999.0
0.000000	105.000000	14871.520568	999.0	999.0

图 7 - 61　射程文件格式

7.2.3　命令行运行 MFT

使用 runmft 工具从批处理程序、脚本或其他应用程序中调用 MFT,绕过 MFT 图形用户界面,runmft 通常读取文本文件,该文件包含控制指令。

(1) 设置 runmft

runmft 安装在 Program Files 中 MFT 文件夹的 bin 文件夹中,文件名为 runmft. exe。需要执行以下操作之一才能访问:
- 将 bin 文件夹的路径添加到 Windows Path 环境变量中。
- 将 runmft. exe 和 QtCore4. dll 复制到要运行 MFT 的文件夹中。
- 将 runmft. exe 和 QtCore4. dll 复制到 Windows Path 环境变量已有的文件夹中。
- 在调用它的命令行中包含 runmft. exe 的路径。例如:"c:\program files\agi\mft 7\bin\runmft"--list。

在第一次使用 runmft 之前,必须先启动一次 MFT;MFT 必须在第一次启动时,正确建立导弹数据库目录。最后,每次要使用 runmft 时,必须在 STK 中打开一个场景,场景中包含模拟的对象。

(2) runmft 语法

runmft --list │ "Missile Name"[--traj_mode filename] [--output_path filename] [--epoch EpochDateTime] [--name STKObjectName] [--no_export] [--export_single]

输入不带任何参数的命令 runmft 将显示 runmft 的帮助。括号中的参数是"导弹名称"参数的可选参数。
- --list:列出目前 MFT 所有可用的导弹,包括用户 MFT 导弹文件夹中的导弹。
- "Missile Name":模拟指定导弹的飞行。指定导弹名称时,必须包含导弹文件夹中的路径,除非导弹实际位于根文件夹中。
- --traj_mode:使用指定的轨迹模式文件来模拟指定的导弹飞行。如果未指定 traj_mode 参数,则将使用". /trajectory_mode"文件。
- --output_path:将输出放在指定的文件夹中。
- --epoch:以"d mmm yyyy hh:mm:ss. ddd"格式指定一个历元时间,例如 2006 年 7 月 1 日 12:00:00. 000。

- -- name:指定导出名称。
- --no_export:不要将结果导出到 STK。但是,仍会创建星历(.e)和姿态(.a)文件。
- --export_single:仅导出"发射点到落点"(L2I)弹道。对于多弹头导弹,仅导出第一个 RV,并将其路径记录在 L2I 对象中,并为所有对象创建星历文件(.e)和姿态文件(.a)。

示例如下:

runmft "Short Range/SRM_1.mis" --traj_mode redstorm.txt --output_path d:\Study1\May11

runmft "Long Range/LRM_1.mis" --traj_mode LRM1_Vand_to_Kwaj.txt

【注】runmft 的语法相当冗长,因此使用文本编辑器创建包含要执行的 runmft 命令的批处理文件通常是使用它的最有效方法。

(3)弹道模式文件

MFT 执行名为 trajectory_mode 的弹道模式文件格式,具体内容如表 7 - 10 所列。

表 7 - 10 弹道模式文件格式

行	参 数	元素数量	元 素	元素值
1	Trajectory Specification	1	Trajectory Type	trajspec_reentry_angle, trajspec_tof, trajspec_apogee, trajspec_specified_range, trajspec_min_range, trajspec_max_range
2	Missile Name	1	Missile Name	
3	Launch	4	Launch Latitude / Launch Longitude / Launch Altitude / Launch Time	
4	Targeting Specification	1	Targeting Mode	lat_long, range_azimuth_launch, range_azimuth_impact
5	RV Simulation Specification	1	RVs to Simulate	all_rvs, one_rv
6	RV Quantity	1	Number of RVs	
7~n	RV Target Definitions	4	RV Identification Number / Target Latitude or Range / Target Longitude or Azimuth / Target Altitude	
n+1	Control Parameter	1	Control Parameter	

示例:定义一个从发射点为北纬 60°、西经 33°,朝向北-东-北方向,射程约为 360 km 的弹道模式文件,如图 7 - 62 所示。因为导弹是在 Range-Azimuth 目标模式下模拟的,所以只能模拟一个 RV。

```
trajspec_reentry_angle
SRM_1
60.0 -33.0 0.0 0.0
range_azimuth_launch
one_rv
1
1 360.0 23.0 0.4
45.0
```

图 7-62　弹道模式文件示例

7.2.4　MFT 仿真实例

7.2.4.1　初级案例

在本例中,设置一个简单的导弹飞行模拟,并将结果导出到 STK。

① 启动 STK,创建场景,启动 MFT。

② 单击 ✎ 按钮,插入新飞行弹道。弹道的发射点和落点位置图标将显示在 0 经度位置上。新导弹的射程轮廓也出现在地图上。导弹发射位置的细黄色轮廓是最小射程范围轮廓,粗黄色轮廓为最大射程范围轮廓,红色轮廓是反向最大范围轮廓,发射位置在该轮廓内移动任意位置,都可以打击当前的目标。

③ 调整发射点位置,最小和最大射程轮廓将相对于发射位置移动,但与目标位置相关的反向最大范围轮廓不移动。

④ 调整落点位置,将落点位置放在最小范围轮廓之外和最大范围轮廓之内。由于目标位置移动,反向最大范围轮廓也已移动。

⑤ 打开飞行设置窗口的 General 选项卡,在 Trajectory 后的下拉列表中选择 Reentry Angle 作为导弹控制,再入角设为30°,如图 7-63 所示。MFT 将在遵守此值的同时尝试击中目标,这意味着即使目标在射程范围内,飞行模拟也可能失败。

⑥ 从 Execute 菜单中选择当前飞行开始以模拟导弹飞行。在计算模拟时,将在任务窗口的 Flight Status 选项卡上报模拟飞行情况,如图 7-64 所示。

⑦ 模拟飞行成功,将其导出到 STK。打开任务窗口中的 Export Manager 选项卡进行设置,如图 7-65 所示。

⑧ 打开 STK,在 3D 窗口中将看到模拟飞行的结果,如图 7-66 所示。

⑨ 在 STK 的对象浏览器中,创建了发射位置、目标和每个导弹的组件,如图 7-67 所示。

7.2.4.2　高级案例

在本仿真中,将把范围轮廓导出到 STK,以此来分析如何放置发射点和落点位置,然后使用它们来定义 MFT 中的飞行弹道。最后,将生成的轨迹导出到 STK 进行显示和分析。

① 启动 STK 并创建新场景。

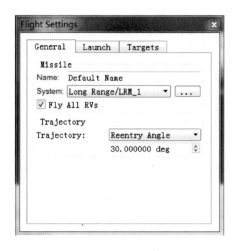

图 7-63　飞行设置窗口

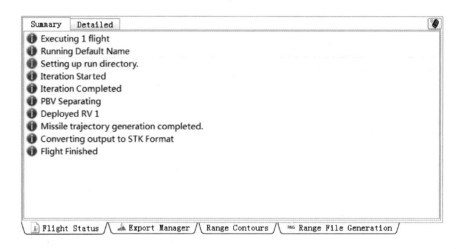

图 7-64　任务窗口 Flight Status 选项卡

图 7-65　任务窗口 Export Manager 选项卡

　　② 在 STK 中插入 AreaTarget 对象,在"插入 STK 对象"工具中,选择"区域目标"对象类型和"选择国家/地区和美国"方法,然后单击"插入"按钮。选择"阿富汗"。

图 7 - 66　3D 窗口结果显示

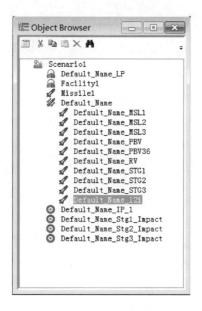

图 7 - 67　3D 对象浏览器显示

③ 启动 MFT。

④ 在 Range Contours 选项卡中,从 Missile System 下拉列表中选择 Short Range/ SRM_1。

⑤ 在 Launch Object 列表中选择 STK/Afghanistan,单击 Generate Contours 按钮将此范围轮廓导出到 STK,如图 7 - 68 所示。

⑥ 打开 STK,导出的范围轮廓以与阿富汗区域目标不同的颜色显示,并将在对象浏览器中定义为区域目标。该范围轮廓描绘了从阿富汗境内发射 SRM_1 导弹射程范围点的轨迹。

⑦ 在场景中创建两个 Facility,分别命名为 Launch1 和 Launch2,并将它们放置在射程范围内。

⑧ 打开 MFT。单击"同步 STK"工具栏按钮　刷新"发射对象"列表。

⑨ 在 Range Contours 选项卡中,将 Latitude 和 Longitude 的 Field Grid Step Size 更改为

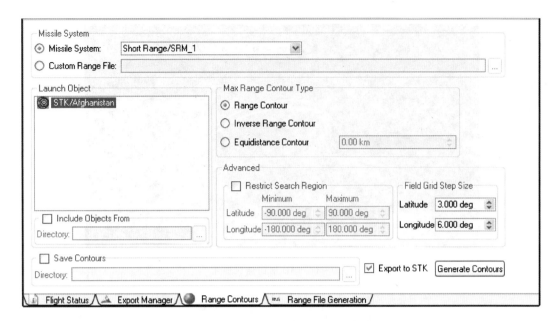

图 7-68 3D 任务窗口 Range Contours 选项卡

1°,如图 7-69 所示。

⑩ 在 Launch Objects 列表中选择 Launch1 工具并将范围轮廓导出到 STK,然后对 Launch2 工具执行相同操作。

⑪ 打开 STK。Launch1 和 Launch2 的射程轮廓包含在大轮廓范围内,但有一部分会超出阿富汗的范围轮廓,这是由于 Launch1 和 Launch2 的范围轮廓精确更高。

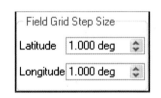

图 7-69 Field Girid Step Size 修改

⑫ 在场景中创建两个 Target,将它们命名为 Target1 和 Target2,并将它们分别放置在 Launch1 和 Launch2 的范围轮廓内。

⑬ 打开 MFT,插入新飞行弹道,在 Flight Settings 窗口中设置如下:

● 将 General→System 设置为 Short Range/SRM_1;

● 将 General→Trajectory 设置为 Specified;

● 将 Launch→Object 设置为 Launch1;

● 将 Targets→Target1 设置为 Target1。

⑭ 同理,插入新的飞行弹道,设置如上参数。单击"缩放到所有导弹"按钮 可将地图缩放到两个导弹轨迹在窗口中完全可见的级别。当前在"飞行列表"窗口中选择的飞行路径将显示较大的启动和目标图标,并带有较粗的带注释的连接线,如图 7-70 所示。

⑮ 从 Execute 菜单中选择 Check Flights 以模拟两个导弹飞行。任务窗口将切换到 Flight Status 选项卡以显示模拟进度。

⑯ 在任务窗口中选择 Export Manager 选项卡,然后单击 Export Checked 按钮以将两个飞行弹道导出到 STK。

⑰ 打开 STK,调整视角。

图 7 - 70　缩放地图显示

7.3　拦截飞行工具(IFT)

IFT 是 MMT 组件的一部分,是由 SAIC 的 Huntsville 系统与技术业务部开发的高保真弹道飞行路径生成工具。IFT 提供了设置战斗场景的能力,这些场景和 STK 联合,可以快速分析和显示所有拦截器、传感器、目标和其他战斗系统之间的复杂关系。

【注】MMT 9.2.3 与 STK / EOIR 兼容。当 IFT 在 STK 中填充对象浏览器时,如果拦截器文件包含 EOIR 数据,则会自动为创建的对象定义 EOIR 属性。IFT 数据库中包含的拦截器已更新为包含 EOIR 属性。

7.3.1　IFT 界面

IFT 界面如图 7 - 71 所示。

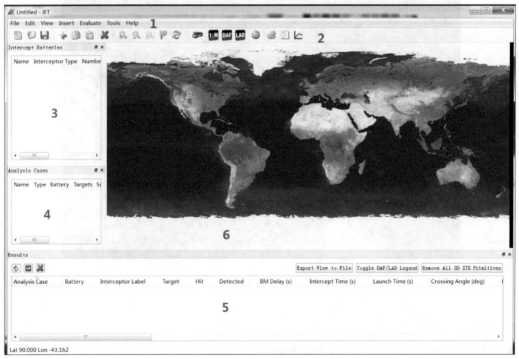

图 7 - 71　IFT 界面

7.3.1.1 菜单栏

(1) Insert 菜单

在 Insert 菜单中,可以插入以下菜单项:

- Battery:打开 Battery Editor,在当前项目中创建新的作战区域。
- Analysis Case:打开 Analysis Case Editor,在当前项目中创建新的分析案例,可以创建 One vs. Many、Defended-Area Footprint、Launch-Area Denied 三种案例。
- Target Grid:打开 Target Grid(目标网格管理器),在当前 STK 场景中创建新的导弹目标。

(2) Evaluate 菜单

- 打开 Evaluate Analysis Cases 窗口以选择要评估的分析案例。
- 评估 Evaluate Analysis Cases 窗口中选择的分析案例。

(3) Tools 菜单

在 Tools 菜单中,可以执行以下菜单项:

- Guide:选择创建项目指南。
- Timeline:打开时间轴窗口。
- Interceptor Performance Plots:打开拦截器性能曲线窗口。
- Export Interceptor Volume:使用预先生成的飞行扇区(flyout fan)创建拦截器最大射程轮廓,图像为 KML 文件并可以导出到 STK 场景的 3D 图形窗口,如图 7-72 所示。

图 7-72　导弹射程轮廓 3D 显示

7.3.1.2 工具栏

工具栏中按钮的功能都可以在菜单项中找到对应项,例如:

对应的菜单项如下：

- Battery Editor；
- One vs. Many；
- Defended-Area Footprint；
- Launch-Area Denied；
- Target Grid Editor；
- Evaluate Analysis Cases；
- Timeline；
- Interceptor Performance Plots。

7.3.1.3　拦截区

Intercept Batteries 窗口显示当前项目中包含的拦截区，双击即可打开 Battery Editor 对话框，然后对其属性进行编辑，如图 7－73 所示。

图 7－73　**Battery Editor 显示**

7.3.1.4　分析案例

Analysis Cases 窗口显示当前项目中包含的分析案例。双击案例可打开 One versus Many Editor 窗口对分析案例进行编辑，如图 7－74 所示。详细属性见 7.3.2.2 小节。

7.3.1.5　结　果

Results 窗口为所有事后处理提供了启动点。如果编辑了战场，相应的结果将以斜体显示。图 7－75 所示为 Results 窗口。在 Results 窗口中，选择拦截信息，邮件选择 View Text Result，则生成拦截测试的详细信息，如图 7－76 所示。

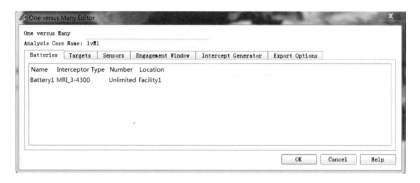

图 7 - 74　One versus Many Editor 窗口

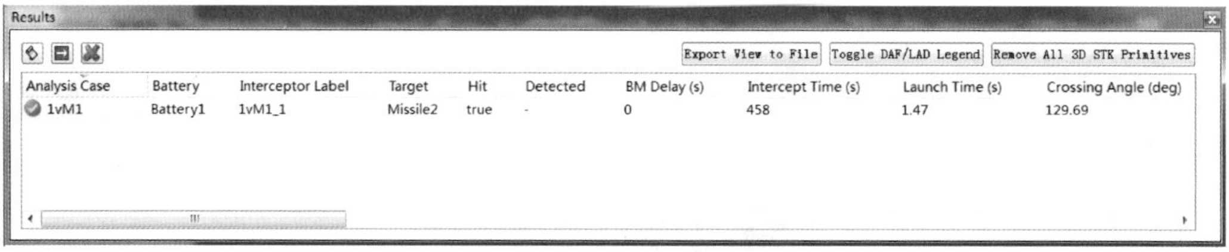

图 7 - 75　Results 窗口

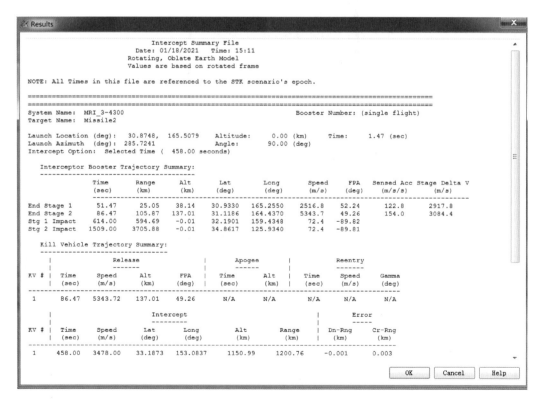

图 7 - 76　结果详细显示

7.3.1.6　地　图

World Map 窗口对整个项目进行显示,其中,目标以红色显示,拦截器以白色显示。可以使用视图工具栏上的按钮放大地图。右键单击+拖动将显示一个标尺,用于测量从单击鼠标指针的当前位置开始的方位角和距离。

7.3.2　IFT 工具

7.3.2.1　IFT 指南

每个 Guide 窗口都提供了定义特定项目的参数,包括作战区域(Batteries)和目标的创建、分析设置和分析评估。

（1）一对多分析

一对多分析(One vs. Many)指南提供了进行一对多分析的三个步骤:

① 创建作战区域。选择 Create Battery 按钮打开 Battery Editor 窗口,定义拦截器发射位置和拦截器类型。

② 设置分析。选择 Setup Analysis 按钮打开 Analysis Case Editor 窗口,以选择作战区域、目标、传感器和 Engagement 管理窗口。

③ 评估分析。选择 Evaluate Analysis 按钮打开 Evaluate Analysis Cases 窗口,以确定哪些目标可以进行防御。

（2）防御区分析

防御区分析(Defended-Area Footprint,DAF)指南介绍了创建防御区域项目的 4 个步骤:

① 创建作战区域。选择 Create Battery 按钮打开 Battery Editor 窗口,定义拦截器发射位置和拦截器类型。

② 创建目标。选择 Create Targets 按钮打开 Target Grid Manager 窗口,创建要拦截的一组目标。

③ 设置 DAF 分析。选择 Setup DAF Analysis 按钮打开 Analysis Case Editor 窗口,以选择作战区域、目标、传感器和参与窗口。

④ 评估分析。选择 Evaluate Analysis 按钮打开 Evaluate Analysis Cases 窗口,确定哪些目标可以防御。

（3）发射区拒止分析

发射区拒止分析(Launch-Area Denied) 指南提供了创建 Launch-Area Denied 项目的 4 个步骤:

① 创建作战区域。选择 Create Battery 按钮打开 Battery Editor 窗口以定义拦截器发射位置和拦截器类型。

② 创建目标。选择 Create Target 按钮打开 Target Grid Manager 窗口,创建要拦截的一组目标。

③ 设置 LAD 分析。选择 Setup LAD Analysis 按钮打开 Analysis Case Editor 窗口,选择作战区域、目标、传感器和参与窗口。

④ 评估分析。选择 Evaluate Analysis 按钮打开 Evaluate Analysis Cases 窗口,确定哪些

目标可以防御。

7.3.2.2　IFT 编辑器

IFT 包含 Battery Editor(战场编辑器)和 Analysis Case Editor(分析案例编辑器)。

(1) 战场编辑器

在现实世界中,拦截器所在地为作战区域。为了表示这一点,可以将作战区域作为对象添加到项目中,或者从 STK 导入 Facility 并将该对象标记为包含一个或多个的拦截器,设置战场管理的延迟时间、拦截器的类型、拦截点的位置等,如图 7-77 所示。

图 7-77　战场编辑器

(2) 分析案例编辑器

用户可以创建多个分析案例。每个分析案例都有一个作战区域、多个目标和传感器。在创建分析案例时,它将添加到项目级别的分析案例列表中。

1) 作战区域(Batteries)

作战区域界面如图 7-78 所示。

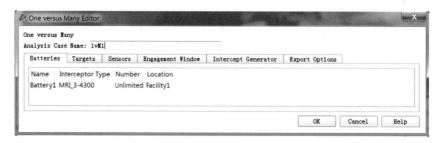

图 7-78　作战区域

2) 作战目标(Targets)

所有可用目标都来自当前的 STK 场景。突出显示并使用箭头按钮选择和取消选择目标。

使用向上和向下箭头按钮可以确定目标的优先级。作战目标界面如图 7-79 所示。

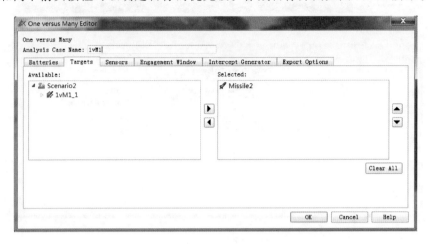

图 7-79　作战目标

3) 传感器(Sensors)

在传感器界面中可以将传感器与分析案例相关联,用于指定拦截器发射之前是否被探测到。传感器界面如图 7-80 所示。

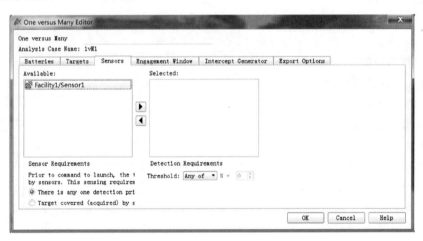

图 7-80　传感器

4) 分析案例窗口(Analysis Cases)

在分析案例窗口中,可以根据作战约束或目标对象进一步开展案例分析。该窗口不仅可以选择相对时间、绝对时间、高度、级(主动段、上升段、中段和末段)或者整个弹道来组建分析案例;还可以在给定的分析案例窗口中指定拦截首选项:最早时间、最晚时间、最高和最低海拔高度等,如图 7-81 所示。

【注】对于卫星和飞机目标,忽略远地点和导弹相位选项。

a) 窗口边界类型

● 整个目标弹道;

● WGS84 坐标系下的海拔高度;

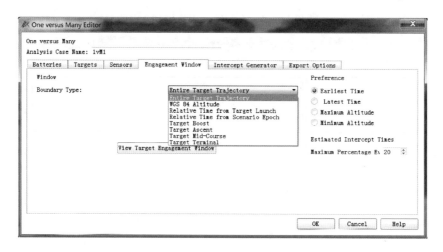

图 7-81　分析窗口

- 目标发射相对时间;
- 场景历元相对时间;
- 目标主动段;
- 目标上升段;
- 目标中段;
- 目标末段。

b) 估计拦截时间

IFT 能够计算估计的拦截时间列表。从该列表中,在给定的拦截时间内计算各个轨迹,直到找到成功的拦截情况。

c) 评估最大百分比

输入要评估的估计拦截时间的最大百分比。当使用默认值 20% 时,每次估计将评估 5 次,直到成功;100% 的值将指示 IFT 评估每个估计的时间。

5) 拦截弹道生成器(Intercept Generator)

拦截弹道生成器用于计算拦截器在给定发射位置和所需拦截时间情况下的轨迹。拦截弹道生成器界面如图 7-82 所示。

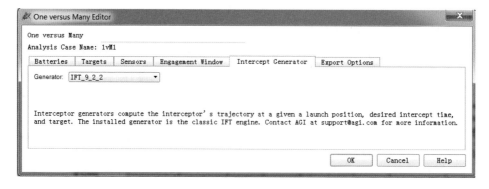

图 7-82　拦截弹道生成器

IFT 拦截器是经典的 IFT 模型引擎。它能够计算完整的轨迹以及拦截特征,如交会角和交会速度;另外,还安装了一个新的实验模块 Fast_LowFi_Feasibility。该引擎不计算弹道轨迹,而是仅基于内插预先计算的飞行扇区来确定可行性。在 IFT 和 MDT 的拦截器性能图工具中查看飞行扇区数据的子集,此外,可以使用 Export Interceptor Volume Tool 在 STK 中查看此数据的 3D 表示。由于此模块不计算轨迹,因此最适合初始 DAF 和 LAD 分析。

6) 输出选项(Export Options)

成功拦截后,选择要自动导出到 STK 的对象。对于 One vs. Many 分析案例,默认选择是 Main Trajectory、Individual Stages 和 Spent Stages。默认情况下,没有选择任何对象进行 DAF / LAD 分析。

如果导弹文件中包含 EOIR 数据,则 IFT 会自动为对象定义 EOIR 属性。

输出选项界面如图 7 - 83 所示。

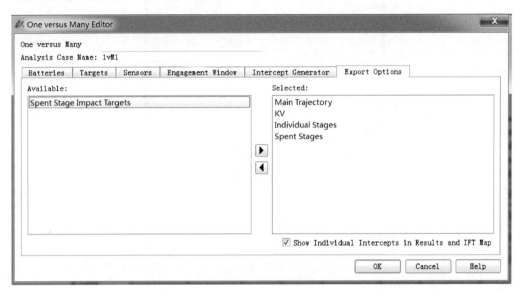

图 7 - 83　输出选项

7.3.2.3　目标网格生成器

目标网格生成器为 DAF / LAD 分析创建可重复使用的目标弹道网格。如果选择防御区域(DAF),则生成防御区的网格;如果选择发射区拒止(LAD),则生成发射区的网格。选择 Grid Type 列表中不同的选项,其下面的页面会发生调整。图 7 - 84 所示为 3D 目标网格类型选择。

① Grid Type:可以选择 DAF 或 LAD。

② Target Grid Name:定义生成网格名称。

③ Launch:选择 DAF,则定义发射点的参数,可直接输入经纬度,或通过在 IFT 地图窗口中选择位置点。

④ Impact Grid Options:对于 DAF,生成导弹威胁的目标点网格,在这里可以选择三种模式。

● Uniform:定义网格西北角和东南角的经纬度,并定义网格大小;

图 7 - 84　3D 目标网格类型选择

● Specified：直接输入网格点的经纬度，定义网格范围；

● Policy Boundaries：输入国家边界，再定义网格大小。

⑤ Generator：包含用于指定目标生成器插件和目标类型的选项，目标类型由生成器插件提供。默认情况下，MFT 插件可用。如果适用，MFT 插件需要设置再入角。图 7 - 85 所示为目标类型选择界面。

单击 Generate 按钮可以将当前设置保存到项目中，并进行计算、显示轨迹网格的状态。目标轨迹分组为标记有目标网格名称的 Missile System，并输出到 STK 场景中。对于 DAF 分析，可将"_ DAF"附加在 Missile System 名称下。对于 LAD 分析，则相应附加"_LAD"。

7.3.2.4　创建和修改拦截弹

MDT 可用于创建和修改拦截器模型。详细见 7.1 节。

7.3.2.5　拦截弹数据库

表 7 - 11 总结了 IFT 提供的拦截器数据库。当在 MDT 中导入这些拦截弹时，可以看到每种导弹更详细的信息。拦截器名称末尾的数字表示其以 km 为单位的最大射程。

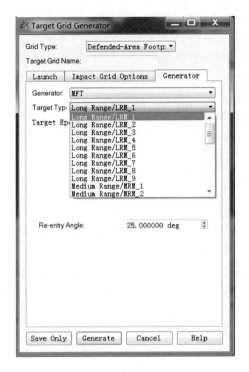

图 7-85　目标类型选择

表 7-11　拦截弹数据库

名　称	类　型	射程/km	制　导	级　数	拦截器	Delta-V/(m·s^{-1})
SRI_1-10	Theater	10	Initial Pitch	1	Aerodynamic	627
SRI_1-20	Theater	20	Initial Pitch	1	Aerodynamic	2 300
SRI_2-80	Theater	80	Initial Pitch	1	Aerodynamic	2 327
SRI_3-350	Theater	350	Initial Pitch	1	Aerodynamic	3 442
MRI_1-1100	Theater	1 100	Initial Pitch	2	Aerodynamic	5 706
MRI_2-2250	Strategic	2 250	Initial Pitch	1	Propulsive	5 550
MRI_3-4300	Strategic	4 300	Initial Pitch	2	Propulsive	7 133
LRI_1-7000	Strategic	7 000	Initial Pitch	2	Propulsive	7 535
LRI_2-10000	Strategic	10 000	Initial Pitch	3	Propulsive	8 279
LRI_3-15000	Strategic	15 000	Initial Pitch	2	Propulsive	8 725
GEM40	Strategic	20 000	Initial Pitch	3	Propulsive	9 552

注：射程指假设在非旋转地球条件下拦截器的近似最大地面范围。

7.3.2.6　命令行运行 IFT

可以从批处理程序、脚本或其他应用程序中调用命令行工具 IFT. exe。IFT. exe 读取 IFT 工程文件并执行相关操作。

(1) IFT. exe 设置

IFT. exe 安装在 Program Files 的 IFT 文件夹的 bin 文件夹中。用户可以执行以下操作来调用可执行程序：

- 将 bin 文件夹的路径添加到 Windows Path 环境变量中。
- 在调用命令行中包含 IFT.exe 的路径。例如："c:\ program files \ agi \ ift 9 \ bin \ ift.exe"<arguments>。

此外，必须至少执行一次 IFT 才能使用 IFT.exe。每次调用 IFT.exe 时，必须在 STK 中打开场景，场景中包含有效的目标对象和传感器。

（2）项目文件

项目文件是 IFT GUI 创建的 XML 文件，用于控制 IFT 执行。可以修改 IFT 创建的项目文件，也可以使用任何 XML 编辑器从头创建自己的项目文件。项目文件结构请查看帮助文档。

（3）IFT.exe 语法

要使用 IFT.exe，请启动 STK，创建场景并保存。使用执行参数从命令行调用 IFT.exe。该命令的语法是：

ift.exe <executionArgument> <projectFileName> [optionalArgument]

① <executionArgument>：有两个执行参数，分别是-evaluate 和-modify。-evaluate 参数命令 IFT.exe 处理项目文件中的所有分析案例；-modify 参数命令 IFT.exe 更改导出到 STK 的结果类型。

② <projectFileName>：项目文件名称。

③ [optionalArgument]：IFT.exe 有 6 个可选参数，其中 4 个可选参数仅适用于-modify 参数，并且互相排斥：

- -exportAllToSTK：项目文件中所有分析案例的所有结果类型都将导出到 STK。
- -exportToSTK < analysisCaseName >：指定分析案例的所有结果类型并导出到 STK。
- -removeFromSTK <analysisCaseName>：将从当前 STK 方案中删除指定分析案例的所有结果类型。
- -removeAllFromSTK：项目文件中所有分析案例的所有结果类型都将从当前 STK 场景中删除。

另外两个可选参数适用于-evaluate 和-modify：

- -o：指定输出文件（与 STK 相关的轨迹文件除外）的保存位置。
- -saveAs <projectFileName>：不会修改输入项目；处理后的项目将保存为具有指定名称的新项目文件。

【注】输入不带任何参数的命令"IFT.exe"将显示有关 IFT.exe 的帮助。

IFT.exe 语法的示例：

ift.exe-evaluate alaska.ift

ift.exe-modify skorea.ift-exportToSTK ShortRange

7.3.3　IFT 仿真实例

7.3.3.1　一对多拦截案例

（1）设置 STK 场景

① 启动 STK，创建场景；选择 Insert→City from Database 菜单项，插入 Anchorage、Honolulu、San Francisco、Seattle 四个城市。

② 为 Seattle 创建 Sensor1,参数如下:

- Simple Cone:角度设为 10°;
- Fixed Az-El:指向方位角 300°、俯仰角 10°;
- Basic Constraint:最大距离 5 000 km。

③ 为 San Francisco 创建 Sensor2,参数如下:

- Simple Cone:角度设为 10;
- Fixed Az-El:指向方位角 305°、俯仰角 10°;
- Basic Constraint:最大距离 5 000 km。

④ 创建 Missile,名称为 Missile1,弹道预报器为 Ballistic,发射点和落点分别为 Anchorage 和 Honolulu,默认 deltaV 为 6 km/s。

⑤ 创建 Seattle/Sensor1 和 San_Francisco/Sensor2 对 Missile1 的访问报告。

(2) 简单的 One versus Many 案例

① 在工具栏上选择 1:M 图标,弹出 1:M 对话框。

② 创建作战区域:单击 Create Battery 图标打开对话框(如图 7-86 所示),参数设置:

- Battery Name:Battery1;
- Type:GEM40;
- Location:Seattle。

图 7-86　作战区域选项设置

③ 编辑对抗场景:单击 Setup Analysis 按钮打开对话框(如图 7-87 所示),参数设置:

- Analysis Case Name:1vM_0;
- Batteries 选项卡:Battery_1;
- Targets 选项卡:Missile1。

④ 执行对抗过程:在 One versus Many 窗口中单击 Evaluate Analysis 按钮进行评估分

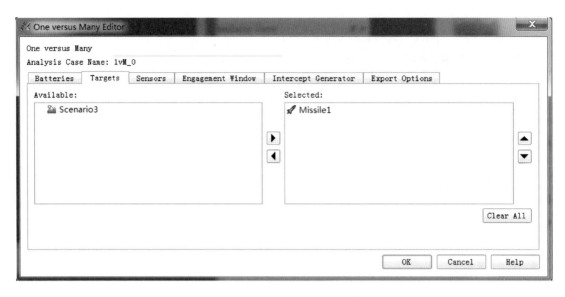

图 7 - 87　对抗场景选项设置

析,评估结果如图 7 - 88 所示。

- 选择 1vM_0 行,单击 Evaluate 按钮;
- 不断迭代计算,直到找到拦截方案。

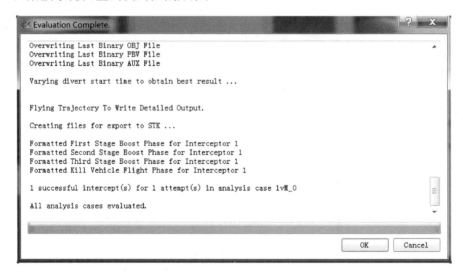

图 7 - 88　评估分析

⑤ 计算完成后,查看 Results 窗口,将显示拦截飞行路径,以及拦截交会角和交会速度。

⑥ 在 STK 中,将看到自动创建了 1vM_0_1 Missile System,打开 Missile System 属性,将看到 Start Time 为 1.0 s,结束时间为 6 分 58 秒,这和 IFT Results 窗口中的结果一致。

(3)基于战场管理延迟的一对多拦截案例

① 在 IFT 中,选择 One versus Many 指南,单击 Create Battery 按钮打开对话框(如图 7 - 89 所示),然后设置参数:

- Battery Name：Battery 100；
- Battle Management Delay：100 s；
- Type：GEM40；
- Location：Seattle。

图 7 - 89　作战区域选项设置

② 单击 Setup Analysis 按钮打开对话框,然后设置参数：

- Name：1vM_100；
- Batteries 选项卡：Battery100；
- Targets 选项卡：Missile1。

③ 单击 Evaluate Analysis 按钮打开对话框,然后设置如下：

- 选择 1vM_100,单击 Evaluate 按钮；
- 不断迭代计算,直到找到发射延迟 100 s 后的拦截方案。

④ 计算完成后,在 Results 窗口将看到有延迟和没有延迟的拦截方案,如图 7 - 90 所示。

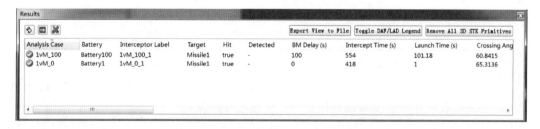

图 7 - 90　基于延迟的拦截方案显示

⑤ 在 STK 中,将看到自动创建了新的 Missile System 对象。

(4) 基于传感器探测的拦截案例

在这个例子中,利用了第(1)步设置的 STK 场景。

① 如果在第(2)步中已经设置了 Battery1,则可以使用这个 Battery;或者也可以重新创建:

- Battery Name:Battery1;
- Type:GEM40;
- Location:Seattle。

② 单击 Setup Analysis 按钮打开对话框(见图 7 - 91),然后设置如下:

- Analysis Case Name:1vM_1S;
- Batteries 选项卡:选择 Battery1;
- Targets 选项卡:选择 Missile1;
- Sensors 选项卡:选择 Seattle/Sensor1 和 San_Francisco/Sensor2,Threshold 选择 Any of,意味着只要有一个传感器探测到拦截弹即可以发射。

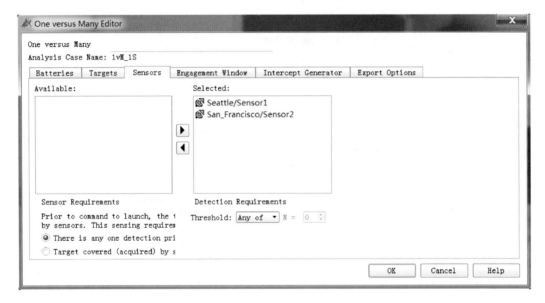

图 7 - 91 传感器 Any of 设置分析

③ 单击 Setup Analysis 按钮打开对话框(见图 7 - 92),创建第二个分析案例,参数设置如下:

- Analysis Case Name:1vM_2S;
- Batteries 选项卡:选择 Battery1;
- Targets 选项卡:选择 Missile1;
- Sensors 选项卡:选择 Seattle/Sensor1 和 San_Francisco/Sensor2,Threshold 选择 All of,意味着只有两个传感器都探测到拦截弹才可以发射。

④ 单击 Evaluate Analysis 按钮,选择 1vM_1S 和 1vM_2S,单击 Evaluate 按钮计算,计算完毕后将给出计算结果,如图 7 - 93 所示。

⑤ 在 STK 中,创建了 Missile System,分别打开 1vM_2S_1_l2i 和 1vM_1S_1_l2i,1vM_1S 在 144.12 s 探测到导弹后就开始发射,拦截时间在 611 s;而 1vM_2S 在 415.3 s 后发射,拦截时间在 945 s。

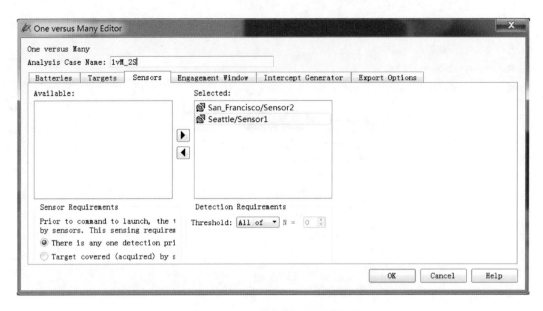

图 7 - 92　传感器 All of 设置分析

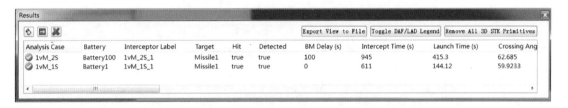

图 7 - 93　基于传感器探测的拦截方案显示

7.3.3.2　防御区分析案例

在本仿真例子中,将分析拦截弹拦截弹道导弹威胁的区域。

(1) STK 场景设置

① 创建 STK 场景 DAF_tutorial。

② 从 Facility Database 中插入 Clear_AK_FPS-50_3_Radar_Fans,更名为 Clear_AK。

③ 添加 Sensor,更名为 244FORb,并设置参数:

● Sensor Type:Rectangular,Vertical Half Angle=60°,Horizontal Half Angle=30°;

● Pointing:Fixed Az-El,方位角 244°,俯仰角 20°;

● Basic Constraints:最大探测距离 3 000 km。

④ 创建"Masudan-ri"地面站,lon=129.666°,lat=40.8557°。

⑤ 从 City Database 中插入 Honolulu、Seattle 和 Kodiak 三个地点。

⑥ 保存场景。

(2) 国家边界防御区分析

① 加载 DAF_Tutorial 场景。

② 运行 IFT,单击 DAF 按钮启动防御区分析向导。

③ 单击 Create Battery 按钮打开对话框(如图 7 - 94 所示),然后设置参数:
- Battery Name:B2_DAF;
- Type:GEM40;
- Location:Honolulu。

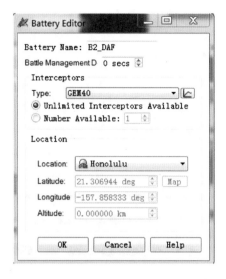

图 7 - 94 作战编辑选项设置

④ 创建区域目标网格(Target Grid)。

(a) 单击 Create Targets 按钮,弹出 Target Grid Manager 对话框设置参数。

(b) 单击 New 按钮,弹出 Target Grid Generator 对话框(如图 7 - 95 所示)设置参数。

- 设置 Target Grid Type 为 Defended-Area Footprint。
- 设置 Target Grid Name 为 TG_DAF。
- 在 Launch 选项卡中设置发射地点为 Masudan-ri。
- 在 Impact Grid Options 选项卡中 Mode 设置为 Political Boundaries,选择 United_ States,Lat/Lon Resolution 设为 10°。
- 在 Generator 选项卡中,Generator 设置为 MFT,Target Type 设置为 Long Range/ LRM_1,Re-entry Angle 设置为 25°。

图 7 - 95 Target Grid Generator 设置(1)

（c）单击 Generate 按钮计算，计算完成后，将会看到 7 次计算中 6 次成功生成，如图 7 - 96 所示。

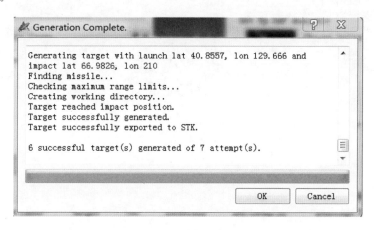

图 7 - 96　计算进度显示(1)

（d）转到 STK 中，会看到 TG_DAF 的 Missile System 生成，包含 TG_DAG_1～TG_DAG_7，缺少 TG_DAG_3，因为导弹威胁不能达到该区域，在 STK 的 2D 和 3D 窗口中，也会看到该黄色区域。图 7 - 97 所示为区域目标网格。

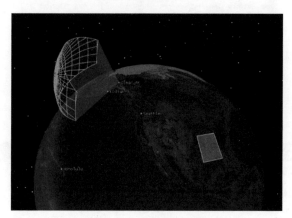

图 7 - 97　区域目标网格

⑤ 转到 IFT 中，单击 Set Up DAF Analysis 按钮，将弹出 Defended-Area Footprint Editor 对话框（如图 7 - 98 所示），参数设置如下：

● 在 Batteries 选项卡中，选择 B2_DAF；
● 在 Target Grids 选项卡中，选择 TG_DAF 导弹系统并导入到右侧选择框中；
● 在 Sensors 选项卡中，选择 Clear_AK/244 FORb。

⑥ 在 DAF 指南中，单击 Evaluate Analysis 按钮，弹出 Evaluate Analysis Cases 对话框（如图 7 - 99 所示），选择 DAF1，然后单击 Evaluate 按钮开始计算分析。

⑦ 计算完成后，在 6 次拦截中有 4 次拦截成功，如图 7 - 100 所示。

⑧ 转到 STK 中，检查弹道穿过探测器的情况，可以看到 4 种颜色，如图 7 - 101 所示。

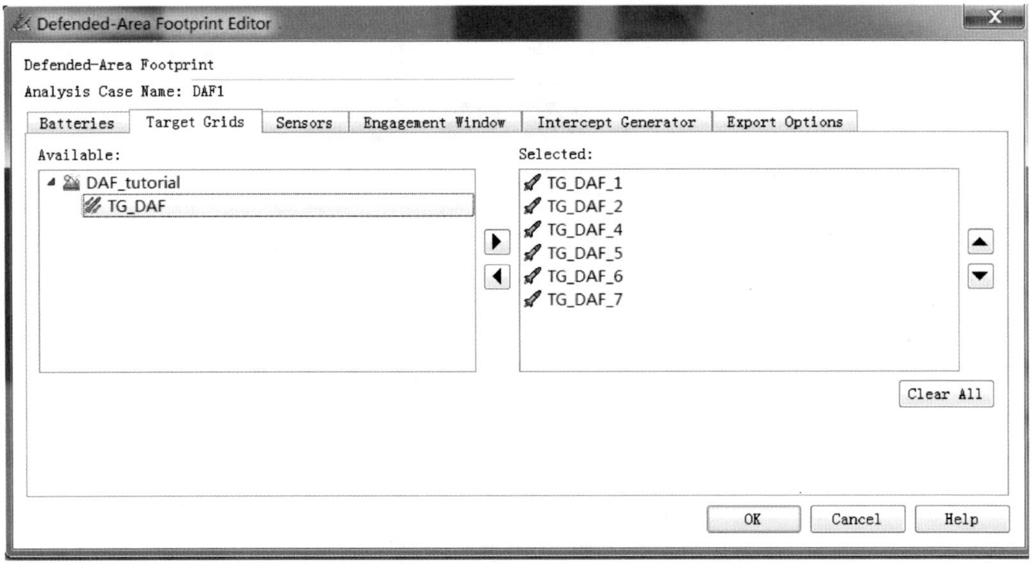

图 7 - 98 **Defended-Area Footprint Editor 对话框**

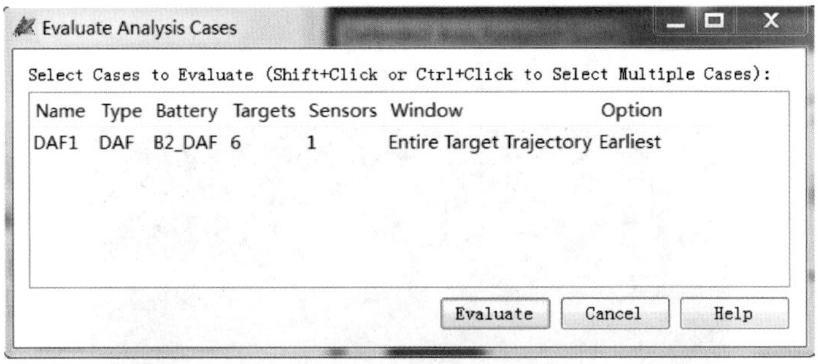

图 7 - 99 **评估分析(1)**

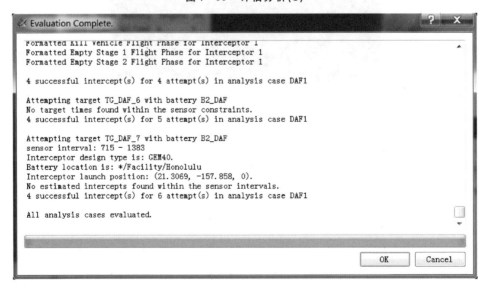

图 7 - 100 **评估完成(1)**

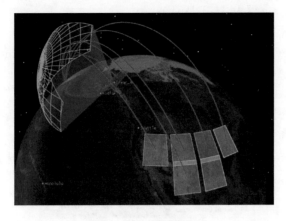

图 7 - 101 结果显示

【注】绿色表示拦截弹能够成功拦截威胁导弹;红色表示不可拦截,拦截弹不能拦截来袭导弹;白色表示不可探测,传感器探测不到导弹威胁;黄色表示超出导弹射程,威胁导弹不能到达该区域。

⑨ 打开 DAF/LAD 图例设置如下:

● 在 STK 的 2D 窗口中,选择 United States;

● 在 IFT Result 窗口中,单击 Toggle DAF/LAD Legend;

● 回到 STK 中,在 2D 窗口中将显示 DAF/LAD 图例,如图 7 - 102 所示。

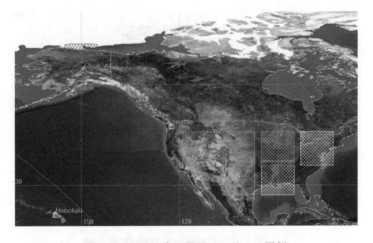

图 7 - 102 2D 窗口显示 DAF/LAD 图例

⑩ 保存 STK 场景,保存 IFT 工程。

(3) 基于落点网格选项的防御区 Footprint 分析

① 打卡 DAF_Turorial. sc 场景。

② 在 IFT 中,单击 DAF 按钮打开 DAF 向导。

(a) 单击 Create Targets 按钮,弹出 Target Grid Manager 对话框进行设置。

(b) 单击 New 按钮打开对话框(如图 7 - 103 所示),新建 Target 网格,参数设置如下:

● Grid Type 设为 Defended-Area Footprint;

- Target Grid Name 设为 TG2_DAF;
- 在 Launch 选项卡中,Location 选择 Masudan-ri;
- 在 Impact Grid Options 选项卡中,Mode 设置为 Specified,New Point 的 Location 选择 Seattle,然后单击 Add 按钮;
- 重复步骤,添加 Kodiak;
- 在地图上选择 Florida,点击添加;
- 添加经纬度为−75°和 45°的点;
- 在 Generator 选项卡中,Generator 设置为 MFT,Target Type 选择 Long Range/LRM_1,Re-entry Angle 设置为 25°。

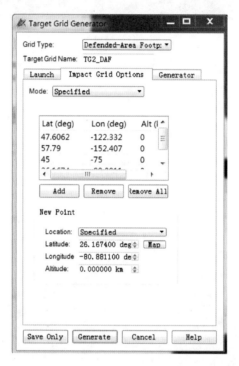

图 7−103　Target Grid Generator 设置(2)

(c) 单击 Generate 按钮计算,计算完毕后,将会看到 4 次计算中 3 次成功,如图 7−104 所示。

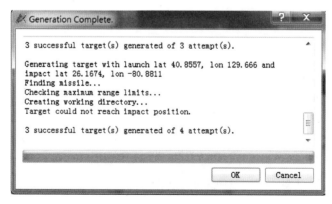

图 7−104　计算进度显示(2)

（d）在 STK 中，TG2_DAF 导弹系统包含 TG2_DAF_1～TG2_DAF_4，缺少 TG2_DAF_3，因为不能到达该黄色区域，如图 7－105 所示。

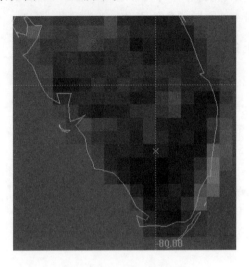

图 7－105　2D 图形显示

③ 单击 DAF 图标，打开 Defended-Area Footprint Guide 对话框进行设置。

④ 单击 Battery 图标打开对话框（如图 7－106 所示），Battery Name 设置为 B3_DAF，Type 选择 LRI_3-15000，Location 选择为 Honolulu。

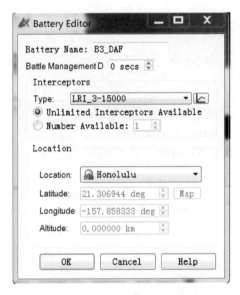

图 7－106　Battery Editor 对话框设置(1)

⑤ 单击 Set Up DAF Analysis 按钮打开 Defended-Area Footprint Editor 对话框，设置如下：

● Batteries 选项卡：B3_DAF；

● Target Grids 选项卡：TG2_DAF 导弹系统；

● Sensors 选项卡：选择 Clear_AFB/Sensor/244FORb。

⑥ 单击 Evaluate Analysis 按钮，弹出 Evaluate Analysis Cases 对话框，选择并评估计算。

⑦ Evaluation 弹出 1 次成功拦截。

⑧ 在 STK 中,打开导弹系统,并查看弹道通过 Sensor 的情况。

⑨ 在 STK 中,将看到 4 种不同颜色的 X 点,含义相同。

7.3.3.3 发射区拒止分析案例

(1) STK 场景设置

① 创建场景,命名为 generic_LAD。

② 从 Facility Database 数据库插入地面站 Clear AK FPS-50 3 Radar Fans,更名为 Clear_AK。

③ 为 Clear_AK 插入 Sensor,命名为 244FORb,参数设置如下:

- Sensor Type:Rectangular,Vertical Half Angle=60°,Horizontal Half Angle=30°;
- Pointing: Fixed Az-El,Az=244°,Elevation=20°;
- Basic Constraint:Max Range=3 000 km。

④ 从 City Database 插入 Seattle 和 Honolulu。

(2) 统一区域的发射区拒止分析

① 启动 STK,加载 generic_LAD 场景。

② 启动 IFT。

③ 单击 LAD 图标,启动 Launch Area Denied。

④ 单击 Create Battery 图标打开 Battery Editor 对话框(如图 7 - 107 所示),参数设置如下:

- Battery Name:B3_LAD;
- Type:GEM40;
- Location:Honolulu。

图 7 - 107　Battery Editor 对话框设置(2)

⑤ 为威胁弹道创建网格。

（a）为 Uniform Area 创建 Target Grid，在 LAD 向导中，单击 Create Targets 按钮，弹出 Target Grid Manager 对话框进行设置。

（b）单击 New 按钮打开对话框（如图 7-108 所示），创建目标网格，参数设置如下：

- Grid Type：Launch-Area Denied；
- Target Grid Name：TG3；
- 在 Impact 选项卡中，Location 设置为 Seattle；
- 在 Impace Grid Options 选项卡中，Mode 设置为 Uniform，设置西北角的 Lat＝40°、Lon＝150°，东南角 Lat＝10°、Lon＝160°，Grid Density 都设为 2；
- 在 Generator 选项卡中，Generator 设置为 MFT，Target Type 设置为 Long Range/LRM_1，Re-entry Angle 设置为 25°。

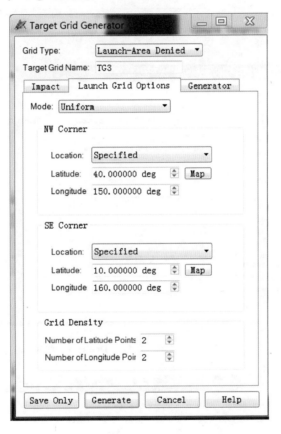

图 7-108　Target Grid Generator 设置(3)

（c）单击 Generate 按钮计算，计算完成后弹出计算结果，如图 7-109 所示。

（6）单击 Set Up LAD Analysis 按钮，弹出 LAD 编辑器（如图 7-110 所示），参数设置如下：

- 在 Batteries 选项卡中选择 B3_LAD；
- 在 Target Grids 选项卡中选择 TG3_LAD 导弹系统，将其添加到右侧列表中；
- 在 Sensors 选项卡中，单击 Clear_AK/Sensor/244FORb 并添加到右侧列表中。

⑦ 单击 Evaluate Analysis 按钮，弹出 Analysis Cases 对话框（如图 7-111 所示），选择 LAD1，然后单击 Evaluate 按钮开始评估分析。

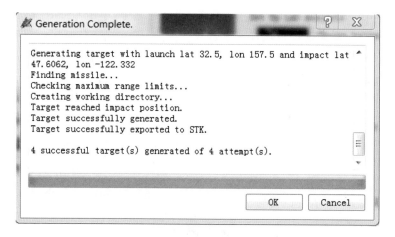

图 7 - 109　计算进度显示(3)

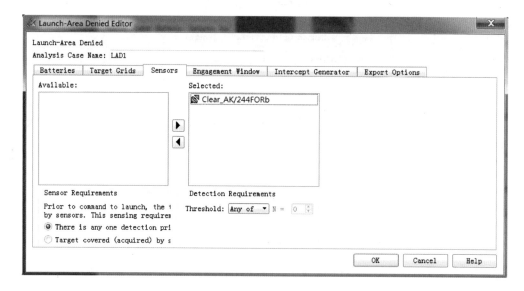

图 7 - 110　Launch-Area Denied 设置

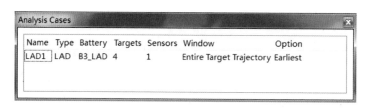

图 7 - 111　评估分析(2)

⑧ 评估计算完成后,将看到在 4 次拦截中有 2 次成功,如图 7 - 112 所示。

⑨ 在 STK 中,将看到 4 个不同的网格区,其中绿色表示在该区域发射可拦截;红色表示在该区域发射不可拦截。图形显示如图 7 - 113 所示。

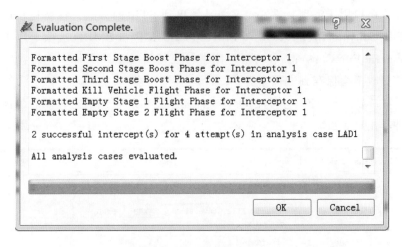

图 7 - 112　评估完成(2)

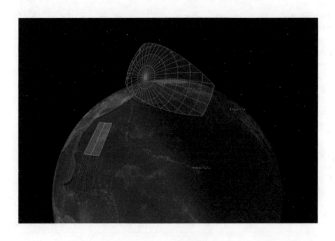

图 7 - 113　图形显示

7.4　导弹转换工具(MCT)

导弹转换工具(MCT)用于将弹道数据转换为与 STK 兼容的星历和姿态文件。MCT 可以转换多种格式的弹道数据:战略和战区攻击建模过程(STAMP)二进制文件(版本 2000、2002 和 2003),BMRD 以及数据为 comumnar 的 ASCII 文本的输入格式。输出到 STK 场景中创建对象即可进行可视化和分析。

7.4.1　MCT 界面

MCT 用户界面由 File Explorer、Conversion 和 Message 三个窗口组成,如图 7 - 114 所示。

File Explorer 窗口可以浏览所有已连接驱动器上的文件目录,双击文件,MCT 会将该文件加载到 MCT 中,并将转换窗口设置为合适文件类型的选项卡。

　　Conversion 窗口用于清理文件并定义将其导出到 STK 的方式。该窗口顶部有三个选项卡：Generic File Conversion、STAMP 和 BMRD。STAMP 和 BMRD 选项卡用于转换特定文件类型，而 Generic File Conversion 窗口可用于转换任何类型的文件。在转换窗口中加载时对文件所做的更改不会保存到文件本身。

　　Message 窗口显示与 MCT 执行的所有文件操作相关的状态消息，例如，加载文件以进行转换和将文件导出到 STK。

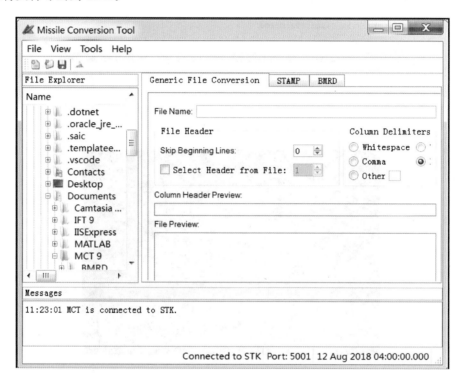

图 7 - 114　MCT 界面显示

　　为了使 MCT 能够与 STK 正常通信，STK 必须许可安装和使用 Connect，如图 7 - 115 所示。

　　STK 连接的状态显示在窗口的右下角。如果 MCT 可以连接到 STK 并且加载场景运行，用户将在状态区域中看到"已连接到 STK"和场景时间。如果没有加载场景，用户将看到 No Epoch Available。如果 MCT 无法连接到 STK，用户将在状态区域看到"无法连接到 STK"。MCT 不会尝试自动重新连接到 STK；要完成此操作，请单击 MCT 工具栏上的 AGI 按钮或单击"工具"菜单，然后选择"连接到 STK"。

7.4.1.1　通用文件转换

　　通用文件转换包含两个选项卡：设置解析属性和配置数据，其中数据是列式 ASCII 文本，并指定将生成的文件输出并导出到 STK。

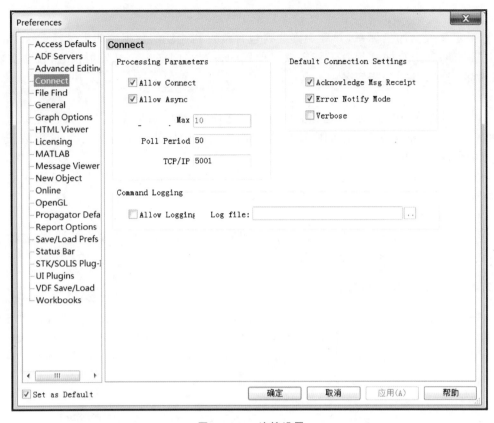

图 7 - 115   连接设置

(1) 设置解析属性

1) 文件名

加载的文件将在此字段中显示其完整路径名称。

2) 文件头

在 Skip Beginning Lines 字段中,选择文件开头的非列数据行。这些行将在文件预览中显示为阴影,表示它们将从转换中排除。选择 Select Header from File 选项以将其中一行指定为包含列标题。

3) 列分隔符

选择用于分隔文件中列的符号或其他方法。

4) 列标题预览

此字段使用"从文件中选择标题"选项,显示已标识为包含列标题的行。

5) 文件预览

文件预览显示文件中包含的数据,该数据允许用户验证是否已选择要转换的文件,以及是否正确配置数据以进行导出。

(2) 配置数据

1) 时   间

通过从下拉菜单中选择时间,以确定文件中的哪一列包含时间数据。

2) 位置/速度

选择定义数据的坐标系,并确定哪些列包含位置和速度的数据。如果选择 East-North-Up 坐标框架(其中数据是相对于特定发射位置的位置),则必须定义发射位置,该位置将在 STK 中定义为设施对象指定名称。

3) 方　向

如果文件包含方向数据,请选择方向选项。选择"类型",然后标识哪些列包含适当的数据。MCT 不执行不同参考系之间的转换。因此,用户应确保使用与定义位置/速度数据时使用的方向数据相同的参考系。

【注】如果用户使用通用文件转换器转换从 STAMP 导出的 BMRD 文件,并且正在使用 ECI 坐标系,则需要将方向设置为 Euler Angles,序列为 ZYX。

4) 对　象

单击省略号按钮,选择用于在 STK 的 3D 图形窗口中显示的导弹模型文件;在名称中输入要在 STK 中创建的导弹对象的名称。

7.4.1.2　STAMP 文件转换

在 STAMP 选项卡中选择 STAMP 格式的输入文件,并指定将生成的文件导出到 STK。要转换 STAMP 数据,请在"文件资源管理器"窗口中双击每个 STAMP 输出文件;MCT 将加载它们并在各自的字段中显示文件路径:Boost、PBV、Auxiliary 和 Object,如图 7 - 116 所示。

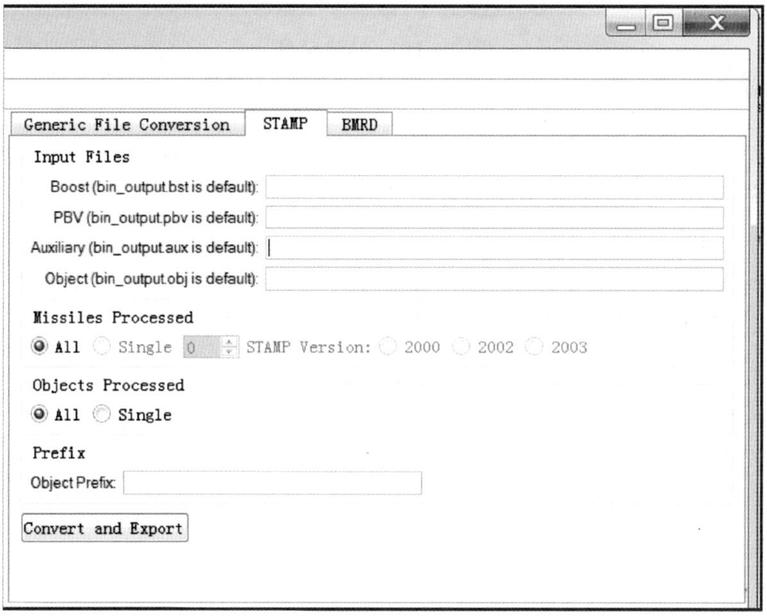

图 7 - 116　STAMP 文件转换

(1) 输入文件

输入文件包括 Boost、PBV、Auxiliary、Object 等各类对象文件。

（2）已处理的导弹

选择 Single 或 All 以处理源数据中包含的一个或所有导弹。如果要转换单个导弹轨迹，MCT 将自动检测 STAMP 版本；如果要从多个轨迹转换选定的导弹轨迹，则必须手动识别STAMP 版本。

（3）已处理的对象

选择处理每个导弹的源数据中包含的一个或所有对象。

（4）前　　缀

输入前缀，当在 STK 中创建对象时将添加到对象名称前。

（5）使用新的导弹系统

如果从导弹系统中转换弹道，则必须验证导弹系统是否已在 STK_Model_Matrix 和 STK_Model_Offset 文件中定义。

1）STK_Model_Matrix 和 STK_Model_Offset 文件

当 MCT 将 STAMP 文件转换为 STK 轨迹时，它会引用两个文件，用于定义 STK 中导弹的三维可视化，分别是 STK_Model_Matrix 和 STK_Model_Offset。STK_Model_Matrix 文件将 3D 模型分配给导弹组件，而 STK_Model_Offset 文件定义轴向偏移。这两个文件包含STAMP 提供的大多数导弹系统所需的数据，但某些类别系统除外。使用 MCT 转换的STAMP 导弹轨迹必须在 STK_Model_Matrix 和 STK_Model_Offset 文件中定义其导弹系统。如果转换未在这些文件中列出导弹系统的轨迹，可以编辑文件并添加所需的导弹系统。按照以下步骤将导弹系统添加到这些文件中：

① 浏览到位于<MCT InstallDir> \ bin 中的 STK_Model_Matrix 文件。

② 使用文本编辑器打开文件。该文件由数据行组成，每个导弹系统一个。

③ 选择与要添加的导弹系统条目类似的现有导弹系统条目，复制该文件的该行并将其粘贴到底部。必须始终将新行附加到文件的底部。

④ 根据需要编辑导弹系统的数据列。输入的名称必须与 STAMP 使用的名称完全相同，包括大小写。

⑤ 定义新系统后，保存文件并退出。

⑥ 对 STK_Model_Offset 文件重复步骤①～⑤，该文件位于同一文件夹中。文件数据列中的值均以 m 为单位。

2）关于 STAMP 文件

战略和战区攻击建模过程（STAMP）是一种威胁生成器和工程分析工具，用于模拟从发射到打击的弹道导弹飞行全过程。

STAMP 导弹模拟的详细数据，无论是单个轨迹还是场景，都以直接访问二进制文件的形式输出，以便快速访问数据，生成四个文件：Booster、PBV、Object 和 Auxiliary。

Boost 文件的记录类型和整体文件结构如图 7 - 117 所示。

7.4.1.3　BMRD 文件转换

BMRD 选项卡选择 BMRD 格式的输入文件，指定生成并导出到 STK 的输出，如图 7 - 118 所示。

【注】如果所选文件包含多个对象，则只会转换文件中的第一个对象。

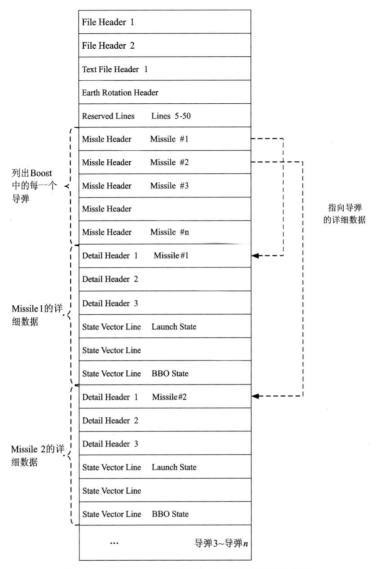

图 7 - 117　Boost 文件的记录类型和整体文件结构

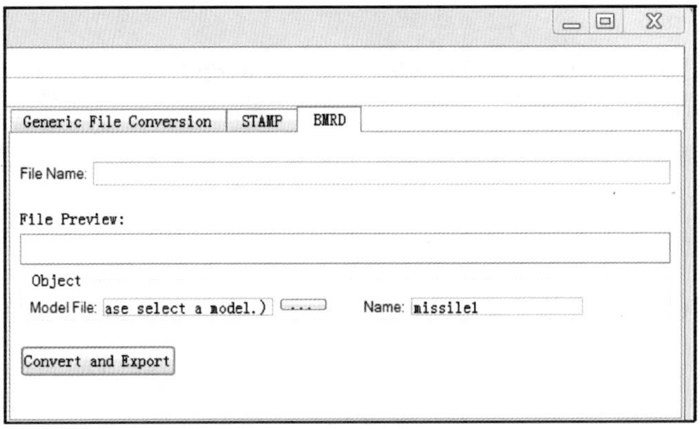

图 7 - 118　BMRD 文件转换

BMRD 文件是一个包含 58 列输出数据的 ASCII 文件,具体格式如表 7-12 所列。

表 7-12 BMRD 文件元素

BMRD 变量	单 位	BMRD 变量	单 位
Time	s	Pitch_Angle_ECL	(°)
Ground_Range	m	Roll_Angle_ECL	(°)
Altitude	m	Yaw_angle - ENU	(°)
Angle_of_Attack	(°)	Pitch_angle - ENU	(°)
Flight_Path_Angle	(°)	Roll_angle - ENU	(°)
Precession_Cone	(°)	Body_Rate_Axial	(°)/s
Thrust	N	Body_Rate_Y	(°)/s
CG_Axial	m	Body_Rate_Z	(°)/s
Position(G) - ECL	m	Ballistic_Coeff	kg/m²
Position(E) - ECL	m	Mass	kg
Position(N) - ECL	m	CP_Pitch_Plane	m
Position(E) - EUN	m	CP_Yaw_Plane	m
Position(N) - EUN	m	Airspeed	m/s
Position(U) - EUN	m	Ixx	kg · m²
Velocity(G) - ECL	m/s	Iyy	kg · m²
Velocity(E) - ECL	m/s	Izz	kg · m²
Velocity(N) - ECL	m/s	Time_Of_Liftoff	s
Velocity(E) - EUN	m/s	Mach_Number	无
Velocity(N) - EUN	m/s	Sensed_Accel_Y	m/s²
Velocity(U) - EUN	m/s	Sensed_Accel_Z	m/s²
Accel(G) - ECL	m/s²	Dynamic_Press	nm
Accel(E) - ECL	m/s²	Pitch_AoA	(°)
Accel(N) - ECL	m/s²	Yaw_AoA	(°)
Accel(E) - EUN	m/s²	Time_Last_State	s
Accel(N) - EUN	m/s²	Latitude	(°)
Accel(U) - EUN	m/s²	Longtitude	(°)
Sens_Acc_Axial	m/s²	Drag_Coefficent	无
Sens_Acc_Normal	m/s²	Cm_Alpha_Slope	1/rad
Yaw_Angle - ECL	(°)	T_Since_Liftoss	s

7.4.2 命令行运行 MCT

可以从批处理程序、脚本或其他应用程序中调用 MCT,并绕过 MCT 图形用户界面以转换通用或 STAMP 文件。

（1）通用文件转换

1）配　置

要从命令行运行通用文件转换，必须将路径更改到＜MCT Install Dir＞ \ bin 目录。源文件可以位于任何位置，语法指定其位置。

2）通用文件转换语法

mct project_file ［file_to_convert］ object_name ［model_file］

（2）STAMP 文件转换

1）配　置

输入文件具有表 7 - 13 列出的结构即可。

表 7 - 13　STAMP 文件格式

行	说　明
1	Boost 文件，包括完整路径
2	PBV 文件，包括完整路径
3	辅助文件，包括完整路径
4	对象文件，包括完整路径
5	导弹处理选项，All_Missiles 或 Single_Missile
6	导弹编号。如果在第 5 行输入 Single_Missile，则输入要处理的导弹编号；如果不需要此行，请向上移动后续行，以便没有空行
7	标签前缀，分配给在 STK 中创建的对象
8	对象处理选项，All_Objects 或 Single_Object
9	STAMP 数据类型，如果数据是在手动放置模式下生成的，那么请输入 STAMP 的版本：2000、2002、2003

2）STAMP 文件转换语法

要运行 STAMP 转换，请在提示符处输入以下命令：

mct-s ［input_file］

输入文件必须包含完整路径。

3）输入示例文件

c:/stk/doejohn/mct/bit_output.bst
c:/stk/doejohn/mct/bit_output.pbv
c:/stk/doejohn/mct/bit_output.aux
c:/stk/doejohn/mct/bit_output.obj
sigle_Missile
1
test
ALL_OEJECTS
2003

第 8 章
太空环境及其效应模块(STK/SEET)

太空环境及其效应工具(Space Environment and Effect Tool, SEET)模块主要是评估太空环境对航天器的影响, SEET 模块对近地空间环境及其对航天器的影响进行了综合建模, SEET 模块能够计算航天器在整个轨道上暴露于电离粒子、热辐射和太空碎片的程度。主要应用包括:

- 计算卫星在其生命周期内受到的总辐射;
- 确定进出南大西洋异常区的时间;
- 计算粒子对卫星的影响;
- 确定卫星的最佳屏蔽量,避免产生不必要的重量;
- 确定在南大西洋异常区关闭仪器的精确时间窗口。

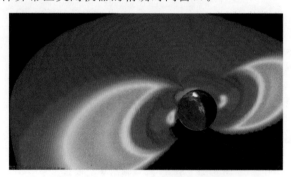

8.1　SEET 模块概述

STK 的 SEET(太空环境及其效应工具,STK/SEET)由美国大气与环境研究中心(Atomspheric and Environment Research, Inc.)开发。利用 STK/SEET 可以对太空环境进行建模,并就太空环境对航天器的影响效应进行分析。SEET 模块提供了基于大量历史数据进行平均和重新分级的太空环境状态信息。STK/SEET 主要包括以下几个功能:

① 地球辐射环境分析(Trapped Radiation Environment):计算卫星沿轨道穿过地球电离层时的电离剂量率、高能粒子通量以及积累的总剂量和通量。

② 外太空辐射环境分析(Untrapped Radiation Environment):计算卫星任务期间受到银河宇宙射线剂量以及太阳高能粒子的影响。

③ 南大西洋异常分析(South Atlantic Anomaly Transit):计算卫星穿越南大西洋异常区域的时间和可能的通量大小。

④ 磁场分析(Magnetic Field):计算沿卫星路径磁场的大小,以及利用标准模型进行磁力线追踪。

⑤ 粒子影响分析(Particle Impacts):在用户指定的危害范围内,计算给定卫星横截面和轨道的情况下小质量粒子碰撞事件的概率分布。

⑥ 飞行器温度(Vehicle Temperature):利用简单的热平衡公式,计算卫星暴露在太阳直射和地球辐射下的平均温度。

8.2 SEET 场景属性

8.2.1 基本属性

打开 STK,新建一个场景,进入场景属性界面,在 Basic 里面找到 SEET Radiation 选项,如图 8-1 所示。

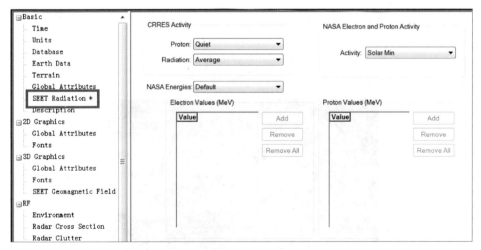

图 8-1 SEET 场景辐射环境设置

可以看到,辐射环境包括 CRRES Activity、NASA Electron and Proton Activity 和 NASA Energies 三个部分,下面分别进行介绍。

(1) CRRES Activity

CRRES Activity 包括 CRRES-Proton 和 CRRES-Radiation 两部分。CRRES-Proton 是一个质子通量模型,可以对能量进行微分计算。该模型能够得到 1～100 MeV 离散区间内高能质子通量,利用通量模型创建由 CRRES 搭载的质子望远镜(计算机辅助设计)上收集的数据。其给出的质子通量只是在一组特定的能量上(1.5, 2.1, 2.5, 1.5, 2.1, 4.3, 5.7, 6.8, 8.5, 9.7, 10.7, 13.2, 16.9, 19.4, 26.3, 30.9, 36.3, 41.1, 47.0, 55.0, 65.7, 81.3 eV)。CRRES-Proton 数据库有两个类型:Quiet 和 Activity。

● Quiet:是指模型基于 1990 年 7 月 27 日至 1991 年 3 月 19 日(在 1991 年 3 月 24 日大

风暴之前)之间的数据,这段时间太阳活动较为平缓。

- Activity:是指模型基于 1991 年 3 月 31 日至 1991 年 10 月 12 日(在 1991 年 3 月 24 日大风暴之后)之间的数据,这段时间太阳活动较为剧烈。

CRRES-Radiation 模型基于美国科学卫星(CRRES)上剂量计收集的数据来预测受到的辐射剂量(剂量率或总剂量),提供在四种屏蔽厚度(82.5,232.5,457.5,82.5 毫寸)下的剂量数据。与 Proton 模型类似,CRRES-Radiation 数据库也包括几个类型,分别为 Quiet、Activity 和 Average。

- Quiet:是指模型基于 1990 年 7 月 27 日至 1991 年 3 月 19 日(在 1991 年 3 月 24 日大风暴之前)之间的数据,这段时间太阳活动较为平缓。
- Activity:是指模型基于 1991 年 3 月 31 日至 1991 年 10 月 12 日(在 1991 年 3 月 24 日大风暴之后)之间的数据,这段时间太阳活动较为剧烈。
- Average:是指模型基于 CRRES 整个任务期间的平均数据。

(2) NASA Electron and Proton Activity

STK/SEET 在进行辐射计算时,利用的是 CRRES 和 NASA 的联合模型。前面已经介绍了 CRRES 模型,接下来介绍 NASA 模型,包括 NASA-Electron 和 NASA-Proton 模型。

- NASA-Electron 是一个电子通量模型,该模型能够计算能量差分全向电子通量。NASA-Electron 使用的是 NASA AE－8 辐射带模型,该模型能够指定在 0.04～7.0 MeV 之间的能量等级。
- NASA-Proton 是一个质子通量模型,通过能量微分,计算 NASA AE－8 辐射带模型的电子通量。该模型能量值设在 0.1～400 MeV 之间。

在使用 NASA 模型时,还需要定义模型的适用性约束。这部分有两种情况:Solar Min 和 Solar Max。

- Solar Min:是指采用的 NASA 模型适用于最小太阳周期情况。
- Solar Max:是指采用的 NASA 模型适用于最大太阳周期情况。

(3) NASA Energies

前面已经提到了 NASA 模型能量值的范围,用户可以利用 NASA Energies 自定义能量等级。NASA Energies 有 Default 和 Custom 两个选项,如图 8－2 所示。

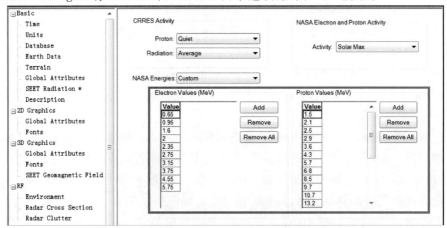

图 8－2　电子和质子能量设置

- Default：是指 NASA 模型采用默认设置，也就是采用 CRRES 模型的能量设置。
- Custom：是指用户可以自定义 NASA 模型的能量等级。

这里需要注意的是，设置的能量等级数目不能少于 3 个，否则 STK 无法进行计算。

8.2.2 地磁场显示属性

STK/SEET 地磁场图形显示工具可以显示出地磁场并给出场线，其设置界面如图 8-3 所示。

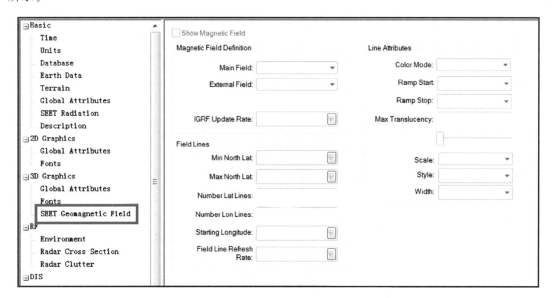

图 8-3　SEET 场景地磁场三维显示设置

地磁场图形显示可从三个方面来进行设置，包括地磁场定义（Magnetic Field Definition）、场线属性（Field Lines）以及显示设置（Line Attributes）。

（1）磁场定义（Magnetic Field Definition）

磁场环境包括地球磁场和星际磁场，对卫星来说，空间磁场主要指地球磁场。从地心至磁层边界这一空间范围内的磁场称为地磁场，如图 8-4 所示。

地球磁场（也称为主磁场）可以近似表示为磁偶极子，其一个极点在地理北极附近，而另一个极点在地理南极附近。极点的位置和磁场的强度会随时间变化，所以代表地磁场的标准系数会做定期调整。这一系列标准系数连同其标准的数学描述，被称为国际地磁参考场（IGRF）。IGRF 主磁场表中的标准系数大约每 5 年增加一次节点。这些节点历元之间，系数是线性插入的，它随时间缓慢变化。

除了主磁场外，太阳发出的带电粒子（称为太阳风），从太阳向各个方向传递星际磁场。太阳风会压缩地球主磁场，形成一个磁覆盖效应，在足够高的高度改变近地磁场偶极子的基本特征，这部分由于太阳星际磁场和地磁场相互作用产生的磁场，被称为外部磁场，与主磁场分开建模。在进行地磁场图形显示之前，首先需要定义磁场模型。STK 在磁场定义中给出了三部分内容进行设置，包括主磁场模型（Main Field）、外磁场模型（External Field）和 IGRF 模型系数的更新速率（IGRF Update Rate）。

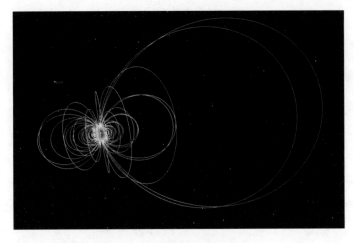

图 8 - 4　地磁场三维显示

1) 主磁场模型(Main Field)

对于 SEET 可选的主磁场模型有 Full-IGRF、Fast-IGRF 以及 Tilted-Dipole。

- Full-IGRF:提供了基于 IGRF 系数完整的谐波扩张的磁场计算。重要历元的模型系数是从 ICRF 系数表中线性插入,其中节点间隔大约 5 年。
- Fast-IGRF:提供了 IGRF 谐波扩张的一个专门调整版本。Fast-IGRF 的精度可以达到 IGRF 的 99% 以上,同时计算速度适中。
- Tilted-Dipole:以前称为 Centered-Dipole,是一个参数来自 IGRF 系数设置的近似的地球磁场。偶极子的位置和取向是相对固定的,当放在地心地固坐标系上时,它的轴线相比于地心地固坐标系的 Z 轴和 X 轴围绕原点向南倾斜和向东旋转。

2) 外部磁场模型(External Field)

对于 STK/SEET 可选的外磁场模型是 Olson-Pfitzer 模型,它只依赖于磁场中一个重要位置的当地时间,即相对于太阳方向的位置。

3) IGRF 模型系数的更新速率(IGRF Update Rate)

IGRF Update Rate 是指 IGRF 模型系数从 IGRF 系数表中进行更新的速率。默认更新速率是 1 天,这对大多数应用程序应该足够了。如果涉及大场景周期的磁场计算,为了提高计算速度,可以对其进行修改。

(2) 场线属性(Field Lines)

Field Lines 主要用来设置磁场线(包括边界线)的属性,包括起始纬度(Min North Lat)、结束纬度(Max North Lat)、纬度区间中线的数量(Number Lat Lines)、起始经度(Starting Longitude)以及场景中磁场线的刷新速率(Field Line Refresh Rate)等。

【注】更大的磁场线刷新速率可能有助于提升磁场的动态显示速度。

(3) 显示设置(Line Attributes)

这部分主要用来设置场线显示的效果,包括场线的颜色(Color)、类型(Style)、线宽(Width)等。

8.3 SEET 对象属性

下面以卫星为例,介绍对象的 SEET 属性设置。

8.3.1 环境模型

打开 STK,新建一个卫星,进入卫星属性界面,在 Basic 里面找到 SEET Environment 选项,如图 8-5 所示。

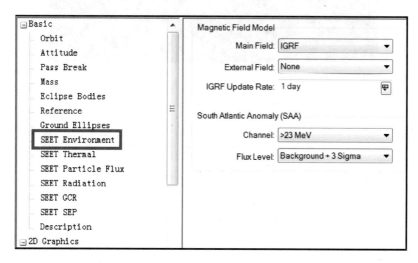

图 8-5　SEET Environment 设置

SEET Environment 设置中主要包含两部分内容:磁场模型(Magnetic Field Model)和南大西洋异常(South Atlantic Anomaly,SAA)。

(1) 磁场模型

这部分内容与场景属性设置一样,在此不作赘述。

(2) 南大西洋异常

在低海拔地区,地磁场大约是一个倾斜的偶极子模式。高能的电子和质子被困在这个区域形成范·艾伦辐射带。因为磁偶极子模式的中心从地球的中心偏移,部分内辐射带在南大西洋地区的高度明显降低,这一地区被称为南大西洋异常区。SAA 是一个地球磁场强度较弱的空间区域,该区域的电离辐射浓度会因磁场强度的减弱而增加。这种辐射会破坏飞船电子器件和引起单粒子翻转(SEUs),从而影响电子元件的功能。了解一个卫星将何时处于 SSA 中有助于降低航天器电子器件损害的风险。SAA 集中在巴西南大西洋海岸,海拔高度约350 km,传播纬度约30°,传播经度约60°。随着高度的增加,SAA 区域向东、向西传播,最终高度约1 300 km,在这一高度它能够将地球完全包围。

SAA 的二维显示如图 8-6 所示。

SEET 中 SAA 模型的数据来自于搭载在实验卫星 TSX-5 的质子探测器在 2000—2006 年间对该区域的探测数据,数据库由四套高于四个质子能量通量阈值(23,38,66,94 MeV)的网格积分能量通量构成;数据的分辨率包括纬度、经度和高度,分别为 3°,3°,50 km,数据范围

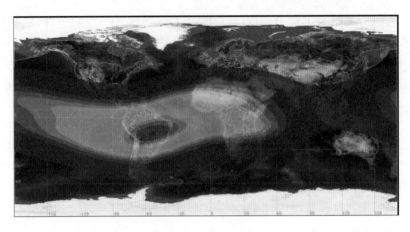

图 8-6　SAA 二维显示

覆盖所有的纬度和经度,高度范围在 400~1 700 km 之间。

　　SEET 环境中的 SAA 包含两部分内容:能量频段(Channel)和通量水平(Flux Level)。

- 能量频段(Channel):SAA 要求所有相关流量输出都需要指定能量频道参数,用户应该基于飞行器仪表的性质和灵敏度选择适当的能量频段(>23 MeV、>38 MeV、>66 MeV 或>94 MeV);

- 通量水平(Flux Level):对于指定了能量频段和海拔的模型,该模块能够标示出 SAA 通量的轮廓线,反映特定频段和高度的最大通量;要求轮廓是背景通量水平加上 3 个标准差(Background+3 Sigma)、最大流量的十分之一(Tenth of Peak)或最大流量的一半(Half of Peak)。

8.3.2　热模型

　　SEET 热模型(Thermal Model)利用简单的热平衡方程,计算卫星暴露在太阳直射和地球辐射下的平均温度。图 8-7 所示为 SEET 热模型设置。

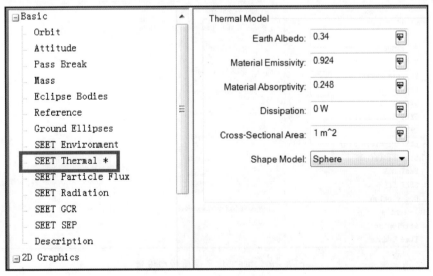

图 8-7　SEET 热模型设置

在 SEET Thermal 模型设置中,用户可以指定大量的航天器热学特性,包括地球反照率(Earth Albedo)、材料反射率(Material Emissivity)、材料吸收率(Material Absorptivity)、耗散功率(Dissipation)、截面积(Cross-Sectional Area)以及用于温度计算的形状模型(Shape Model)。

8.3.3 粒子能量模型

SEET 粒子通量模型用于计算在给定航天器横截面积和轨道的情况下微流星体、空间碎片粒子与航天器碰撞的碰撞概率及概率分布,结果是时间和粒子质量的函数。同样,在指定表面材料属性和危害范围区间的情况下,该模块也可以确定这些粒子造成危害的比例。

该模块主要基于两个模型:SEET 微流星体环境模型和 SEET 碎片环境模型。

(1) SEET 微流星体环境模型

该模型主要是基于 50 年的流星雨参数化数据库。数据库所指定的每一个流星雨都提及了它发生的日期和 ZHR 峰值(在晴朗的天空中一个观察者一小时内可以看见的流星数量)和流星辐射点,通过将数据库的视觉可见观察率转化为质量变化率,进而可以得到时间依赖的各向异性的流星体通量模型。该模型有 221 个不同的粒子类型(质量范围为 $10^{-9} \sim 10^{2}$ g)。

针对零散的流星体(与任何特定的流星雨或起源方向无关的星际宇宙尘埃),在构建流星体环境模型时,可以利用一个常用的粒子质量分布文件补充一个可选的背景通量,实现对真实环境更高精度的模拟。

(2) SEET 碎片环境模型

基于实验研究导出的凯斯勒方程,计算在给定时间内轨道的微小碎片粒子通量,把它作为粒子大小、卫星平均高度、轨道倾角和在过去 13 个月平均 $F_{10.7}$ 太阳活动指数($F_{10.7}$ 指数是一个影响地球大气层的太阳能量指标,追溯到 1947 年)的函数。该模型可通过一个固定的增长率来预测轨道碎片随时间的增长。

图 8-8 所示为 SEET 粒子通量模型设置。

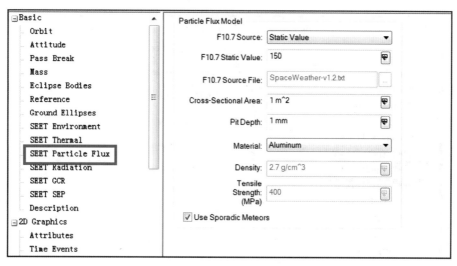

图 8-8　SEET 粒子通量模型设置

这部分需要设置粒子环境和卫星表面属性。SEET Particle Flux 的设置信息如下:

- F10.7 Source:碎片碰撞计算需要前 13 个月的 $F_{10.7}$ 太阳平均通量数据,可以指定一个静态的 $F_{10.7}$ 值,或者从太阳通量数据源文件中自动计算。
- Cross—Sectional Area:卫星的横截面积。
- Pit Depth 和 Material:如果要获得理想的碰撞概率结果,需要选择卫星表面材料、相关洼坑的深度范围,以及自定义材料时的材料属性值。
- Use Sporadic Meteors:是否选择零星流星体(宇宙尘埃)对碰撞计算的贡献。

8.3.4 辐射属性

SEET 辐射模型能够计算对象在指定防护厚度的情况下,高能电子和质子粒子的剂量率和累计剂量,也能够在广泛的粒子能量区间内计算高能质子和电子的通量。在计算之前,需要对对象的辐射属性进行设置,如图 8-9 所示。

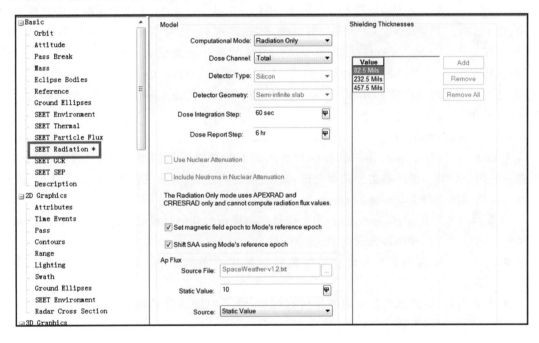

图 8-9 SEET 辐射模型设置

SEET 辐射属性的设置包括三部分:Model、Ap Flux 以及 Shielding Thickness。

(1) Model

1) 计算模式(Computational Mode)

用户可以在辐射模型中选择以下五种计算模式:

- APEXRAD:辐射剂量率和积分剂量。基于防护厚度为 4.29,82.5,232.5,232.5 mil 下 APEX 卫星空间辐射剂量计收集的数据。
- CRRESRAD:辐射剂量率和集成的剂量。基于屏蔽厚度为 82.5,232.5,457.5,457.5 mil 下 CRRES 空间辐射剂量计收集的数据。
- Radiation Only:辐射剂量率和集成的剂量。基于 CRRESRAD 和 APEXRAD 的数据;

计算默认为 APEXRAD 辐射模型,但在 APEXRAD 的有效范围之外将使用 CRRES-RAD ,只有在 APEXRAD 和 CRRESRAD 共同的屏蔽厚度之间才可以使用这种模式(82.5,232.5,457.5 mil)。

- CRRES:带电粒子流量和通量(流量随时间的积分),以及剂量率和累计剂量。CRRE-SELE 和 CRRESPRO 模型可使用所有 CRRES 模型支持的质子和电子的能量。最终将 CRRES 模型结果输入 SHIELDOSE-2 来执行剂量计算。
- NASA:带电粒子通量和影响,以及剂量率和累计剂量。NASAELE 和 NASAPRO 模型,可使用 CRRES 模型中质子和电子的能量,也可使用用户在列表中设定的能量。最终将 NASA 模型结果输入 SHIELDOSE-2 来执行剂量计算。

2)剂量通道(Dose Channel)

目的在于估算单粒子翻转的影响(包括闭锁),把重离子通量分布作为粒子类型的函数,把能量分布作为离子的线性能量传递函数(LET)。LET 表示沿着离子运动的路径,每单位距离目标材料上沉积离子失去的能量多少。因此,用户可以从三个 LET 等级中选择性地获取剂量输出:低 LET(沉积量 0.05~1 MeV,来自电子、轫致辐射、能量高于 100 MeV 的质子)、高 LET(沉积量 1~10 MeV,来自能量 20~100 MeV 的质子和能量大于 5 MeV 的电子)和总 LET(沉积量 0.05~10 MeV,低 LET 和高 LET 的总和)。Dose Channel 影响 CRRESRAD 模型(通过 CRRESRAD 或 Radiation Only 计算模式)和 APEXRAD 模型(通过 APEXRAD 或 Radiation Only 计算模式)。

3)探测器(Detector)

① 探测器类型(Type):用户选择少量铝屏蔽下的材料样品的类型用于 SHIELDOSE-2 模型中的剂量计算。探测器类型选项包括:铝、石墨、硅、空气、骨头、钙、镓、锂、二氧化硅、组织和水。默认的探测器类型是硅。

② 探测器几何构型(Geometry):用户选择在铝屏蔽的几何材料试样用于 SHIELDOSE-2 模型中的剂量计算。探测器几何构型选项包括:

- Finite-slab:探测器是嵌入在铝屏蔽材料制成的平面板的一侧,并通过板辐照到另一边。
- 半无限板:探测器具有相同的几何有限板,除了铝屏蔽材料辐照表面,背后没有边界(从而封闭探测器材料)。
- 球形:探测器的构型是一种实心球体,嵌入在铝屏蔽材料中。

4)其他选项

① Set magnetic field epoch to Mode's reference epoch:该选项被选上后,辐射环境计算的模型才可以使用固定的历元和辐射数据库构建外磁场模型。每个模型的历元情况如下:APEXRAD 模型,1996 年,没有外磁场;CRRES 模型,1985 年,Olsen-Pfitzer 平静的外部磁场;NASAELE 模型太阳能最小,1962 年,没有外磁场;NASAPRO 模型太阳能最大,1970 年,没有外磁场。所有情况下使用具备相应的历元系数的 IGRF / DGRF 主磁场模型。

② Shift SAA using Mode's reference epoch:当"Set magnetic field epoch to Mode's reference epoch."被选上后,该选项才可使用。在这种情况下,该方法用于替换受南大西洋异常区影响的相关位置的磁场计算。

【注】上面的选项只影响辐射环境模型内部磁场计算的历元,对于在辐射环境计算范围以外则没有影响;对于内部场计算的 day-of-year 和 UT,在场景中不做变动。

（2）Ap Flux

输入值是 15 天内标准 Ap 地磁活动指数的平均值,可以是静态值,也可以从通量文件中读取。这个参数会影响 CRRESELE(通过 CRRES 模式)和 APEXRAD(通过 APEXRAD 或 Radiation Only 模式)。

（3）Shielding Thickness

前面已经提到,在 STK/SEET 进行辐射计算时,利用的是 CRRES 和 NASA 的联合模型。对于结合了 CRRES 和 NASA 通量模型的剂量计算,SHIELDOSE-2 辐射传输模型用于估算电离能量沉积(剂量)。SHIELDOSE-2 是一个辐射传输模型(仅当选择 CRRES 或 NASA 计算模式时才会应用),它使用通量模型计算电子和质子通量来估算探测器吸收的总剂量,并把该总剂量作为一个指定屏蔽材料下的深度函数。对于任意的质子和电子光谱,SHIELDOSE-2 模型计算小部分探测器材料在覆盖了一层指定厚度(可以指定多达 70 种不同的屏蔽厚度)铝防护情况下的吸收剂量,输出包括电子辐射、电子轫致辐射和质子辐射产生的总剂量和剂量率。

8.3.5　SEET 图形显示

SEET 环境图形显示设置,包括磁场轮廓显示和南大西洋轮廓显示设置。

① 磁场轮廓显示:该部分设置与上文类似,包括场线的颜色(Color)、类型(Style)、线宽(Width)等。

② 南大西洋轮廓显示:可以设置在指定对象所处的高度上进行显示,随对象高度变化而变化,也可以设置在固定高度上进行显示。

8.3.6　银河宇宙射线

银河宇宙射线(GCR)是来自太阳系之外的带电粒子流,主要成分为高能质子(约占 88%)以及少量的 α 粒子和重离子,粒子能量为 $100 \sim 10^{14}$ MeV,通量为 $2 \sim 4$ $(cm^2 \cdot s)^{-1}$。SEETGCR 设置如图 8-10 所示。

SEET GCR 提供了三种模型选项:CREME86、ISO-15390 以及 Badhwar-O'Neill 2010 (BO10)。这三个模型最大的区别在于数据基础和对太阳的模拟。

① ISO-15390:一个国际公认的标准数据库,记录了 2000 年之前的银河射线数据。选择这个模型之后,太阳影响(Solar Influence)和行星际系数(Interplanetary Weather Index)选项将不需要设置。

② BO10:基于 1955—2010 年间对银河宇宙射线的观测数据,太阳模型与 ISO-15390 类似。需要注意的是,选择 Solar Max 时,PHI 默认为 1 100;而选择 Solar Min 时,PHI 默认为450,且不可更改。行星际系数(Interplanetary Weather Index)选项不需要设置。

③ CREME86:是银河射线对微电子结构的分析模型。能谱主要基于对氢和氦在 10 MeV 100 GeV 范围内的测量,对其他元素,则通过将测量值乘上一个比例系数来获取,这个系数可以是常数,也可以是与能量相关的值。太阳模型采用 1975 年 2 月到 1980 年 8 月之间的正弦

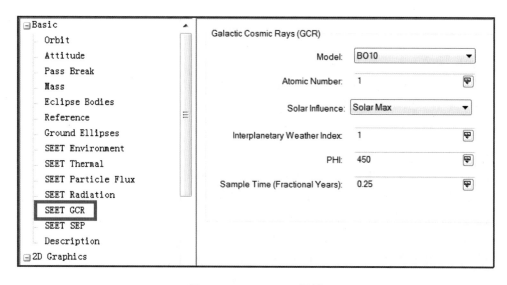

图 8 - 10　SEET GCR 设置

曲线来表示。选择 CREME86 模型进行分析计算时,除了要设置太阳影响(Solar Influence),行星际系数(Interplanetary Weather Index)也需要设置。选择 Solar Max 时,PHI 默认为太阳在 1908/08/05 10:04:04.8 UT 时的影响值;而选择 Solar Min 时,PHI 默认为太阳在 1975/02/21 14:18:14.4 UT 时的影响值,且不可更改。行星际系数表征不规则银河射线的电离程度,分为四个层次:正常背景环境、全电离、90%电离以及单电离。

8.3.7　太阳能粒子

太阳色球经常发生局部区域短时间增亮现象,称为太阳耀斑,同时往往伴随着大量高能粒子的喷发,主要为高能质子,也包括少量的 a 粒子和重离子,质子能量为 10~1 000 MeV。喷发会造成粒子通量的增加,通常会持续几个小时到一周以上,但典型情况下持续 2~3 天。

SEET 的太阳能粒子(SEP)模块基于 IMP 卫星和 GOES 卫星的观测数据,可以预测卫星在任务周期内的累积粒子效应。STK/SEET SEP 包括四部分内容:模型、任务时段、能量以及报告的置信度,如图 8 - 11 所示。

① 模型(Model)　包括 ESP、JPL91 以及 Rosenqvist。

● ESP:基于 IMP 卫星和 GOES 卫星的观测数据以及第 20 太阳周期到 22 太阳周期内的质子观测,确定任务期间超过影响限定水平的大致分布。

● JPL91:利用 1963—1991 年间 IMP 卫星和 OGO - 1 卫星的观测数据来预测质子影响。其中最主要的影响因素是太阳剧烈运动的程度以及任务期间太阳活动的平均次数。

● Rosenqvist:利用 GOES 卫星 1974—2002 年的观测数据对 JPL91 模型进行改进的模型。改进包括计算平均概率分布、标准概率分布以及太阳活跃年份的平均活动次数。

② 任务时段(Mission Duration)　SEP 模型保证太阳能粒子效应水平可信的时段,取值范围为 1~22 年。

③ 能量(Energies)　计算的能量列表,其中的能量值只能够移除,不可进行修改。

④ 报告的置信度(Report Probability)。

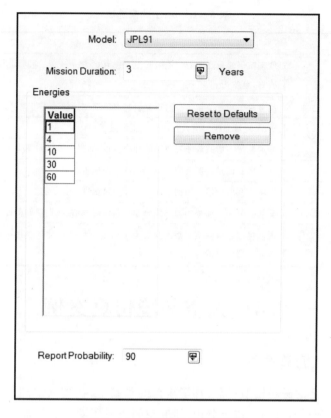

图 8 - 11　太阳能粒子模型设置

8.3.8　SEET 约束选项

STK/SEET 约束可以允许用户对对象施加可行性约束,如图 8 - 12 所示。

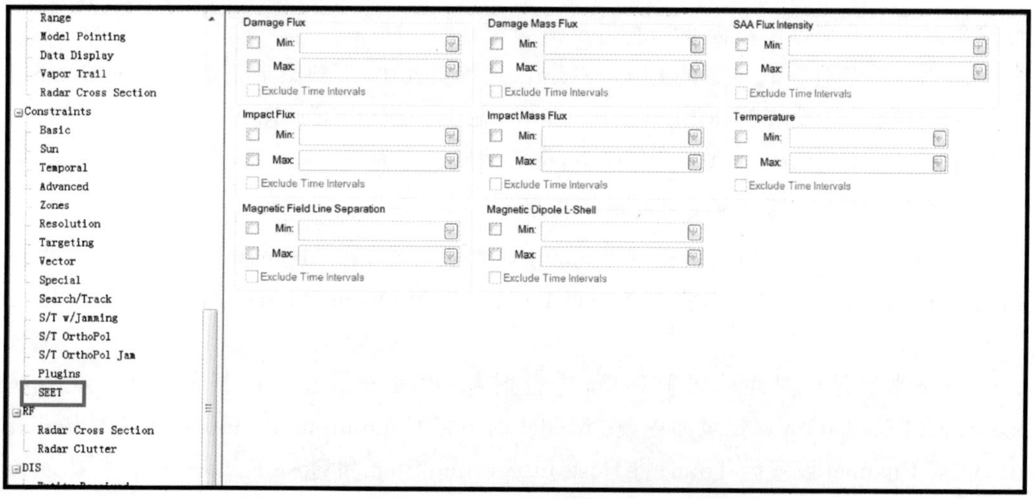

图 8 - 12　SEET 约束属性

SEET 约束选项见表 8 - 1。

表 8 - 1   SEET 约束选项

选　项	说　明
Damage Flux	危害粒子流量。所有可能引起卫星损坏的粒子流量,通过对不同粒子类型建模求和所得,单位为 $m^{-2} \cdot s^{-1}$
Damage Mass Flux	危害粒子质量流量。所有可能引起卫星损坏的粒子质量流量,单位为 $kg \cdot m^{-2} s^{-1}$
SAA Flux Intensity	SAA 流量强度。南大西洋异常流量强度
Impact Flux	冲击流量。所有粒子对卫星的冲击流量,通过对不同粒子类型建模求和所得
Impact Mass Flux	冲击质量流量。所有粒子对卫星的冲击质量流量
Temperature	温度。在假设热平衡的情况下计算卫星温度
Magnetic Field Line Separation	磁场线分布。如果当磁场线分布很紧致时,就是我们熟知的磁共轭
Magnetic Dipole L-Shell	磁偶极子系数。该系数的测量为了标识出粒子在极化磁场中的漂移壳,用来辨认通过航天器位置的场线

8.4　太空环境仿真案例

8.4.1　辐射环境仿真案例

仿真内容:在确定的磁场模型、辐射环境模型的基础上,在场景中加入给定配置和轨道的航天器,并生成所需图表,对图表进行分析,研究空间辐射环境对航天器的影响。

(1)创建场景

① 创建场景,场景时间设置为 1 Oct 2018 00:00:00.000 - 15 Oct 2018 00:00:00.000UTCG,保存场景。

② 利用轨道向导创建一个卫星,半长轴为 15 000 km,偏心率为 0.4,轨道倾角为 30°,近地点辐角为 50°,升交点赤经为 90°,真近点角为 0°。

③ 设置场景属性。在场景的 Basic→Units 属性页面中,下拉滚动条选择 Radiation Shield Thickness,并将单位设置为 Millimeters(mm);在 Basic→SEET Radiation 属性页面中,在 NASA Electron and Proton Activity 框中,将对话框设置为 Solar Max,单击 OK 按钮返回。

(2)配置辐射环境模型中使用的磁场模型

④ 在卫星的 Basic→SEET Environment 属性页面中,在 Magnetic Field Model 框中将 Main Field 设置为 Fast IGRF,将 External Field 设置为 Olson-Pfitzer,IGRF Update Rate 保持不变。

⑤ 接下来配置长时间的辐射环境,进行剂量-深度分析并生成相关报告。在卫星的 Basic→SEET Radiation 属性页面中,在 Model 框中将 Computational mode 设置为 Radiation Only,Dose Channel 设置为 Total;将 Dose Integration Step 和 Dose Report Step 设置为 60 s,并取消 Set magnetic field epoch 选项,其他设置保持不变。

【注】在 Radiation Only,CRRESRAD 和 APEXRAd 计算模式中,防护厚度不能编辑。

⑥ 打开报告图表管理器 Report & Graph Manager,将 Object Type 设置为卫星,打开

SEET Radiation Dose Depth 报告,生成内容如图 8-13 所示。

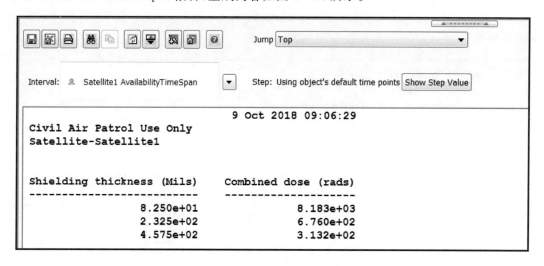

图 8-13　辐射剂量深度表

(3) 配置辐射环境进行高分辨率剂量-深度分析

⑦ 在卫星的 Basic→SEET Radiation 属性页面中,设置模型的计算模式、探测器材料以及探测器的几何构型,并对材料的厚度进行重新设置,添加 1 mm、2 mm、3 mm、4 mm、6 mm、8 mm、10 mm、15 mm 的防护厚度。

⑧ 选择 Set magnetic field epoch 和 Shift SAA 替换环境磁场配置。保持 Dose Integration Step 为 60 s 不变,并将 Dose Report Step 设置为 24 h,如图 8-14 所示。

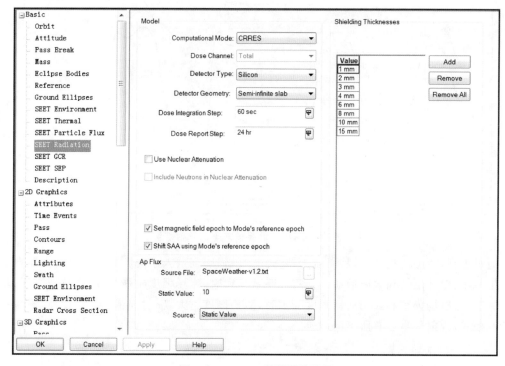

图 8-14　SEET 辐射属性设置

⑨ 返回 Report & Graph Manager 配置页面，重新定义 SEET Radiation Dose Depth，将 Shielding Thickness、Electron Dose、Electron-Brehsstrahlung Dose、Proton Dose 和 Combined Dose 添加到 Report Contents 列表中，生成结果如图 8 - 15 所示。

Jump Top

Interval: Satellite1 AvailabilityTimeSpan　Step: Using object's default time points　Show Step Value

Civil Air Patrol Use Only
Satellite-Satellite1

Electron dose (rads)	Electron-Bremsstrahlung dose (rads)	Proton dose (rads)	Combined dose (rads)
5.156e+03	1.946e+01	1.699e+03	6.874e+03
5.604e+02	7.123e+00	7.242e+02	1.292e+03
8.523e+01	4.208e+00	4.569e+02	5.464e+02
2.041e+01	3.183e+00	3.111e+02	3.347e+02
1.829e+00	2.406e+00	1.772e+02	1.814e+02
1.972e-01	2.041e+00	1.248e+02	1.270e+02
2.071e-02	1.788e+00	9.513e+01	9.694e+01
2.572e-07	1.362e+00	4.255e+01	4.392e+01

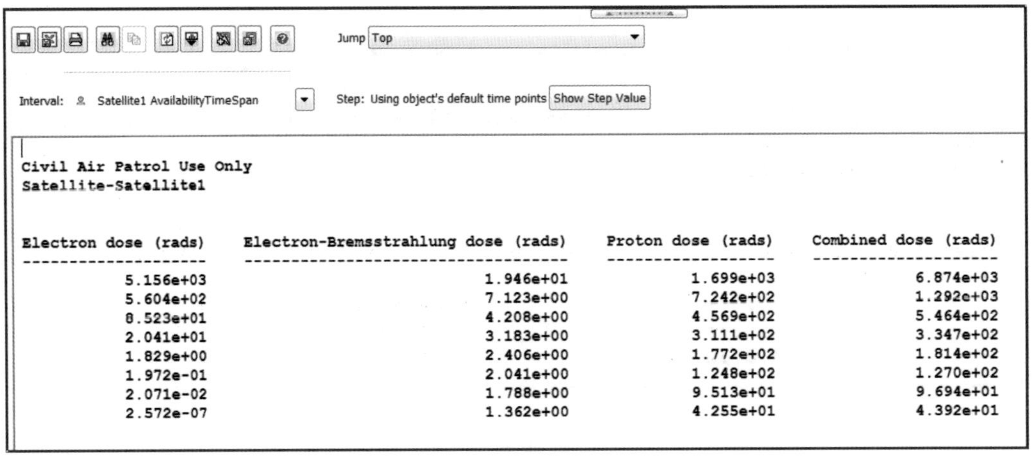

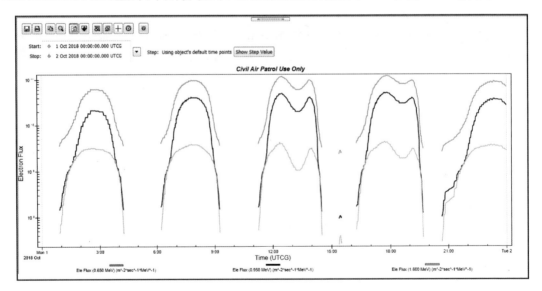

图 8 - 15　重新定义后的辐射剂量深度表

⑩ 回到卫星 Basic→SEET Radiation 属性页面，设置多种计算模式，并打开 SEET Radiation Electron Flux，生成不同计算模式下的辐射剂量图，如图 8 - 16 和图 8 - 17 所示。

图 8 - 16　CRRES 计算模式下的辐射剂量

通过仿真，能够清楚地认识到，航天器受到太阳辐射剂量大小的影响因素有航天器自身材料防护厚度、地球磁场和太阳活动。当防护厚度一定时，磁场强度越强，太阳活动越剧烈，辐射剂量越大；当磁场模型和太阳活动程度一定时，防护厚度越大，辐射剂量越小。此外，采用不同的计算模式，辐射剂量也有所不同。

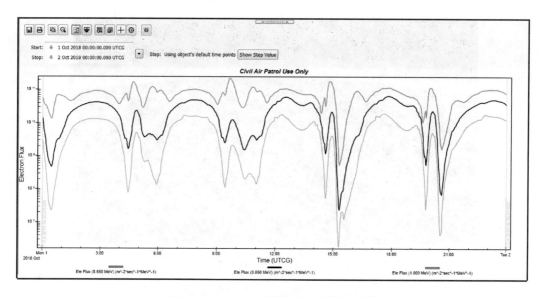

图 8 - 17　NASA 计算模式下的辐射剂量

8.4.2　磁场环境仿真案例

仿真内容:创建场景,在场景中添加一颗卫星和一个地面站,确定沿卫星轨道当地磁场的矢量位置以及卫星与地面站磁力共轭的时间。

(1)创建场景

① 创建场景,并将场景时间设置为 1 Oct 2018 00:00:00.000 - 15 Oct 2018 00:00:00.000UTCG,保存场景。

② 从 From Standard Object Database 中添加 DMSP 卫星,在 SSC Number 文本框中输入 29524,单击 Search 按钮,在卫星列表中将会列出 DMSP 5D - 3F17D。

(2)配置磁场模型和 3D 矢量显示

③ 在卫星的 Basic→SEET Environment 属性页面中,Magnetic Field Model 框中选择默认参数。

④ 在卫星的 3D Graphics→Vector 属性页面中,勾选 Nadir(Centric) Vector,并取消勾选 Show Label 选项;在矢量列表中,选择 Velocity Vector 复选框,并取消勾选 Show Label 选项。

⑤ 单击 Add 按钮打开 Add Vector Components 对话框,在卫星对象的矢量轴中选择 SEET Geomagnetic Field 矢量并将其增加到选择名字列表,并单击 OK 按钮。

⑥ 回到 3D Graphics Vector 面板,确保 SEET Geomagnetic Field 处于勾选状态,改变矢量轴颜色,取消 Show Label 选项,选择 Show Magnitude,单击 Apply 按钮,生成的 3D 场景如图 8 - 18 所示。

【注】如果没有显示,则改变卫星模型大小和可见距离。

(3)实现卫星与地面站的 3D 场景显示

⑦ 从城市列表数据库中插入地面站 Beijing,在地面站对象的 Constraints→Basic 属性页面中取消勾选 Line-of-sight,单击 Apply 按钮。

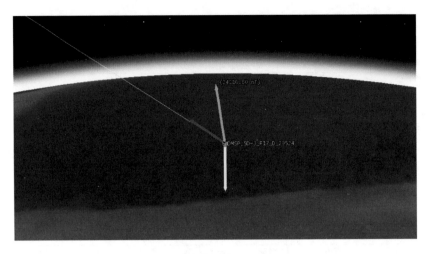

图 8 - 18　卫星矢量 3D 场景显示

⑧ 同样,在卫星对象的 Constraints→Basic 属性页面中取消勾选 DMSP 卫星的 Line-of-sight 选项。

⑨ 在 DMSP 卫星的 2D Graphics→SEET Environment 属性页面中,在 Magnetic Field Line Contour 区域,勾选 Show 3D 和 Show L-shell value label。

⑩ 在 DMSP 卫星的 Constraints→SEET 属性页面中的 Magnetic Field Line Separation 区域,设置最小值为 0°,最大值为 10°。

⑪ 生成卫星和地面站的访问报告,根据报告找出磁力共轭的时间,如图 8 - 19 所示。

Access	Start Time (UTCG)	Stop Time (UTCG)	Duration (sec)
1	1 Oct 2018 10:33:08.002	1 Oct 2018 10:39:10.378	362.376
2	1 Oct 2018 11:58:43.157	1 Oct 2018 12:04:22.936	339.779
3	1 Oct 2018 23:08:26.644	1 Oct 2018 23:15:13.629	406.984
4	2 Oct 2018 00:35:12.343	2 Oct 2018 00:39:03.515	231.172
5	2 Oct 2018 10:15:04.983	2 Oct 2018 10:18:49.268	224.284
6	2 Oct 2018 11:38:53.897	2 Oct 2018 11:45:30.472	396.575
7	2 Oct 2018 22:49:23.225	2 Oct 2018 22:55:31.255	368.030
8	3 Oct 2018 00:14:57.323	3 Oct 2018 00:20:55.630	358.307
9	3 Oct 2018 11:19:32.179	3 Oct 2018 11:26:02.700	390.522
10	3 Oct 2018 11:34:19.923	3 Oct 2018 11:39:54.179	334.256
11	3 Oct 2018 22:31:04.730	3 Oct 2018 22:35:11.291	246.561
12	3 Oct 2018 23:55:14.325	4 Oct 2018 00:02:08.907	414.582
13	4 Oct 2018 11:00:44.139	4 Oct 2018 11:05:49.985	305.846
14	4 Oct 2018 11:14:04.489	4 Oct 2018 11:21:00.988	416.498
15	4 Oct 2018 23:35:52.891	4 Oct 2018 23:42:50.279	417.387
16	4 Oct 2018 23:51:44.694	4 Oct 2018 23:55:34.396	229.702
17	5 Oct 2018 10:54:35.942	5 Oct 2018 11:01:39.733	423.791
18	5 Oct 2018 12:22:20.040	5 Oct 2018 12:24:47.917	147.877
19	5 Oct 2018 23:16:57.728	5 Oct 2018 23:22:49.147	351.419
20	5 Oct 2018 23:30:59.580	5 Oct 2018 23:37:07.150	367.570
21	6 Oct 2018 10:35:43.218	6 Oct 2018 10:41:56.403	373.185
22	6 Oct 2018 12:01:30.673	6 Oct 2018 12:06:57.838	327.165
23	6 Oct 2018 22:59:19.566	6 Oct 2018 23:01:09.925	110.358

Start: 1 Oct 2018 00:00:00.000 UTCG
Stop: 15 Oct 2018 00:00:00.000 UTCG

Jump Top

图 8 - 19　磁力共轭报告

借助 STK 软件,生动地展示了卫星在轨运行时磁场的变化(包括磁场强度和磁场方向),可视化效果显著。通过磁力共轭报告,还能够得出卫星在轨运行时与地面站发生多次磁力共轭。

8.4.3　飞行器温度仿真案例

仿真内容:创建场景,在场景中添加给定配置的卫星,研究卫星平板平均温度的变化。

(1)创建场景

① 创建场景,并将场景时间设置为:1 Oct 2018 00:00:00.000 - 15 Oct 2018 00:00:00.000UTCG。

② 利用轨道向导添加一颗卫星,半长轴为 6 678.14 km,偏心率为 0,轨道倾角为 28.5°,近地点辐角为 0°,升交点赤经为 0°,真近点角为 0°。

(2)设置卫星温度属性

③ 在卫星的 Basic→SEET Thermal 属性页面中,Thermal Model 区的参数设置如图 8-20 所示。

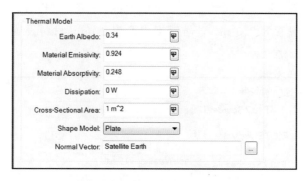

图 8-20　SEET 热模型属性页面

(3)生成数据图表

④ 在对象浏览器中选中卫星,打开 Report and Graph Manager。新建一个报表,命名为 Vehicle Temp,自定义图表,将 SEET Vehicle Temperature 中的 Temperature 添加到 Y 轴,保存生成的结果,如图 8-21 所示。

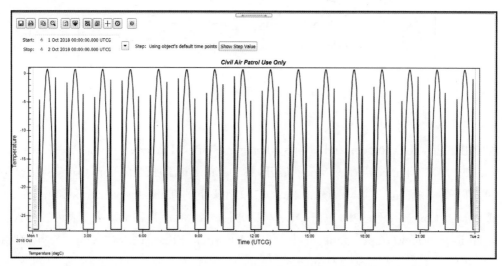

图 8-21　飞行器温度变化情况

8.4.4 粒子碰撞仿真案例

仿真内容:在给定航天器配置和轨道的情况下,确定整个飞行任务期间微流星体和空间碎片对航天器造成的潜在危害。

(1)创建场景和卫星轨道

① 创建场景,并将场景时间区间设为:1 Oct 2018 00:00:00.000 - 15 Oct 2018 00:00:00.000UTCG;

② 利用轨道向导添加一颗卫星,半长轴为 6 678.14 km;偏心率为 0;轨道倾角为 28.5°;近地点辐角为 0°;升交点赤经为 0°;真近点角为 0°,保存场景。

(2)指定太空环境和卫星表面属性

③ 设置粒子环境和卫星表面属性。在卫星的 Basic→SEET Particle Flux 属性页面中设置以下信息:横截面积设置为 2.5 m²,洼坑深度设置为 2 mm,材料设置为聚酯薄膜(Mylar),如图 8 - 22 所示。

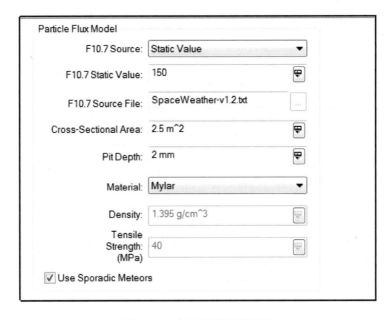

图 8 - 22 粒子通量属性页面

(3)生成报告和图表

④ 选中卫星,点击 Report and Graph Manager,自定义 Particle Flux 报告,将 Data Providers list 中 SEET Particle Flux Model 展开,将 Definition 添加到 Report Contents 列表中;打开 SEET Meteor Flux,将 Damaging Impacts 文件夹下的 Time、Impact flux 和 Impact rate 添加到 Report Contents 列表中,单击 OK 按钮。图 8 - 23 所示为粒子影响图表内容导入。

⑤ 在 Report and Graph Manager 中,自定义 Particle Flux 图表,在 Graph Style 对话框中,打开 SEET Meteor Flux,将 Damaging Impacts 文件夹中的 Impact rate 添加到 Y-Axis

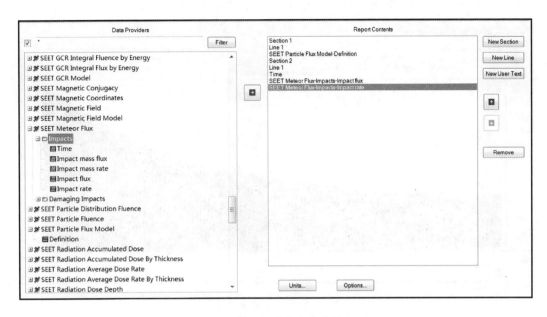

图 8-23 粒子影响图表内容导入(1)

区,单击 OK 按钮关闭。操作界面如图 8-24 所示。

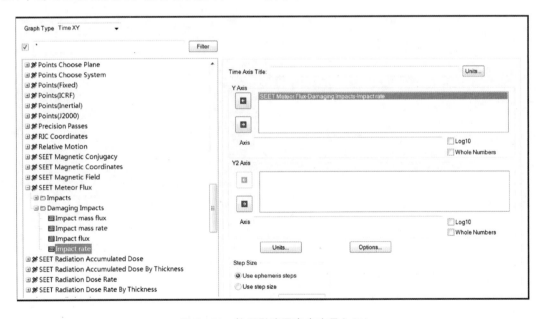

图 8-24 粒子影响图表内容导入(2)

⑥ 生成结果如图 8-25 所示。

借助 STK 软件生成的图表可知卫星在场景时间内受到粒子碰撞的强度变化情况。从图中可以看出,粒子在 10 月 1 日至 15 日粒子碰撞强度在逐渐增强。

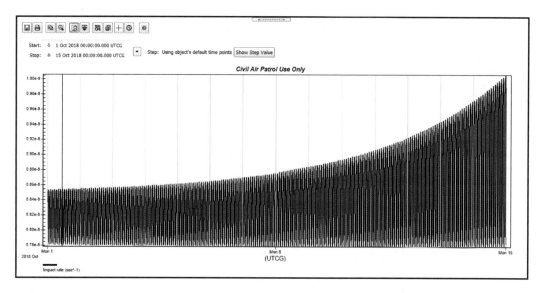

图 8 - 25 粒子影响图表

第 9 章
任务规划模块(STK/Scheduler)

STK Scheduler 是 Orbit Logic 公司提供的与 STK 完全集成的附加模块(即任务规划模块),主要用于空间任务系统的计划和规划,通过定义任务、资源、消解冲突的规划方案,并生成规划结果。Scheduler 调度引擎的全局搜索算法基于神经网络技术,相对于传统的启发式算法,不仅能够在更短时间内找到更优的解决方案,而且能够解决更复杂的规划问题;除此之外,还可用于太空目标监视、航天侦察等任务的规划。主要应用包括:

- 最大化系统能够完成的任务数量;
- 针对高优先级任务优化系统计划;
- 根据系统的实际结果调整未来计划。

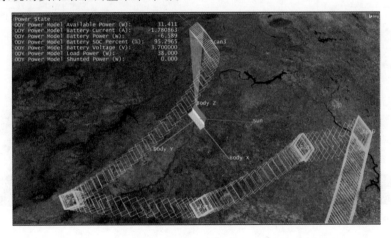

9.1 STK Scheduler 简介

用户通过 STK Scheduler 可自定义任务、资源以及消解冲突的规划方案,STK Scheduler 还支持以各种图形、表格 GUI、ASCII 报告等形式显示或分析结果。任务规划模块在定义任务规划窗口和资源可用时间时,可从 STK 场景中导入对象、访问计算和时间报告。STK Scheduler 具有以下重要特性:

- 可与 STK 完全集成；
- 集成了甘特图和直方图；
- 具有可配置的品质参数(FOM)；
- 提供了多种调度算法；
- 拥有独立的规划验证；
- 可与其他系统集成的强大工具；
- 支持动态调度；
- 可作为 Windows 服务运行。

STK Scheduler 由调度引擎提供支持，与传统的启发式算法相比，该调度引擎能够在更短的时间内找到更好的解决方案。该引擎中的全局搜索算法是基于神经网络技术，该技术不仅优于传统的调度引擎，而且可以为更大、更复杂的问题找到解决方案，可以最大限度地发挥有限资源的价值。STK Scheduler 界面如图 9-1 所示。

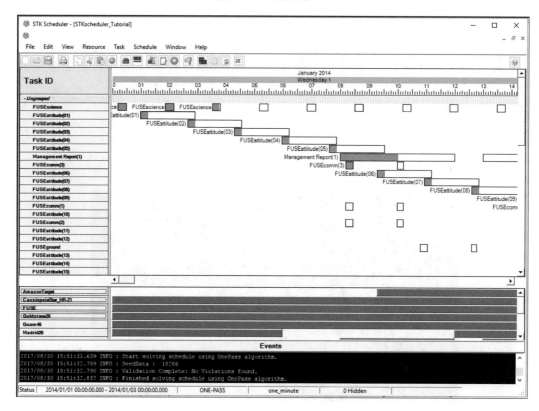

图 9-1　STK Scheduler 界面

STK Schedule 的可执行文件为. ssc 格式，关于同一个调度问题的一切信息(包括它的解决方案)都保存在一个. ssc 文件中。为了让 STK 对象、相关访问数据和事件报告适用于调度问题的定义，需要将 STK Scheduler 规划文件与一个特定 STK 场景文件进行结合。选择 Schedule→STK→Load Scenario，单击 Change Scenario，以 Scheduler 安装目录自带的演示场景 Tutorial 为例，可从目录 STK install folder\AGI\STK 11\STKScheduler\Scenarios\Tutorial\Tutorial. vdf 选择场景文件，如图 9-2 所示。

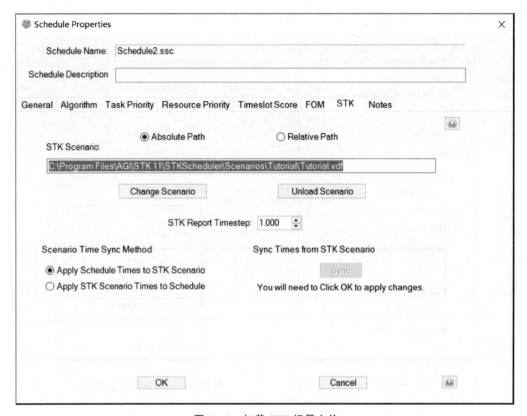

图 9 - 2　加载 STK 场景文件

单击 OK 按钮,STK Scheduler 将运行 STK 并加载选中的场景。STK 应用程序启动并加载场景后,接下来将 STK 应用程序窗口最小化,或把 STK Scheduler 程序置于最前。

9.1.1　菜单栏

菜单栏位于软件顶部,其子菜单包含了 Scheduler 几乎全部的功能。其中:

① File 菜单的功能包括新建规划、打开现有规划文件、保存及另存规划文件、导出甘特图、导出至 Excel 文件、程序行动规划文件(PAP)的输入与输出、管理报表等基本设置,如图 9 - 3 所示。

② Edit 菜单的功能比较简单,主要为剪切、复制、粘贴、删除、查找任务等,如图 9 - 4 所示。

③ View 菜单主要为与软件视图相关的设置,包括 Gantt 图与表格视图的切换、任务显示、资源显示、时段显示、标注显示、时间比例尺显示等设置,如图 9 - 5 所示。

④ Resource 菜单主要是与资源相关的设置,包括资源的新建与编辑、STK 资源的导入、资源调用情况的查看、资源权重值的设定以及资源报告的输出等,如图 9 - 6 所示。

⑤ Task 菜单主要是与任务相关的设置,内容较多,包括新建与编辑任务、任务的锁定与解锁、任务在指定时段的指派、任务的显示与隐藏、任务的延期、权值的界定、任务报表的输出以及冲突报表的输出等,如图 9 - 7 所示。

⑥ Schedule 菜单集成了与规划调度相关的操作,包括规划开始、有效性验证、冲突算法的选取、FOM 自定义以及与 STK 相关的设置,如图 9 - 8 所示。

第 9 章

⑦ Window 和 Help 菜单主要显示窗口的设置及相关的帮助文档,这里不作详细介绍。

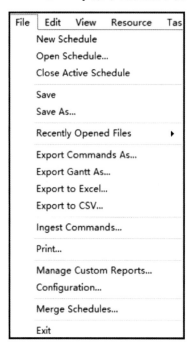

图 9-3 STK Scheduler 的 File 菜单项

图 9-4 STK Scheduler 的 Edit 菜单项

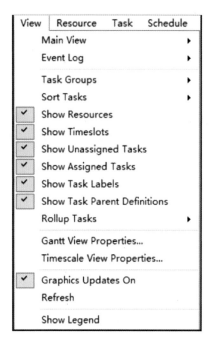

图 9-5 STK Scheduler 的 View 菜单项

图 9-6 STK Scheduler 的 Resource 菜单项

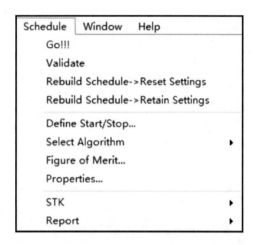

图 9 - 7 STK Scheduler 的 Task 菜单项

图 9 - 8 STK Scheduler 的 Schedule 菜单项

9.1.2 工具栏

工具栏包含了一系列任务规划过程中的常用图标按钮,详见表 9-1。

表 9 - 1 工具栏常用图标按钮说明

按 钮	说 明	按 钮	说 明
	新建 Scheduler 文件		打开 Scheduler 文件
	保存 Scheduler 文件		打印视图
	复制选中的对象		剪切选中的对象
	粘贴选中的对象		永久性删除选中的对象
	搜索任务		打开 TimeScale View 属性页面,用于指定"任务列表/甘特图"的时间刻度
	打开资源属性设置		打开任务属性设置
	使用当前选择的解除冲突算法为所有非延迟任务运行调度消解冲突		有效性验证,显示 Scheduler 的状态

第 9 章

按　钮	说　明	按　钮	说　明
	将 STK Scheduler 主显示区域设置为甘特图		将 STK Scheduler 主显示区域设置为列表形式
	刷新甘特图和直方图,如果图形窗口关闭,也可以用于打开图形更新		将结果输出至 Excel 文件
	帮助		

9.1.3　图形视图

图形视图采用图表的方式显示任务和资源。图形显示包括两个区域:

- 任务列表/甘特图;
- 资源列表/直方图。

在工具栏上单击图标按钮![icon]可打开图形视图,如图 9 - 9 所示。其中最上面为任务显示窗口,可以有 Gantt 图和列表两种显示方式。图中所示为 Gantt 图显示方式,相比列表显示方式,它更为直观。条带表示时段,绿色为经冲突算法计算后的规划时段,白色为定义时段,将光标放在时段上时会显示窗口的具体起止日期。列表显示方式则更为明确具体,适用于想了解具体规划结果的用户。

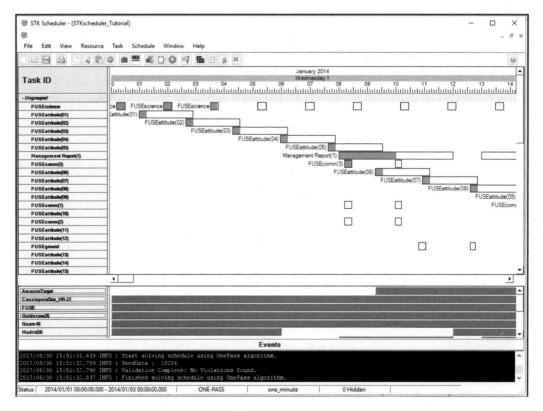

图 9 - 9　STK Scheduler 图形视图窗口

Gantt 图中间部分为资源显示窗口,主要显示用户定义的各类资源;其左侧为资源名称,右侧为带状图。其中,绿色条带为定义的资源可用时段,白色为不可用时段。需要说明的是,当可用时段由绿色变为红色时,说明定义出现错误或冲突,需要用户通过资源报表检查问题。

图 9-9 的最下方为事件显示窗口,动态显示用户相关操作的反馈信息,包括资源、任务的定义、算法的具体信息以及发生错误的信息等。

单击工具栏上的 █ 按钮,可以将 Gantt 图切换到列表视图,如图 9-10 所示。

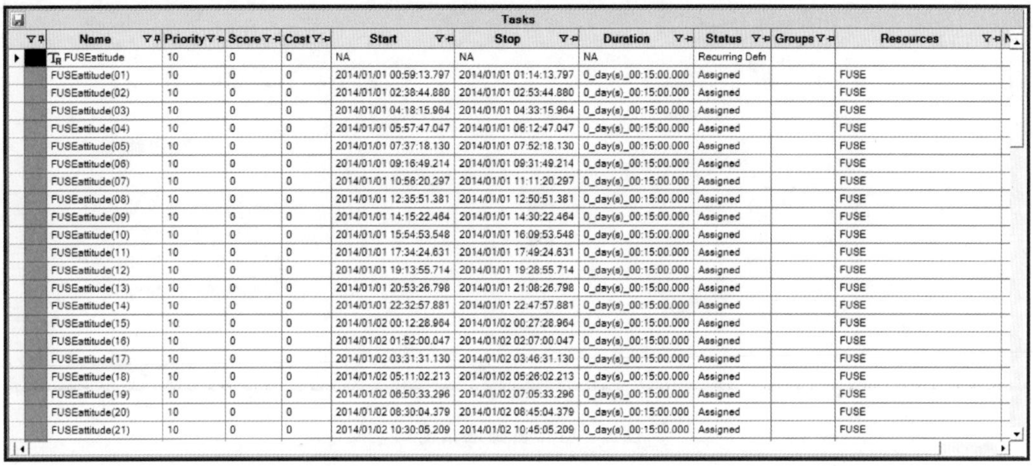

	Name	Priority	Score	Cost	Start	Stop	Duration	Status	Groups	Resources	
	FUSEattitude	10	0	0	NA	NA	NA	Recurring Defn			
	FUSEattitude(01)	10	0	0	2014/01/01 00:59:13.797	2014/01/01 01:14:13.797	0_day(s)_00:15:00.000	Assigned		FUSE	
	FUSEattitude(02)	10	0	0	2014/01/01 02:38:44.880	2014/01/01 02:53:44.880	0_day(s)_00:15:00.000	Assigned		FUSE	
	FUSEattitude(03)	10	0	0	2014/01/01 04:18:15.964	2014/01/01 04:33:15.964	0_day(s)_00:15:00.000	Assigned		FUSE	
	FUSEattitude(04)	10	0	0	2014/01/01 05:57:47.047	2014/01/01 06:12:47.047	0_day(s)_00:15:00.000	Assigned		FUSE	
	FUSEattitude(05)	10	0	0	2014/01/01 07:37:18.130	2014/01/01 07:52:18.130	0_day(s)_00:15:00.000	Assigned		FUSE	
	FUSEattitude(06)	10	0	0	2014/01/01 09:16:49.214	2014/01/01 09:31:49.214	0_day(s)_00:15:00.000	Assigned		FUSE	
	FUSEattitude(07)	10	0	0	2014/01/01 10:56:20.297	2014/01/01 11:11:20.297	0_day(s)_00:15:00.000	Assigned		FUSE	
	FUSEattitude(08)	10	0	0	2014/01/01 12:35:51.381	2014/01/01 12:50:51.381	0_day(s)_00:15:00.000	Assigned		FUSE	
	FUSEattitude(09)	10	0	0	2014/01/01 14:15:22.464	2014/01/01 14:30:22.464	0_day(s)_00:15:00.000	Assigned		FUSE	
	FUSEattitude(10)	10	0	0	2014/01/01 15:54:53.548	2014/01/01 16:09:53.548	0_day(s)_00:15:00.000	Assigned		FUSE	
	FUSEattitude(11)	10	0	0	2014/01/01 17:34:24.631	2014/01/01 17:49:24.631	0_day(s)_00:15:00.000	Assigned		FUSE	
	FUSEattitude(12)	10	0	0	2014/01/01 19:13:55.714	2014/01/01 19:28:55.714	0_day(s)_00:15:00.000	Assigned		FUSE	
	FUSEattitude(13)	10	0	0	2014/01/01 20:53:26.798	2014/01/01 21:08:26.798	0_day(s)_00:15:00.000	Assigned		FUSE	
	FUSEattitude(14)	10	0	0	2014/01/01 22:32:57.881	2014/01/01 22:47:57.881	0_day(s)_00:15:00.000	Assigned		FUSE	
	FUSEattitude(15)	10	0	0	2014/01/02 00:12:28.964	2014/01/02 00:27:28.964	0_day(s)_00:15:00.000	Assigned		FUSE	
	FUSEattitude(16)	10	0	0	2014/01/02 01:52:00.047	2014/01/02 02:07:00.047	0_day(s)_00:15:00.000	Assigned		FUSE	
	FUSEattitude(17)	10	0	0	2014/01/02 03:31:31.130	2014/01/02 03:46:31.130	0_day(s)_00:15:00.000	Assigned		FUSE	
	FUSEattitude(18)	10	0	0	2014/01/02 05:11:02.213	2014/01/02 05:26:02.213	0_day(s)_00:15:00.000	Assigned		FUSE	
	FUSEattitude(19)	10	0	0	2014/01/02 06:50:33.296	2014/01/02 07:05:33.296	0_day(s)_00:15:00.000	Assigned		FUSE	
	FUSEattitude(20)	10	0	0	2014/01/02 08:30:04.379	2014/01/02 08:45:04.379	0_day(s)_00:15:00.000	Assigned		FUSE	
	FUSEattitude(21)	10	0	0	2014/01/02 10:30:05.209	2014/01/02 10:45:05.209	0_day(s)_00:15:00.000	Assigned		FUSE	

图 9-10　STK Scheduler 图形视图列表显示

9.2　定义资源

在 STK Scheduler 中,资源是一个虚拟实体,表示一个对象或对象的属性。完成任务的任何东西都可以称为资源,时间就是 Scheduler 中的一类特殊资源。资源是任务规划的约束条件,资源的数量根据规划问题的复杂度不同而变化。

在规划前需要先定义资源,这可以确保在定义资源约束时需要的资源存在;当然,如果需要也可以随时定义资源。

9.2.1　创建资源

一种创建资源方式是打开资源定义页面(Resource Definition Form)创建新资源。其可以通过两种方式操作:一是通过菜单 Resource→New Resource 完成,二是单击工具栏中的 █ 按钮,都会弹出资源编辑窗口,如图 9-11 所示。

另一种创建资源方式为批量导入,即当定义多个与 STK 对象相关联的资源时,可以使用 STK 提取工具。选择 Resource→Ingest from STK,然后再单击 Select All,则各资源被依次添加到场景中,如图 9-12 所示。

单击图 9-11 中的 Update 按钮,将保留所有资源属性。单击图 9-12 中的 Cancel 按钮,则忽略所有属性。

第 9 章

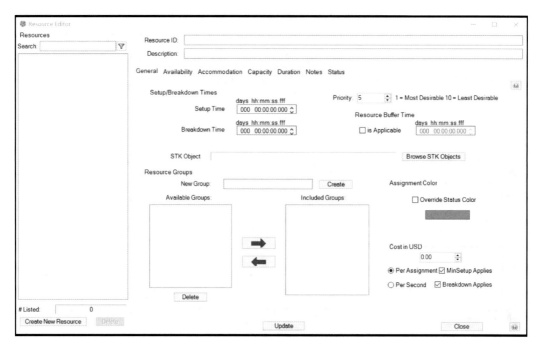

图 9 - 11　资源编辑窗口

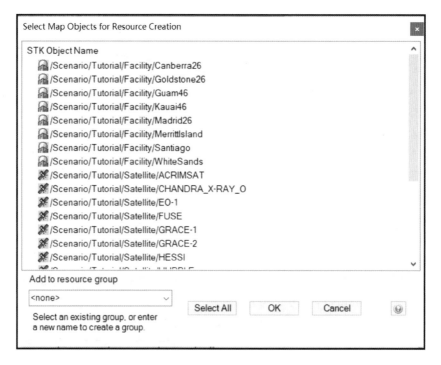

图 9 - 12　批量导入创建资源

9.2.2　资源属性

在创建资源后,再选择 Resource→Edit Resource 菜单项,打开资源定义页面设置资源属性。在左侧资源列表中可以看到已创建的资源,如图 9-13 所示。

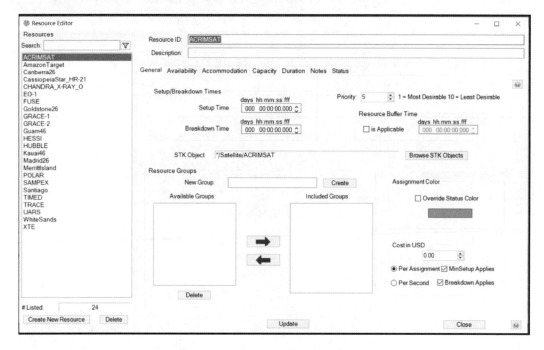

图 9-13　加载资源后的资源编辑窗口

资源编辑窗口分为 7 个属性页,分别是:
- 通用属性(General);
- 可用性(Availability);
- 容纳(Accommodation);
- 容量(Capacity);
- 持续时间(Duration);
- 注释(Notes);
- 状态(Status)。

9.2.2.1　通用属性

选择资源的 General 属性页,打开资源通用属性项,如图 9-14 所示。

资源的 Genaral 属性参数说明见表 9-2。

表 9-2　资源的 Genaral 属性参数说明

参　数	说　明
Setup/Breakdown Times	Setup Time:在任务使用资源前,资源设置所需的最少时间; Breakdown Time:任务完成后资源不可用时间

参　数	说　明
Priority	设置资源的优先级,其值从 1～10:1 表示优先级最高,10 表示优先级最低
STK Object	定义资源与 STK 场景中关联的对象,单击 Browse STK Objects 按钮选择资源关联的对象
Resource Groups	资源组包含了定义一个新资源组以及将资源关联到资源组的控件,资源组用于快速地对大量资源进行排序。STK Scheduler 不要求资源与资源组关联
Assignment Color	启用覆盖状态复选框,分配颜色用于显示分配给此资源的任务的颜色
Cost in USD	定义资源分配的成本

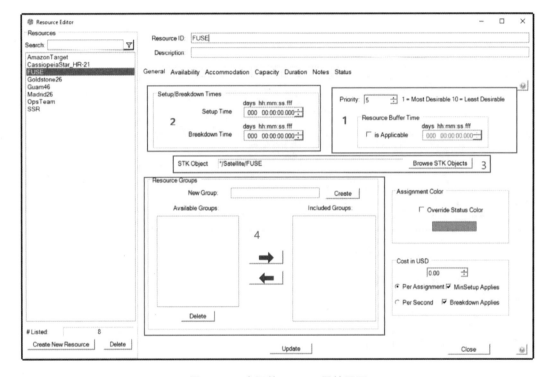

图 9 - 14　资源的 General 属性页面

9.2.2.2　可用性

STK Scheduler 使用三种不同的时间定义来确定任务的可调度时间,包括:

● 每个所需资源的可用性窗口;

● 任务的时间安排;

● STK 报告时间。

　　资源的可用性(Availability)是指资源可用的时间窗口。每个资源的可用性独立于任何其他资源或任务。假设一个卫星地面站跟踪卫星的任务,定义卫星和地面站作为资源。我们知道,卫星在某些时间可以进入地面站的探测范围,但它们之间的可见性取决于两个资源的位置,所以不应该使用任何一个资源的可用性来定义可见性。同样,如果卫星有其他任务必须执行,限制了和地面站的通信时间,这个时间限制取决于其他任务,那么这种情况也不能定义为资源的可用性。但是,如果地面站在星期天关闭,那么它的可用性不依赖于任何其他任务或资源,因此应该使用 Availability 属性来定义。

选择资源的 Availability 属性页,打开资源可用性属性项,如图 9-15 所示。

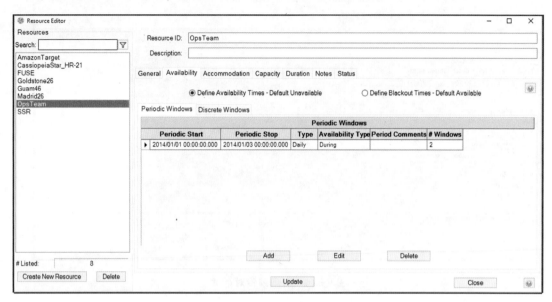

图 9-15　资源的 **Availability** 属性页面

Availability 属性页面设置有两个选项:

① Define Availability Times-Default Unavailable:定义资源的可用时间,默认为不可用。

② Define Blackouts Times-Default Available:定义资源的不可用时间,默认为可用。

选择好以后,再选择将资源时间定义为周期窗口或离散时间窗口。单击 Add 按钮,显示时间编辑对话框,如图 9-16 所示。

在该对话框中可以设置时间的频次(frequency)、开始时间(period start time)、结束时间(period stop time)以及注释信息(period comments)等。

9.2.2.3　容　纳

容纳(Accommodation)表示资源可以同时支持的任务数量。例如,一颗成像卫星,其相机可以拍摄各种地面目标的图像。假设相机一次只能对一个地面目标成像。由于一次只能支持一个任务,因此该工具的容纳值为 1。然而,地面目标可以支持无数的卫星拍摄,它具有无限的容纳值。通过 GUI 或 API 创建一个新资源时,默认的容纳值为 1。当 STK 对象是 Star、Planet、Target 或 Area Target 时,其默认的容纳值为 unlimited (- 1)。选择资源的 Accommodation 属性页,打开资源容纳属性项,如图 9-17 所示。

在 Accommodation Definition 中可以选择是否不限制任务数量,或者指定任务的最大数量。

第
9
章

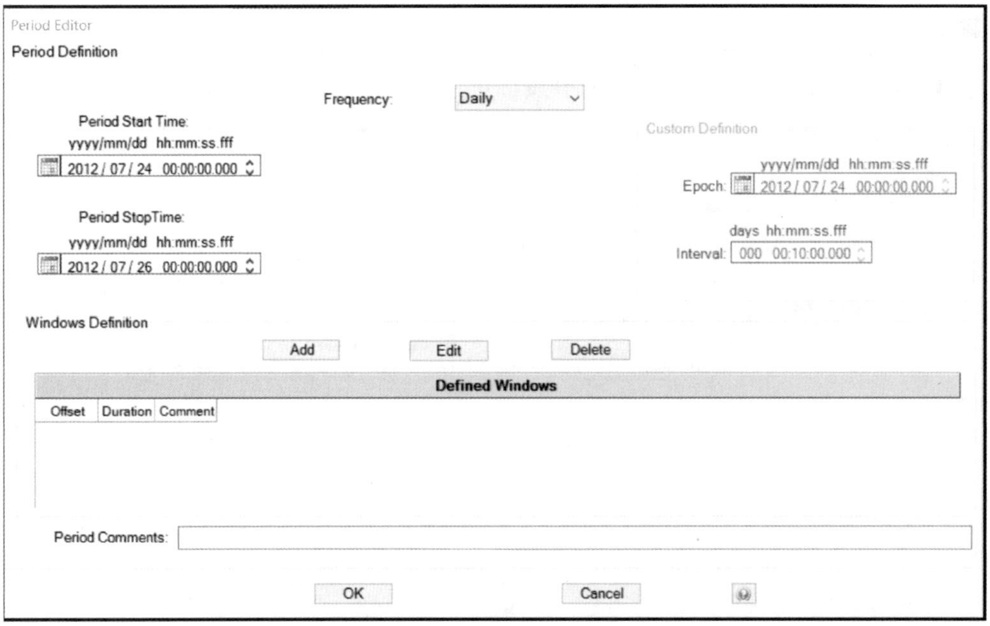

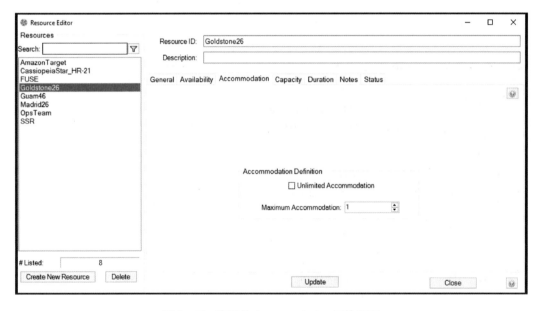

图 9 – 16　时间编辑对话框

图 9 – 17　资源的 Accommodation 属性页面

9.2.2.4　容　量

容量是资源的一个可选属性,通常用于表示资源的数量、状态或模式。如固态记录器可以使用容量来跟踪其包含的数据量,或者仪器可以使用容量值 0 和 1 表示它是否开启或关闭等。在资源中选择 Capacity 属性页,打开资源容量属性项,如图 9 – 18 所示。

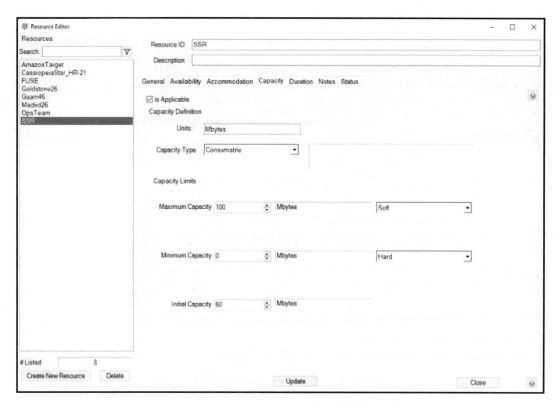

图 9 - 18　资源的 Capacity 属性页面

资源的 Capacity 属性参数说明见表 9 - 3。

表 9 - 3　资源的 Capacity 属性参数说明

参　数	说　明
Is Applicable	定义资源是否有容量属性
Units	用于描述资源容量的单位,不是必需的
Capacity Type	包括三个选项: Consumable:定义为可消耗资源,该选项可能会长期改变容量值; Resilient:定义为弹性资源,一旦任务完成,资源将再次获得其初始容量值; State Mode:状态模式将资源定义为一组离散模式,每个模式可通过索引或名称标识
Initial Capacity	在任务调度开始时定义的资源容量
Minimum Capacity	最小容量,可以选择 Hard(硬限制)或者 Soft(软限制)。其中硬限制有权阻止任务的指派, 而软限制则无权阻止任务的指派。如果补充容量的动作超出软限制范围,任务还将指派, 但容量值限制在软极限范围内
Maximum Capacity	最大容量,可以选择 Hard(硬限制)或者 Soft(软限制)

9.2.2.5　持续时间

　　资源的持续时间(Duration)属性页包含一些控件,如果在任务分配中使用了此资源,则可以在此定义时间以覆盖已定义的持续时间值。选择资源的 Duration 属性页,打开资源的持续时间属性项,如图 9 - 19 所示。

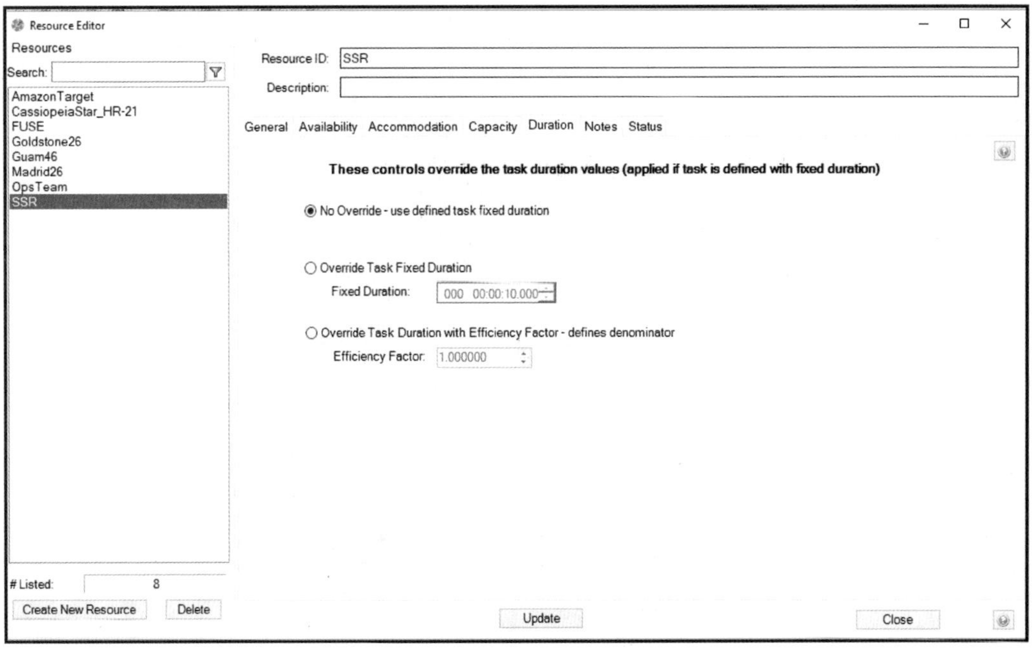

图 9 - 19 资源的 Duration 属性页面

Duration 属性页面包含三个选项:
- No Override Radio Button:选择此项,不会覆盖任务分配给此资源的持续时间。
- Override Task Fixed Duration:选择此项,则在任务分配中使用此资源时,使用 Fixed Duration 定义的持续时间覆盖已定义的任务固定持续时间。
- Override Task Duration with Efficiency Factor-determines denominator:选择此项,则在任务分配中使用此资源时,使用"效率因子"定义的持续时间覆盖已定义的任务固定持续时间。替代的覆盖时长＝任务持续时长/效率因子（Override Duration ＝ Task Fixed Duration / Efficiency Factor）。

9.2.2.6 状 态

状态用于显示资源以及规划中使用资源的基本信息,如图 9 - 20 所示。
- Global Availability Duration:显示资源可供任务使用的总时间。
- Duty Cycle Without Min Setup and Break down Times:显示忽略设置时间,任务占用资源总时间的百分比。
- Duty Cycle With Min Setup and Breakdown Times:显示考虑设置时间,任务占用资源总时间的百分比。
- Supported Task Assignments:任务支持列表,显示所有使用该资源的任务。

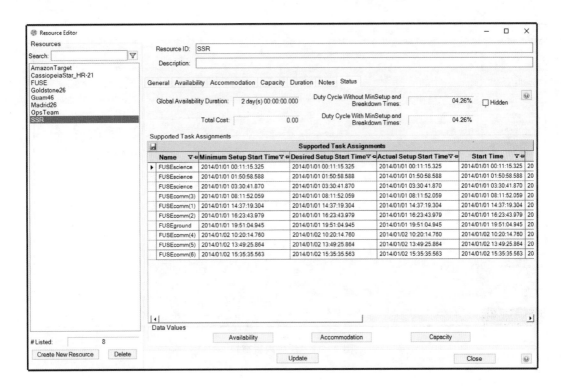

图 9 - 20　资源的 **Status** 属性页面

9.3　定义任务

任务(Task)是一个虚拟实体,表示使用资源来执行完成的工作。在 STK Scheduler 中,任务可以定义多种属性,以便它们能够考虑所有妨碍任务完成的约束限制。调度冲突处理程序则是在避免资源冲突的情况下,确保尽可能多的任务得以执行。

9.3.1　创建任务

通过菜单项 Task→New Task 或单击工具栏 按钮打开任务编辑窗口(Task Editor),如图 9 - 21 所示。

任务分为三种类型,分别是:

(1) 任务实例(Task Instances)

任务实例是最简单的任务类型,任务实例图标为 **T** 。在一个规划周期内只能分配一个开始时间、结束时间和持续时间。创建任务实例,须满足以下条件:

● 在 Scheduling 属性页中选择 Single Instance Task 选项;
● 在 Resources 属性页的 Resource Constraint 中不能使用模板变量列表。

(2) 循环任务(Recurring Tasking Parent Definitions)

循环任务用于创建一系列具有相同资源约束的单个任务实例,在 Task Editor 的 Scheduling 属性页中选择 Recurring Task 选项时,便会定义循环任务及其各个实例。循环任务图标

第
9
章

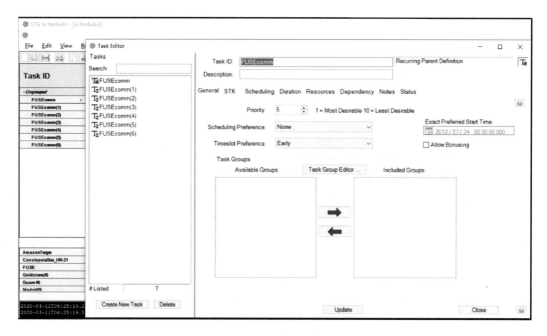

图 9-21 任务编辑窗口

为 T_R。

（3）模板任务（Template Tasking Parent Definitions）

模板任务用于创建一系列使用变化资源的单个任务实例。例如，100 颗卫星每个都需要与同一地面站完成通信，则可以使用模板列表作为一个资源、地面站作为另一个资源定义一个任务。在 Task Editor 的 Resources 属性页中，选择 Resources Required 选项上的 Resource Constraints 定义模板任务。模板任务图标为 T_T。

9.3.2 任务属性

9.3.2.1 通用属性

选择 General 属性页，打开任务的通用属性设置页面，如图 9-22 所示。

任务的 General 属性页面参数见表 9-4。

表 9-4 任务的 General 属性参数说明

参　数	说　明
Priority	定义任务的优先级
Scheduling Preference	指定在任务规划期间分配任务的大致时间，包括： None：在规划期间不指定任务的时间； Early：在规划期间的早期分配任务； Middle：在规划期间的中期分配任务； Late：在规划期间的晚期分配任务； Exact：在精确时间分配任务

参　数	说　明
Timeslot Preference	时段设置,包括 Early、Middle 和 Late,含义同上
Task Groups	任务组设置,其中: Available Groups:可用任务组列表,表示任务可以关联的任务组; Included Groups:表示任务已关联的任务组

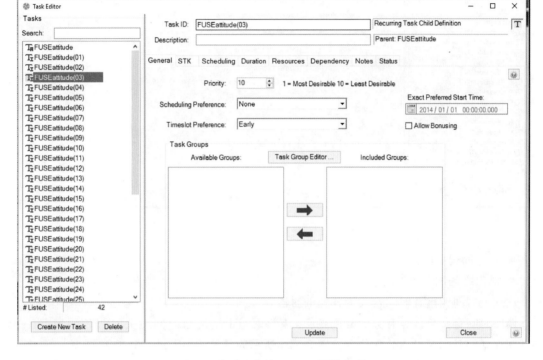

图 9 - 22　任务的 General 属性页面

9.3.2.2　STK 选项

STK 选项用于任务分配,以定义 STK 的动画属性。这些设置会影响 3D 显示,不会影响 2D 显示。图 9 - 23 所示为任务的 STK 选项页面。

设置与任务相关的 STK 对象之间的颜色。如果对象与任务中分配的资源相关,则在 STK 对象之间绘制线条。其他设置包括设置轨道线条粗细(Orbit Line Thickness)、显示任务编号(Display Task ID)、显示开始时间(Display Start Time)和结束时间(Display Stop Time)等。

9.3.2.3　规划选项

Scheduling 选项用于设置和限制任务规划的时间。STK Scheduler 使用三种方式定义什么时候可以规划任务,分别是:

● 所需资源的可用时间;

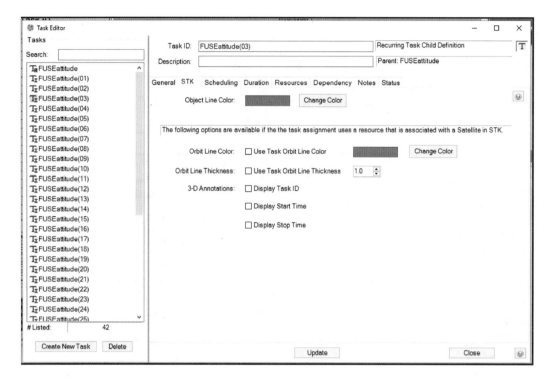

图 9-23   任务的 STK 选项页面

● 任务的规划时间;

● 对象之间的可见时间。

这三个时间的重叠时间定义为任务的时段。

调度时间定义与任务有关的时间约束,该约束与上述三个时间无关。STK Scheduler 仅尝试在规划的时间窗口内分配任务。图 9-24 所示为任务的 Scheduling 选项页面。

任务调度时间分为两大类型:单实例任务和循环任务。

(1) 单实例任务

选择 Single Instance Task 选项,将当前任务定义为单个任务实例。

① Define More Restrictive Windows(定义更多约束):不选择此项,STK Scheduler 利用每个所需资源的可用时间以及对象之间的可见时间来规划任务。

② Periodic Windows(周期时间窗口):定义任务实例内规律的时间窗口。

③ Discrete Windows(离散时间窗口):定义任务实例内单个时间窗口。

(2) 循环任务

① Recurring Definition:定义循环任务之间的最小和最大时间。

② Scheduling Windows Defined by Frame:在定义循环任务时,STK Scheduler 将创建多个任务,这些任务基于一系列连续的时间窗口进行分配。选项包括:

● Time:时间选项可以将时间窗口定义为周期时间窗口或离散时间窗口。

● Apply Duration Extensions:该选项将延长循环子任务的时间段,时段持续时间的长短取决于任务的持续时间类型和具体值。

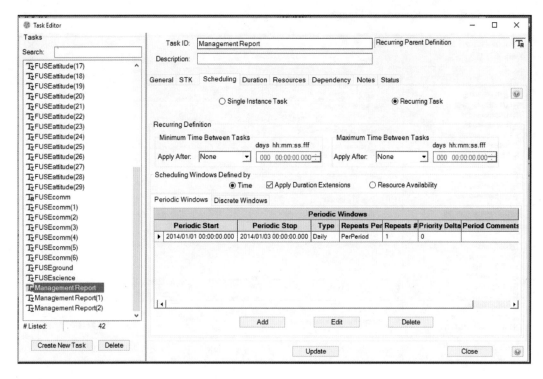

图 9 - 24 任务的 Scheduling 选项页面

● Resource Availability:根据资源的可用性来定义时间窗口。

9.3.2.4 持续时间选项

Duration 选项用于定义任务所需的时间,在 Task Editor 中选择 Duration 选项页,打开持续时间选项,如图 9 - 25 所示。

在任务的 Duration 中可以选择 Fixed Duration 和 Variable Duration 两种选项。

(1) 固定持续时间

固定持续时间(Fixed Duration)用于定义任务所需的确切时间,仅当可以容纳该确切时间时,STK Scheduler 才会分配任务。

(2) 可变持续时间

可变持续时间(Variable Duration)定义持续时间不同的任务,在这里可以设置是否需要全部时段(Require Full Timeslot)、所需最小持续时间(Minimum Total Duration)、所需最大持续时间(Maximum Total Duration)以及是否通过在各个时段之间切换来延长任务的持续时间(Allow Multiple Segments)。

9.3.2.5 资源需求选项

Resources 选项用于指定任务的所有资源约束。在 Task Editor 中选择 Resources 选项页,打开资源需求选项,如图 9 - 26 所示。

资源选项又可以分为三个部分:所需资源(Resources Required)、时段定义(Timeslot Definitions)和资源使用(Resource Usage)。

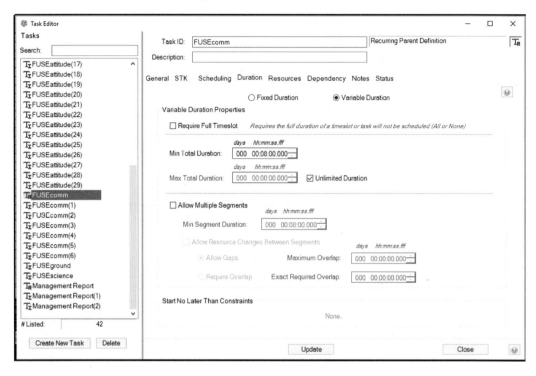

图 9 - 25　任务的 Duration 选项页面

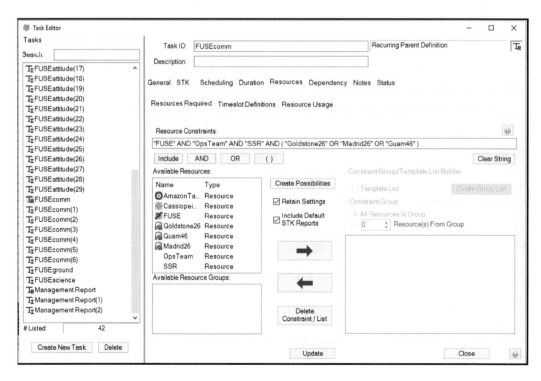

图 9 - 26　任务的 Resources 选项页面

(1) 所需资源

Resources Requried 选项用于定义任务所需的所有资源。其中在资源约束(Resource Constraints)框中可以定义任务的所有资源,所需资源通过 AND、OR、()、Include 等来定义资源之间的关系。

(2) 时段定义

Timeslot Definitions 选项用于定义任务时段和某些资源的约束,如图 9-27 所示。选项参数说明见表 9-5。

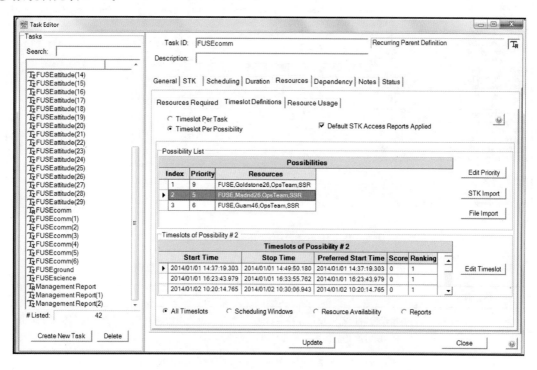

图 9-27　任务资源中的 Timeslot Definitions 设置

表 9-5　任务资源中的 Timeslot Definitions 选项参数说明

参　数	说　明
Timeslots Per Task	在单个列表视图中查看所有任务时段
Timeslots Per Possibility	根据可能的任务查看所有任务时段
Possibility Listview	任务所有资源的可能性,只有选择 Timeslots Per Possibility 时可用
Default STK Access Reports Applied	应用默认 STK Access 报告快速添加或删除任务时段
Timeslots of Possibility ♯ Listview	该列表显示在 Possibility Listview 视图中选择的可能性资源对应的时段窗口

(3) 资源使用选项

Resources Usage 选项用于定义任务特定资源的属性,如图 9-28 所示。选项参数说明见表 9-6。

第9章

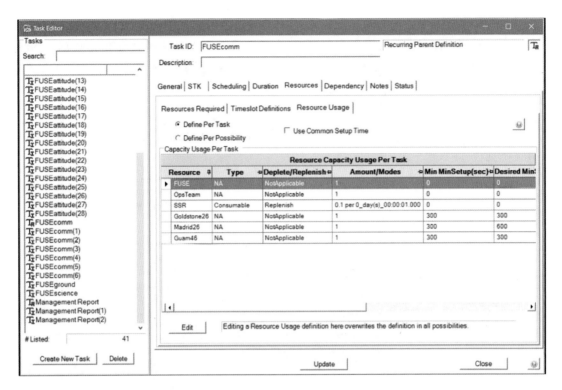

图 9 - 28　任务资源中的 Resources Usage 设置

表 9 - 6　任务资源中的 Resources Usage 选项参数说明

参　数	说　明
Use Common Setup Time	通用设置时间是一项任务约束功能,将把分配中使用的所有资源的设置时间扩展到该设置时间,该时间是分配中最长的时间
Define Per Task	对所有可能的任务都应用资源使用情况,并在单个列表视图中查看任务的所有资源
Define Per Possibility	对每一个可能的任务分别定义资源使用情况,并根据可能的任务查看任务的所有资源

如果资源使用列表为空,那么到 Resources Required 属性中定义资源约束,并单击 Create Possibilities 创建资源。

9.3.2.6　依赖选项

Dependency 选项用于将前置任务或约束期间的任何任务定义为当前任务。在 Task Editor 中选择 Dependency 选项页,打开资源依赖选项,如图 9 - 29 所示。选项参数说明见表 9 - 7。

表 9 - 7　任务中的 Dependency 选项参数说明

参　数	说　明
Anchor Requirements	锚定需求(Anchor)、前置任务需求(Predecessor)和任务期间需求(During Constraint)用于定义如何应用"任务依赖项列表"定义前置任务和任务期间依赖项
Available Tasks	包含当前定义的所有任务

续表 9 − 7

参　数	说　明
During Constraints	当选择了此项时,当前任务的时段必须在约束任务的规划时段内
Predecessor Contraints	当应用了前置任务约束依赖时,当前任务的开始时间限制在当前界面设置的最小时间(Minimum Time Between Tasks)和最大时间(Maximum Time Between Tasks)之间

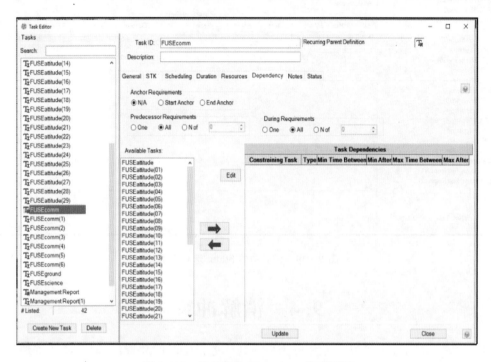

图 9 − 29　任务中的 Dependency 选项页面

9.3.2.7　状态选项

Status 选项允许查看和修改计划中任务的使用方式。在 Task Editor 中选择 Status 选项页,打开资源状态选项,如图 9 − 30 所示。选项参数说明见表 9 − 8。

表 9 − 8　任务中的 Status 选项参数说明

参　数	说　明
Deferred	延迟用于确定和更改任务是否被延迟。选择该项,运行 Schedule De-conflictor 不会影响任务的分配状态,只有指派工作的任务可推迟
Assigned	已分配选项用于确定和更改任务是否分配
Hidden	—
Locked/Override	锁定/覆盖选项用于修改任务的分配状态。只有分配的任务才能被锁定。 【注】选择该项,Scheduler 无法保证该计划已取消冲突
Assignments List	显示所有任务分配的详细信息。一个 Task 通常只能指定一个任务,但是如果允许切换(handover),则一个 Task 可以有指定多个任务

第9章

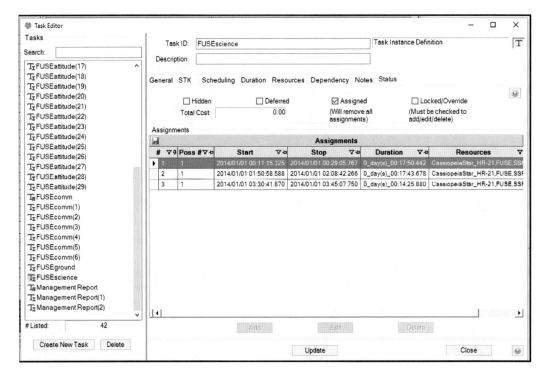

图 9 - 30　任务中的 **Status** 选项页面

9.4　消解冲突

STK Scheduler 的核心功能是能够为一系列任务指定时间和资源,同时防止资源和时间的冲突。

9.4.1　选择消解冲突算法

STK Scheduler 有多种算法,每种算法的适用性也不一样。在菜单 Scheduler→Select Algorithm 中选择相应算法。Scheduler 包含七类消解冲突算法:

(1) 单路径算法(One-Pass Algorithm)

单路径算法通过单一路径法在任务时段中寻求满足时间最早要求的任务窗口。窗口的顺序主要取决于任务的权重值,其次再由时段的期望值决定,同等权值的任务顺序由任务创建时的初始顺序决定。单路径算法是计算速度最快的算法,但其与任务的权值、时段的期望值和任务规划制定的早晚有重要关联。

(2) 顺序算法(Sequential Algorithm)

顺序算法是基于单路径算法改进而来的,它以时段的起始时间代替时段的期望值作为二级的排序评判标准。这看似微小的改变却对那些包含重复的可消耗资源的规划问题的解决具有较大的促进作用。一个典型的案例就是在卫星的遥感成像任务规划中,卫星的星载储存能力有限,所拍摄的影像需要积累到过顶地面站时下传来释放存储空间,顺序算法适用于解决此类规划问题。

（3）多路径算法(Multi-Pass Algorithm)

多路径算法用到了单路径规划中的核心思想,但是它将任务与时段的顺序修改到了每个分配路径之前。利用一系列专家系统规则产生可能的任务与时段顺序列表,基于品质因子将每一个路径分级并返回最佳方案。该算法的计算用时多于单路径法,具体计算次数取决于任务的复杂程度,其规划结果普遍优于单路径法。

（4）神经网络算法(Neural Network Algorithm)

神经网络算法的核心思想如同众多竞拍者在一定约束条件下为得到拍卖品而采取的竞争。在这类竞争机制中,任务与时段的顺序并不重要,重要的是任务的权重以及时段的期望值。但由于该算法并没有偏向于那些拥有时间较早优势的规划方案,所以在算法最后会采取一种补救措施,将任务倾向于较早时间内完成,而后检查是否有新的未分配的任务被引入进来。因此,多次运行此算法可得到更加完备的规划方案。

（5）随机算法(Random Algorithm)

随机算法通过随机搜索的方式,无任何倾向性地制定规划方案,而后通过一种修正算法对方案加以修正。尽管由随机算法产生的初始规划方案有可能是无效的(与约束条件相冲突或者任务的规划时间远小于期望值),但经过修正算法改正后仍将是可行的。该算法的好处在于其随机搜索性,因此可以找出传统方法无法预测的规划方案。该算法常用于当特殊的品质因子被引入时的任务规划问题,但引入约束条件后其并不擅于寻找最佳的规划方案。

（6）负载均衡算法(Load-Leveling Algorithm)

负载均衡算法是基于单路径算法的一种特殊算法,其主要思想是在规划中的所有任务之间平均分配时间。与其他算法不同,该算法没有 FOM 驱动质量检查器,而是对获得很少分配时间的任务在初始阶段或扩展阶段指定更高的权重。

（7）算法生成器(Algorithm Builder)

算法生成器可以根据不同的定制标准创建自定义算法,提供了最多三个排序步骤。对于每个排序步骤可以指定优先组(Prior Group)、外部绩效指标(External FOM)、贪婪绩效指标(Greedy FOM)、最后展开所有任务(Extand All Tasks)、每次尝试后展开任务(Extand After Each Try)、搜索步骤(a search step,如有序、神经或 DS1MPS)、多次尝试、时间限制以及结果输出等。算法生成器可以生成并保存包含指定选项的 XML 文件。算法生成器界面如图 9-31 所示。

9.4.2　评价指标 FOM

当使用一定算法进行规划消解冲突时,可能会生成不同的解决方案。STK Scheduler 使用评价指标 FOM 确定最优的规划解决方案。

FOM 方程对所有的解决方案进行量化评价,FOM 最大表示为最优解。FOM 计算时采用一系列特征值,每个特征值代表消解冲突方案的特点,每个特征值都可以乘以一个系数 K,代表特征值的权重。可以调整 K 的值,产生更符合需求的冲突解决方案。在设置 FOM 权重时,最主要的是要确定各个 K 值的比重。

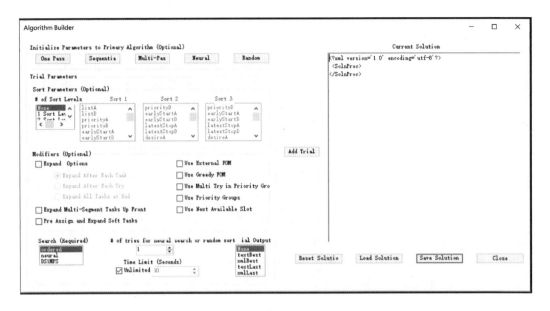

图 9 - 31　算法生成器界面

【注】FOM 计算不适用于 One-Pass 冲突消除算法。

9.4.3　运行消解冲突

在工具栏上单击 ◉ 按钮,或在菜单中选择 Schedule→Go!!! 运行冲突消除引擎。一旦启动,将根据选择的冲突消除算法,在规划中分配任务。

如果选择了"自动验证",则将执行计划验证,并且计划状态将相应更新。执行完毕后,单击 OK 按钮生成"规划摘要"报告。

9.4.4　规划验证

STK Scheduler 包含一个规划验证的流程,该流程独立于规划冲突消除(Scheduler Validation)运行之外,该流程确保调度计划不与资源和任务的定义属性相冲突。验证流程包含三个部分:

● 容纳冲突(Accommodation Violations):确保资源的任务数量不超过其容纳的范围。
● 时间冲突(Timeslot/Duration Violations):确保任务的时间不超出任务的时段范围。
● 容量冲突(Capacity Violations):确保任何资源的容量值不超过其定义的容量限制。

(1) 运行规划验证

在工具栏上单击 🔲 按钮,或在菜单中选择 Schedule→Validate,运行规划验证。默认情况下,在计划的不同时间会自动验证。

(2) 规划状态

工具栏上验证规划按钮的颜色会随着规划的状态变化,说明见表 9 - 9。

表 9 - 9　规划状态指示

按　钮	规划状态	说　明
⑨	验证通过(Validated)	已运行,没有冲突
⑨	未验证(Unvalidated)	状态改变,未执行验证
⑨	冲突(Violation)	已运行验证,但有冲突

(3) 验证指示器

如果遇到调度冲突情况,将给出以下提示:

- 弹出警告框;
- 工具栏上验证规划按钮的颜色变为红色;
- 冲突的任务或资源在"图形视图"或"列表视图"中显示为红色;
- 冲突信息显示在日志中;
- 冲突信息显示在资源报告或任务报告的底部。

9.4.5　任务分配

所有通过验证的任务都将收到分配状态。在资源列表/甘特图上,分配的任务可用时间用绿色条表示。将光标置于绿色条上,将出现黄色框,提示任务的详细信息,包括开始时间、结束时间、持续时间和资源等。

如果锁定了分配的任务,可以单击并拖动绿色条来更改任务的时间。如果要锁定任务,可以在菜单上选择 Task→Lock/Override。

9.4.6　冲突分析

在列表视图中,如果一个任务未分配,则会在任务名称旁边显示黑色的条形图表。有多种原因可能导致任务未分配:

- 未执行规划冲突消除;
- 任务推迟;
- 任务手动取消;
- 存在冲突。

存在的冲突类型主要包括容纳冲突、容量冲突以及时间冲突。为确定冲突的性质,单击未分配的任务,选择 Status 属性页。如果一个任务是由于资源冲突而未分配,那么单击 Calculate Conflicts 按钮可生成所有已分配任务的列表。该列表将指明冲突的名称、冲突中的特定资源以及冲突时间。

9.5　任务规划仿真案例

本教程主要介绍 STK Scheduler 的基本功能和特性,包括:启动 Scheduler 程序;指定任务规划时间;定义任务;定义任务所需资源;从 STK 导入访问数据和事件报告辅助定义任务调

第9章

度;在 Scheduler 中使用可用的冲突和优化算法解决调度问题等。此外,还将使用各种控件来查看和生成任务和资源报告。

9.5.1 基本设置

STK Scheduler 使用规划文件类似于 Word 与文档文件之间的关系,有关规划的所有问题都保存在规划文件中。为了能够使 STK 对象以及相关的访问数据和事件报告应用于规划问题,需要将 STK 的规划文件与 STK 文件关联起来。

① 双击 STK Scheduler 图标,启动 STK Scheduler 模块。

② 选择 File→Save As 保存当前工程。

③ 选择 Scheduler→STK→Load Scenario,单击 Change Scenario,vdf 文件路径为<C:\Program Files\AGI\STK 11>\STKScheduler\Scenarios\Tutorial,单击打开,STK Scheduler 将启动 STK 并加载 STK 场景。默认场景时间同步方法为:将 Scheduler 时间应用到 STK 场景,如图 9 - 32 所示。

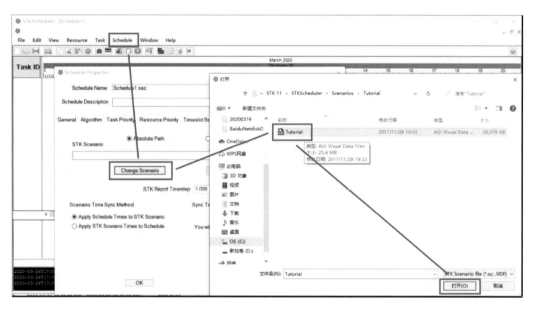

图 9 - 32　Schedule 启动流程

④ 在 Scheduler 主界面设置规划时间:

(a) 单击菜单 Scheduler→Define Start/Stop。

(b) 将 Scheduler 的开始时间和结束时间分别设置为 2014/01/01 00:00:00 和 2014/01/03 00:00:00,该时间将显示在 Scheduler 界面的左下角的状态中。

(c) 打开 STK 场景的基本属性,确认 STK 时间是否与 Scheduler 时间同步。

(d) 关闭 STK 场景属性,最小化 STK。

9.5.2 定义资源

STK Scheduler 主要解决受资源限制有关的任务调度问题。其中资源分为两种类型:

(a)未与 STK 对象链接的资源。任何类型的资源都可以用于定义任务需求,如地面操控团队工作。

(b)与 STK 对象链接的资源。STK 对象以及相关的访问报告和事件报告都可以用于规划问题的定义。当定义多个与 STK 对象关联的资源时,可以使用 STK 提取工具,在菜单中依次选择 Resource→Ingest from STK→All,然后选择所需的对象。

① 在菜单中选择 Resource→New Resource 创建新资源,打开 Resource Editor。

② 在 Resource ID 文本框中输入 FUSE,单击 Browse STK Objects 按钮从 STK 场景对象中选择 FUSE 对象,这将实现 Scheduler 规划文件中的 FUSE 资源与 STK 对象的关联,如图 9 - 33 所示。

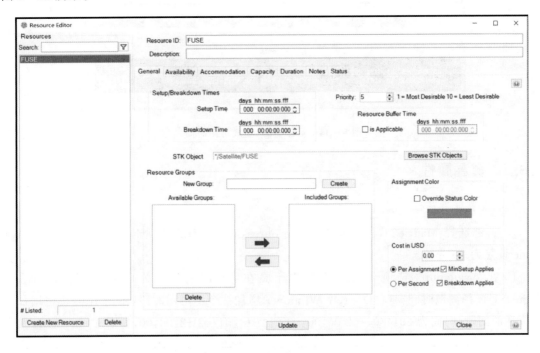

图 9 - 33　资源编辑器(1)

③ 单击 Update 按钮保存新资源,关闭资源编辑器,则在甘特图窗口中列出了资源的可用时间,并用蓝绿色条显示出来,如图 9 - 34 所示。

④ 当定义多个与 STK 对象相关的资源时,可以使用 STK 提取工具。在菜单中依次选择 Resource→Ingest from STK→All,然后选择下列对象:

● /Scenario/Tutorial/Facility/Goldstone26;

● /Scenario/Tutorial/Facility/Guam46;

● /Scenario/Tutorial/Facility/Madrid26;

● /Scenario/Tutorial /Star/CassiopeiaStar_HR-21;

● /Scenario/Tutorial /Target/AmazonTarget。

第 9 章

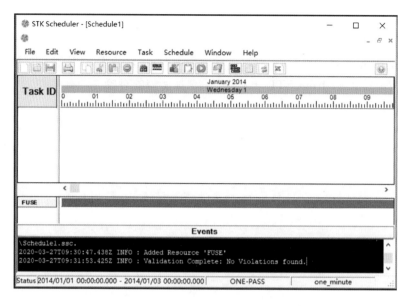

图 9-34　更新资源，生成可用时间

9.5.3　资源属性

（1）设置资源属性

① 右键选择 Madrid26，再选择 Edit Resource，在 General 选项卡中将 Minimum Setup Time 设置为 10 分钟。

② 在 Availability 选项卡中，默认情况下是在可用时间中定义不可用时间（Blackouts Times）。选择离散时间窗口（Discrete Windows）增加一个不可用时段，单击 Add 按钮增加一个离散时间段，时间为 2014/01/02 06:00:00 到 2014/01/02 12:00:00，如图 9-35 所示。

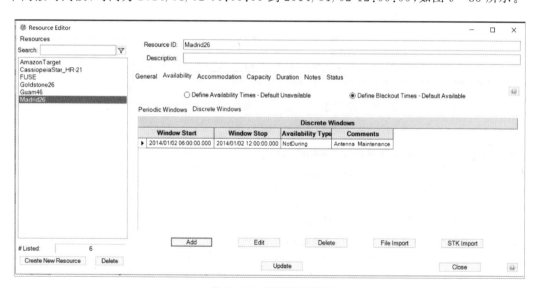

图 9-35　资源编辑器(2)

③ 单击 Update 按钮保存,再单击 Close 按钮关闭窗口。

④ 在菜单中依次选择 View→Timescale View Properties,将时间尺度设为 five_minutes,则在甘特图窗口中可以查看不可用的时间,如图 9－36 所示。

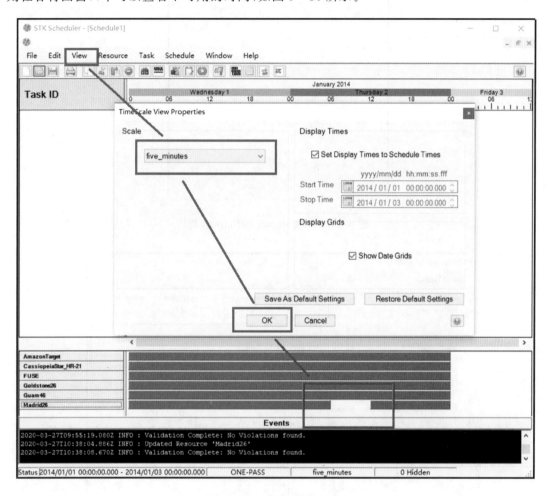

图 9－36　查看不可用时间

(2) 更改资源的优先级

① 右键选择 Guam46,再选择 Edit Resource,在 General 选项卡中将 Priority 设为 8,单击 Update 按钮保存并关闭窗口。这样设置,则 Guam 的优先级低于 Goldstone 和 Madrid(两者的默认值为 5)。当一个任务有多个资源可选时,消解冲突算法会考虑优先级。

② STK 的报告可用于确定资源的可用性。应用 STK Report 确定 Amazon 资源的可用性。右键选择 Amazon,再选择 Edit Resource,在 Availability 选项卡中选择 Define Availability Times-Default Unavailable option,打开 Discrete Windows 选项卡并单击 STK Import 按钮,将弹出 STK Report Definitions 框,如图 9－37 所示。

③ 单击 Add 按钮,增加 STK Report 定义;然后在如图 9－38 所示的 STK Object1 对象中选择 Amazon 对象,增加 Sun 报告类型。

第
9
章

图 9 - 37　STK Report Definitions 框

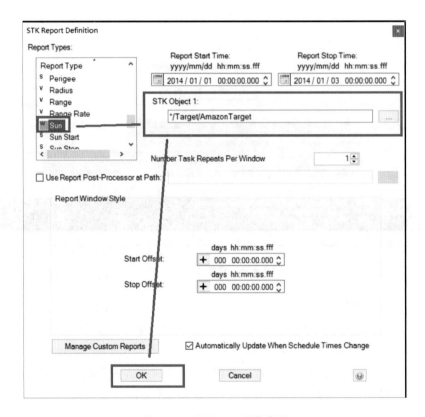

图 9 - 38　添加 Sun 报告类型

④ 这样便给 Amazon 设置了 Sun 约束,然后单击 Update 按钮保存 Amazon 设置,在甘特图上将显示 Amazon 的两个可用时段。

(3) 增加任务操控团队资源

① 新建一个 Resource,将 Resource ID 设置为 OpsTeam,在 Availability 选项卡中选择

Define Availability Times-Default Unavailable,并选择周期时间窗口选项 Period Windows,单击 Add 按钮弹出 Periodic Definition 窗口,在其中定义团队的工作时间。

② 在 Frequency 列表中选择 Daily,然后单击 Add 按钮定义工作时间。增加两个工作时段:上午从 8:00 点开始,持续 4 个小时,注释处为 Morning Shift;下午从 13:00 点开始,持续 4 个小时,注释处为 Afternoon Shift,如图 9-39 所示。

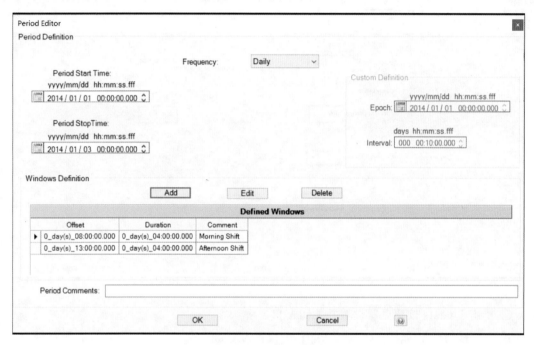

图 9-39　周期编辑器

③ 选择 Accommodation 选项,其默认值为 1,表示可同时支持的任务数量为 1。将 OpsTeam 的 Maximum Accommodation 设置为 2,表示任务团队可以同时支持 2 个任务。

④ 单击 Update 按钮更新设置并关闭窗口。在甘特图中查看任务团队的工作时间,如图 9-40 所示。

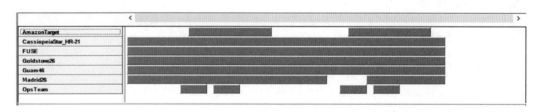

图 9-40　甘特图时间窗口显示

(4) 星载固态记录器

最后一个资源为星载固态记录器(SSR),该资源主要演示资源的容量 Capacity 属性。

① 再新建一个资源,在 General 选项卡中,Resource ID 设置为 SSR。在 Capacity 选项卡中,勾选 Is Applicable,Units 设置为 Mbytes,Capacity Type 选择 Consumable,Capacity 属性只适用于可以耗尽或补充容量的资源。

② 将 Minimum Capacity 设置为 0,Maximum Capacity 设置为 100,类型设置为 Soft,如图 9 - 41 所示。

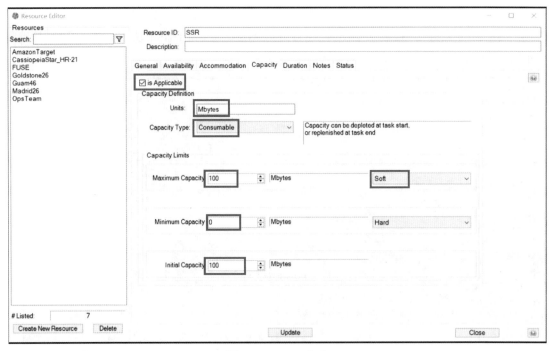

图 9 - 41　SSR 生成

③ 单击 Update 按钮更新设置并关闭窗口。

④ 一些被动资源,如 Target,通常 Capacity 设置为 Unlimited Accommodation。默认情况下,从 STK 导入的 Stars、Planets、Point Targets、Area Targets,其 Capacity 设置为 Unlimited。对于其他类型,设置为 1。

到目前为止,已经定义了 8 个资源、3 个地面设置(Madrid、GoldStone、Guam)、1 个卫星(FUSE)、1 个行动小组(OpsTeam)、1 个地面目标(Amazon)、1 个恒星(CassiopeiaStar HR-21)和 1 个星载记录器(SSR)。

9.5.4　定义任务

本小节将定义 5 个具有不同任务条件和资源需求的独立任务:

● 卫星与地面站循环通信任务;
● 一种不依赖于 STK 的日常报表管理任务;
● 在有日光条件下的卫星对地遥感任务;
● 当卫星位于地球本影区时对恒星的成像任务;
● 在轨道升交点改变的 30 分钟内完成卫星姿态校准任务。

任务一

① 选择 Task→NewTask 创建一个新任务,在 Task ID 文本框中输入 FUSEcommunication,保留默认值,优先级设置为 5,调度优先 Scheduling Preference 设置为 None;时段偏好 Timeslot Preference 设置为 Early,不指定任何组成员关系,如图 9-42 所示。

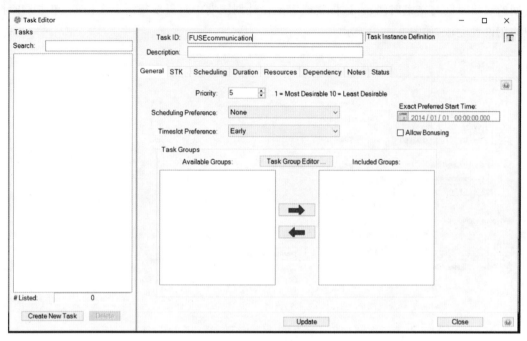

图 9-42　任务编辑器(1)

② 切换到 Scheduling 选项卡并勾选 Recurring Task,勾选 Scheduling Windows Defined by 中的 Time,打开周期窗口 Periodic Windows,如图 9-43 所示。

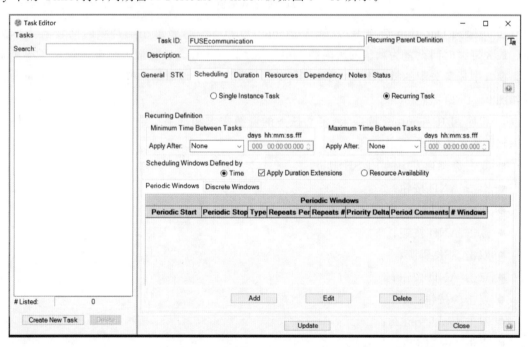

图 9-43　打开周期窗口 Periodic Windows

③ 单击 Add 按钮来确定所要规划的任务的周期窗口,例如在频率中选择 Daily,重复类型 Repeat Type 设置为 Per Period,♯Repeats 设置为 3。周期开始与结束时间设置为默认(计划周期的起始时间与结束时间)。这样就能实现在计划周期中每天要规划 3 次任务,单击 OK 按钮应用设置完成,如图 9-44 所示。

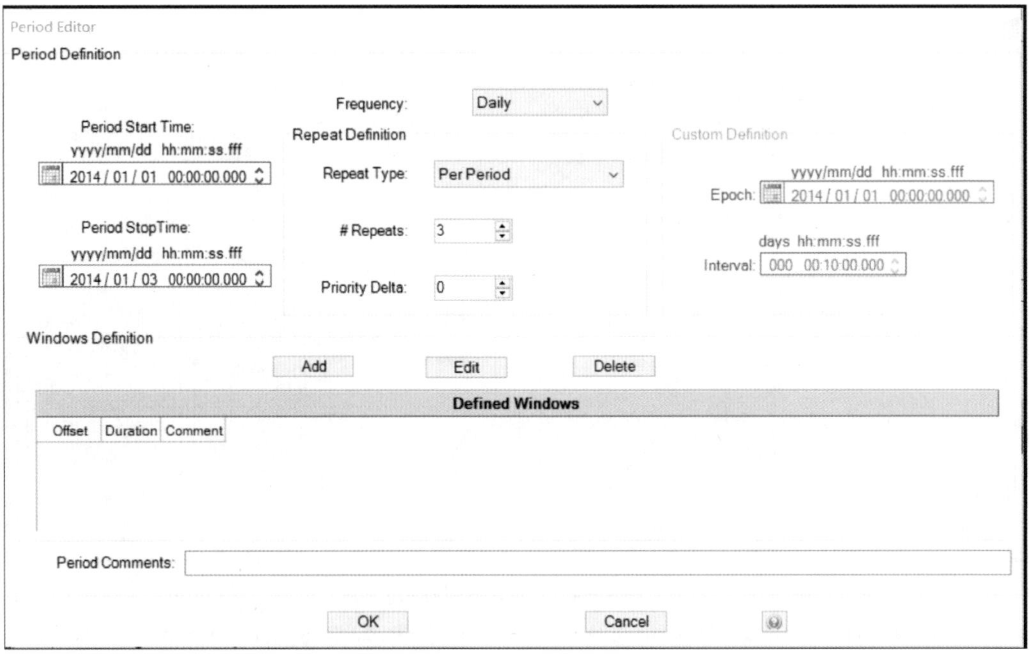

图 9-44　设置周期窗口

④ 切换到 Duration 选项卡,点选 Variable Duration 项,将最小的持续时间设置为 8 分钟。最大持续时间设置为默认的无限制 Unlimited Duration。这将最大限度地延长了单个资源集窗口中任务分配的持续时间(无需将任务移交给另一个地面站)。Duration 选项卡页面设置如图 9-45 所示。

⑤ 切换到 Rescources 选项卡,定义任务的资源需求和选项。定义 FUSE 卫星通信任务的逻辑资源需求公式,操作如下:

- 双击资源列表中的 FUSE 卫星;
- 点击 AND 按钮;
- 双击 OpsTeam;
- 点击 AND 按钮;
- 双击 SSR 资源;
- 点击 AND 按钮;
- 点击()按钮;
- 双击 Goldstone26;
- 点击 OR 按钮;
- 双击 Madrid26;

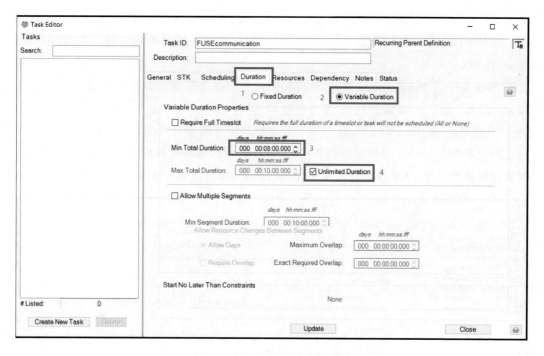

图 9 - 45　Duration 选项卡设置

● 点击 OR 按钮；

● 双击 Guam46。

定义任务资源需求界面如图 9 - 46 所示。其中,AND 表示逻辑"与",OR 表示逻辑"或"。

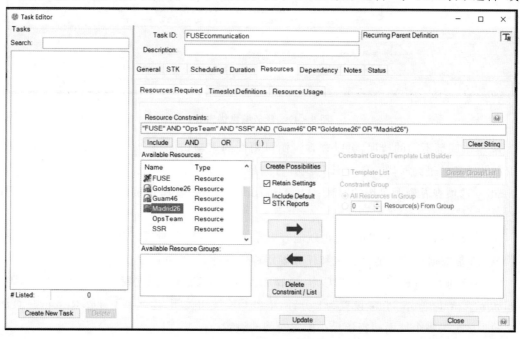

图 9 - 46　定义任务资源需求

资源约束公式定义了资源需求和选择一个合乎逻辑的和/或语句。FUSE 通信公式指定该任务总是需要 FUSE、OpsTeam 和 SSR 资源，加上三个地面站资源中的任何一个（Goldstone、Madrid、Guam）。

⑥ 单击 Create Possibilities 按钮，软件将决定所有单个资源可以用来完成这项任务的可能性，并运用适当的 STK 访问约束（复选框被勾选后）。

⑦ 切换到 Timeslot Definitions 选项卡并选择某个资源可行性的详细信息。注意到，在此时段和约束条件下 FUSE 卫星通信任务有三种可用情况，每种可能性的优先级可通过调整资源的优先级进行计算，手动编辑特定任务优先级即可，如图 9-47 所示。

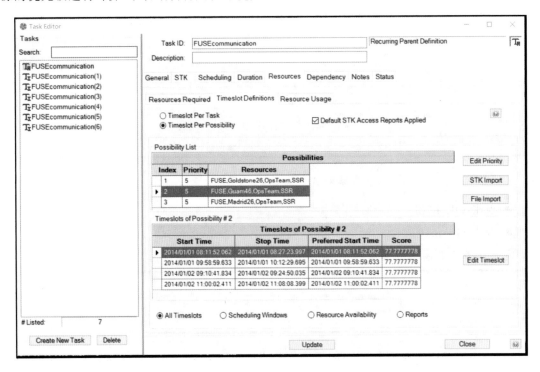

图 9-47 任务编辑优先级

⑧ 单击底部不同的选项，可以查看资源可用性约束与访问机会的关系，以及它们如何结合以定义任务的最终时段。Report 选项查看满足该选中条件的 STK 可见时段；Resource Availability 选项查看资源可用的时段；All Timeslots 选项查看满足资源可用以及访问可见的时段。

⑨ 点选 Timeslot Per Task 选项就能查看每个最终的任务时段，其中时段 Timeslots 中的分数 Score 是根据相关可能优先级和任务规划首选项计算的，如图 9-48 所示。

⑩ 切换到 Resource Usage 选项卡，选择 Define Per Task。双击每一个地面站资源，将其 Minimum Total Setup Time 设置为 5 分钟，单击 OK 按钮关闭，返回到 Usage Resource 页面。图 9-49 显示了每个地面站资源最小配置时间的设置。

⑪ 选择 SSR，单击 Edit 按钮，在弹出的框里（如图 9-50 所示）点选 Replenish，在 Rate 下边的文本框中输入 0.1（即每秒 0.1 Mbyte），然后单击 OK 按钮并确认设置。

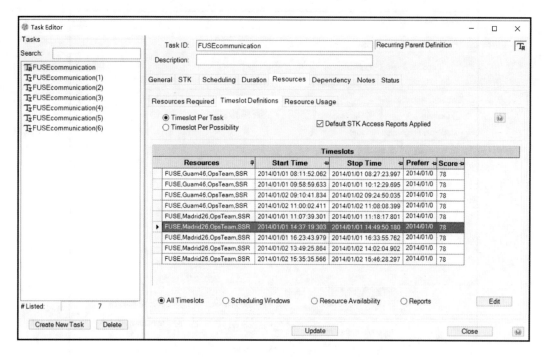

图 9 - 48　查看任务时段

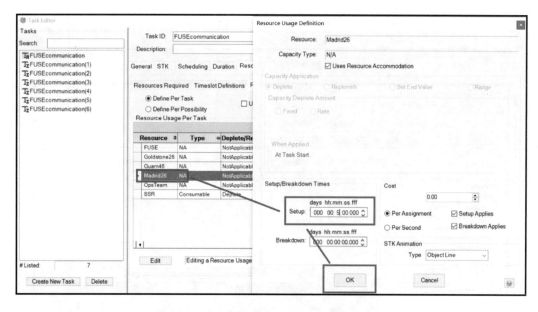

图 9 - 49　设置每个地面站资源最小配置时间

⑫ 单击 Update 按钮更新任务定义,关闭任务编辑器窗口。由于一天三次,共两天,因此在 STK Scheduler 的主界面上添加了 6 个独立任务(加上一个循环任务父定义,可以在 View→ Show Task Parent Definitions 中取消显示该循环任务父定义),如图 9-51 所示。

每个任务的时段都显示在甘特图规划区域,但目前还没有进行任务规划,所以显示窗口只是根据资源可用性、规划窗口时间以及 STK 可见性显示可以完成任务的时间。

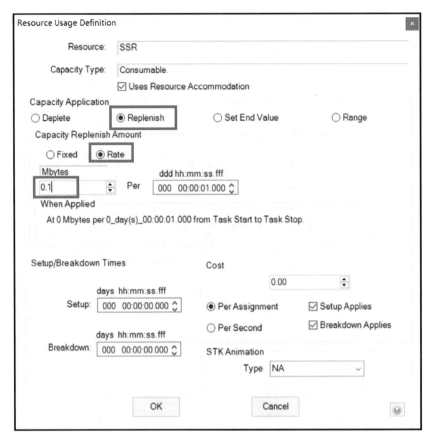

图 9 - 50　设置 SSR

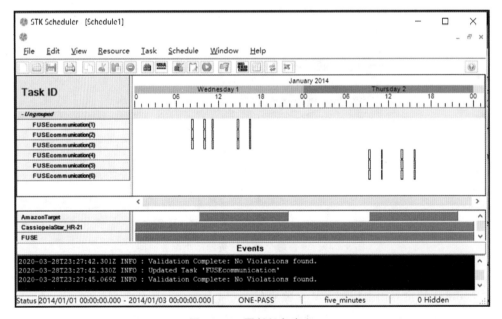

图 9 - 51　更新任务定义

任务二

之前我们定义了一个资源团队 OpsTeam,其制定了一个上午、下午各四小时的工作时间安排,接下来我们将利用 OpsTeam 建立任务二,目的是不依赖于 STK 生成与任务周期相对应时段的日常管理报表。

① 在菜单中选择 Task→New Task 创建一个新的任务。在任务设置窗口的 General 中输入任务 ID 为 Management Report,其他保持默认值。

② 切换到 Duration 选项卡,选择 Fixed Duration,时间长度设为 2 小时。

③ 切换到 Resources 选项卡,在可供选择资源列表中双击 OpsTeam,单击 Create Possibility 按钮,再单击 Update 按钮更新,单击 Close 按钮关闭窗口。

④ 在甘特图窗口中便生成了管理报告任务,其时段与 OpsTeam 的时段一致,如图 9 - 52 所示。

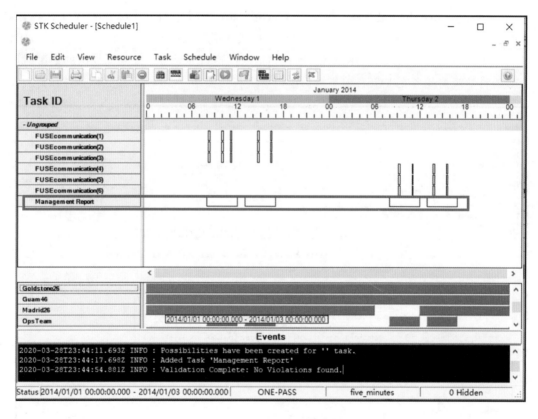

图 9 - 52　任务二的管理报告

任务三

① 选择 Task→New Task 创建一个新的任务。任务 ID 设置为 FUSEground,其他项保持默认值。

② 切换到 Scheduling 选项卡,点选 Single Instance Task 选项。

③ 切换到 Duration 选项卡,勾选 Fixed Duration 选项,持续时间设置为 1 min(即 0 days 00:01:00:000)。

④ 切换到 Resources 选项上,在资源列表中双击 FUSE,单击 AND,双击 SSR,单击 AND,最后双击资源列表中的 AmazonTarget,单击 Create Possibilities。

⑤ 切换到 Resource Usage 选项卡,选择 SSR 并单击 Edit,指定 FUSEground 任务,对 SSR 设置一个固定的 75 Mbytes 的资源消耗(Deplete)类型,并单击 OK 按钮。

⑥ 单击 Update 按钮并关闭应用任务设置。这样一个单独的 FUSE 卫星对地观测任务就添加到了甘特窗口中,每天有 6~7 次调度机会。

任务四

① 选择 Task→New Task 创建一个新任务。任务 ID 为 FUSEscience,其他项保持默认值。

② 切换到 Scheduling 选项卡,点选 Single Instance Task。打开 Discrete Windows 标签页,单击 STK Import 然后再单击 Add 按钮。选择报表类型为 Umbra 并将 STK Object 1 设置为 FUSE。单击 OK 再单击 OK 按钮,则在离散时间窗口显示整个规划周期内的地影时段。FUSE 的科学观测任务在 FUSE 卫星本影窗口中进行。图 9-53 所示为总规划周期时段。

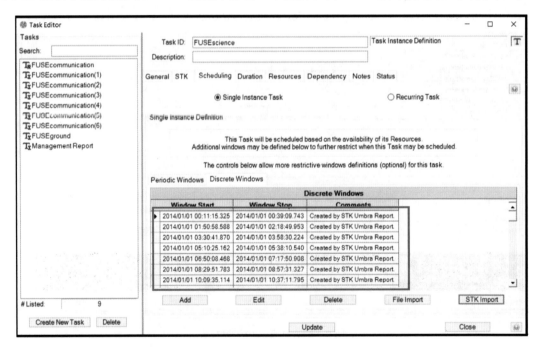

图 9-53　总规划周期时段

③ 切换到 Duration 选项卡,点选 Variable Duration 项,再勾选 Allow Multiple Segments 项,指定 Min Segment Duration 时间为 5 分钟,Max Total Duration 时间为 50 分钟,Min Total Duration 时间为 40 分钟。持续时间选项允许在资源之间进行交换,以及根据需要允许非连续任务继续,以完成整个任务持续时间。图 9-54 所示为持续时间约束条件的设置。

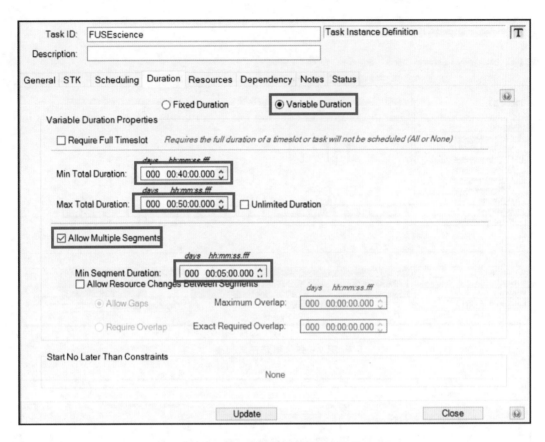

图 9 - 54　设置持续时间约束条件

④ 切换到 Resources 选项卡,双击已设置资源列表中的 FUSE,单击 AND 并双击恒星资源 CassiopeiaStar_HR - 21,接下来单击 AND 并双击 SSR 资源。单击 Create Possibilities 并打开择 Resource Usage 选项卡,编辑 SSR 的数据流量消耗为每秒 0.01 Mb 并单击 OK 按钮。单击 Update 按钮在系统中增加新任务并关闭任务编辑窗口。图 9-55 所示为更新任务列表。

任务五

① 选择 Task→New Task 创建一个新任务。任务 ID 为 FUSEattitude。将优先值 Priority 设为 10(创建一个优先级较低的任务),其他保持默认值。

② 切换到 Scheduling 选项卡并点选 Recurring task,点选 Time 作为循环依据。Apply Duration Extensions 已被勾选,这样就可以延长子任务的时段。打开 Discrete Windows 选项卡依次单击 STK Import 和 Add 按钮。

③ 选择升交点 Ascending Node,STK Object 1 中选择 FUSE,可以看到 Window Start Time 已被勾选,Next Time Value In Report 也被勾选,这将会使时段持续时间应用到整条轨道之中。单击 OK 按钮关闭窗口并再次单击 OK 按钮。图 9-56 所示为添加任务资源。

④ 切换到 Duration 选项卡并选中 Fixed Duration 选项。将持续时间改为 15 分钟。这意味着当卫星每次经过升交点上空的时候,程序都会尝试进行 15 分钟的循环任务。

第 9 章

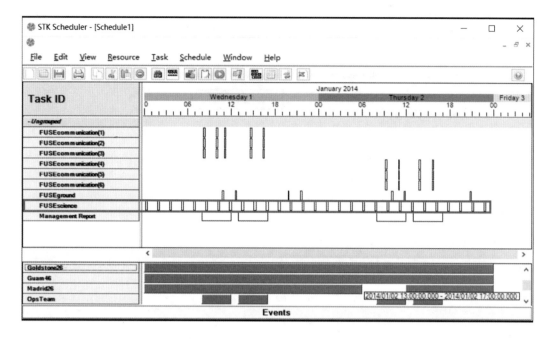

图 9 - 55　更新任务列表

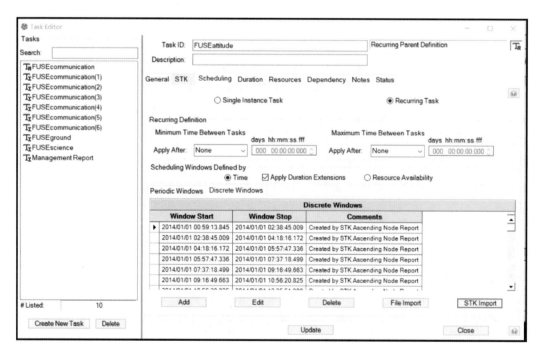

图 9 - 56　添加任务资源

⑤ 切换到 Resources 选项卡并单击可用资源列表中的 FUSE,FUSE 就会在资源约束公式框中出现,单击 Create Possibilities。

⑥ 单击 Update 按钮并关闭编辑窗口,可见,卫星轨道周期约为 2 小时,在每次升交点过后有约 2 小时的时间可以执行调姿任务。在窗口的右边使用滚动条可以看到添加的新任务。

9.5.5　规划与分析

通过以上步骤我们已经设计好了五个任务,接下来将是使用 STK Scheduler 中可用的冲突消除算法(即任务规划算法)生成冲突消除规划解决方案。在本例中,我们选择 Schedule→Select Algorithm 菜单项并选择 One-Pass 算法。

① 在主界面中单击 GO 按钮开始使用一次通过的调度算法进行调度运行。弹出调度状态窗口显示调度过程,完成后单击 OK 按钮。将出现所提供调度问题的概述和调度运行的结果的概要报告,如图 9-57 所示。

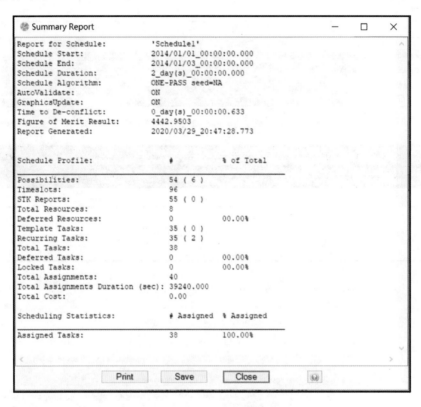

图 9-57　总结报告

② 返回主界面,已规划的任务在被分配规划算法后将显示绿色的条带。计划外的任务被转移到了表单的底部,勾除选项 View→Show Timeslots 可以取消显示时段,只显示被规划的任务段;勾选 View→Rollup Tasks→Rollup Recurring Tasks 可以将循环的任务收拢成一个条带查看;勾除选项 View→Show Task Labels 可以删除任务标签。图 9-58 所示为查看规划任务。

③ 右击一个任务名或一个任务行则弹出一个任务选择菜单,选择路径 Edit→Task 弹出任务编辑窗口。切换到 Status 选项卡并注意开始时间、停止时间、持续时间和任务所需资源。图 9-59 所示为查看任务的时间分配。

④ 切换到 Duration 选项卡,将 Fixed Duration 设置为 1 小时;再切换到 Resource 选项

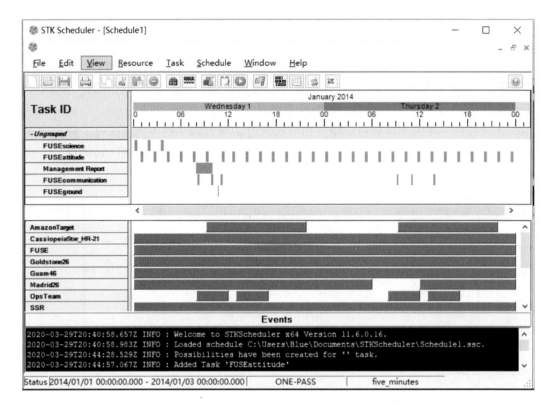

图 9 - 58　查看规划任务

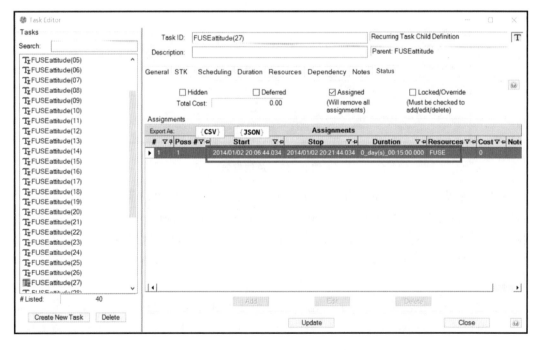

图 9 - 59　查看任务的时间分配

卡,单击 Create Possibility,单击 Update 按钮更新,关闭窗口。

⑤ 在主窗口中可以看到已取消了 FUSEattitude(27)任务,这主要是由于 FUSEattitude (27)和 FUSEattitude(28)任务产生了冲突。如图 9 - 60 所示为任务冲突查看。打开 FUSE-attitude(27)任务编辑器,如图 9 - 61 所示,在 Status 选项卡中单击 Calculate Conflicts 按钮,生成冲突消息。

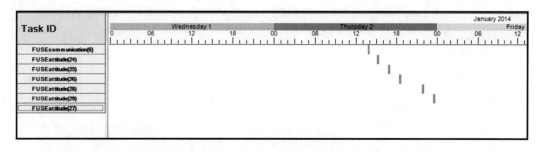

图 9 - 60　任务冲突查看

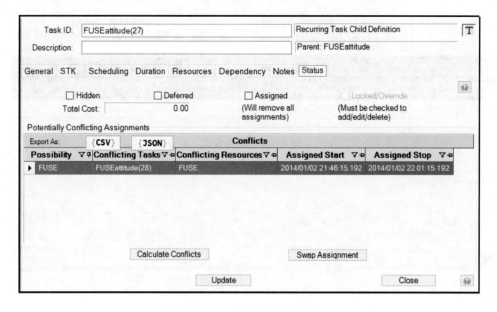

图 9 - 61　算法生成器界面

⑥ 可以在甘特图上手动调整任务时间,需要将任务锁定。选择 Management Report 任务,右键选择 Lock/Override,则任务栏变成蓝色,表示该任务已锁定。然后,拖动该任务到新的时间,将自动执行验证检查。图 9 - 62 所示为任务锁定。

⑦ 从菜单中依次选择 View→Main View→Table,则主视图将切换成列表视图,如图 9 - 63 所示。

⑧ 选择菜单 View→Show Legend 项,将显示任务状态指示,如图 9 - 64 所示。

⑨ 为了更加形象地展示规划效果,STK Scheduler 自带规划动态演示功能。我们以 FUSE 卫星为例,在 STK 中将其选择为 3D 窗口的主视角。回到 STK Scheduler 的界面,选择路径 Schedule→STK→Animate,在最先弹出的 STK 3D 窗口中会演示整个与 FUSE 卫星相

第 9 章

关的任务动作。图 9 - 65 所示为 3D 窗口显示。

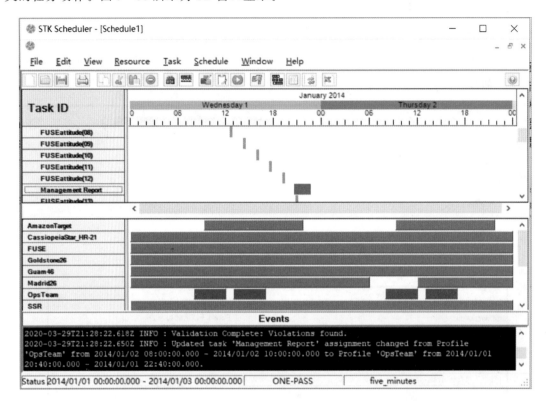

图 9 - 62　任务锁定

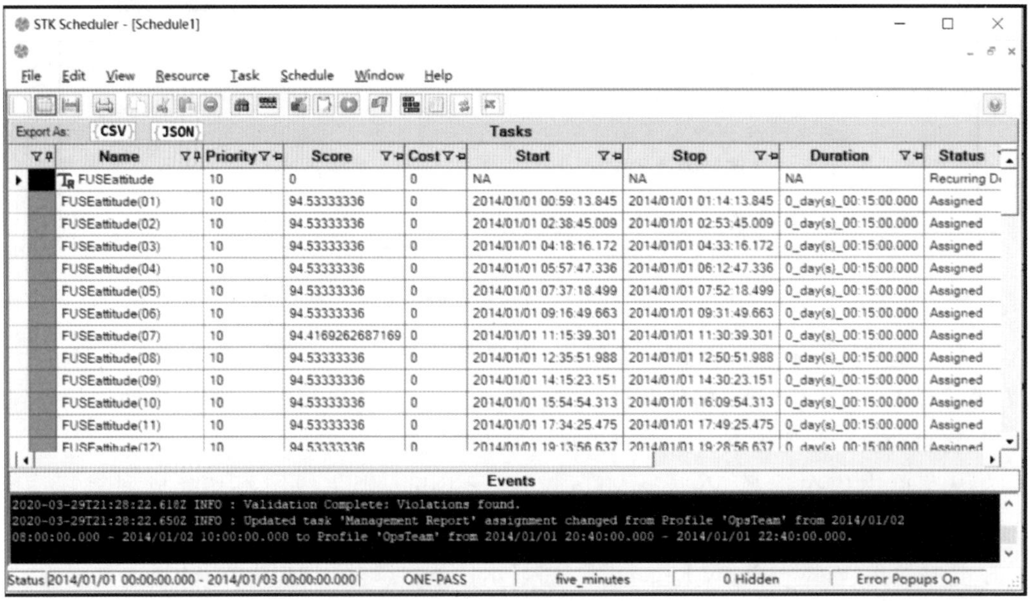

图 9 - 63　列表视图

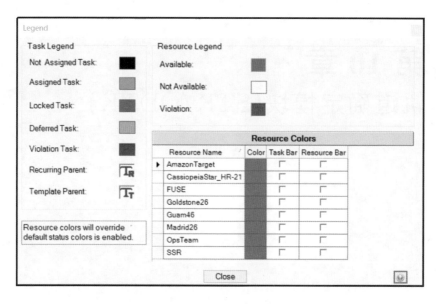

图 9-64　任务状态指示

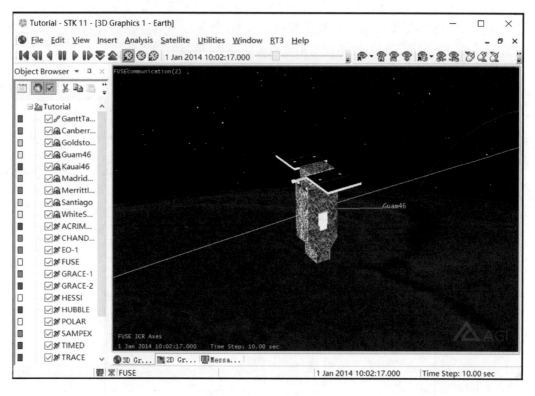

图 9-65　3D 窗口显示

第 10 章
轨道确定模块(STK/ODTK)

Orbit Determination Tool Kit (ODTK)是 AGI 公司开发的一款航天器轨道确定与分析软件。ODTK 的主要功能模块包括初始轨道确定(IOD)、加权最小二乘定轨(LS)、测量数据仿真器(Simulator)、滤波器(Filter)、平滑器(Smoother)。ODTK 的滤波器和平滑器可以同时估计多颗卫星的轨道状态,也可以估计卫星相关参数,如弹道系数、太阳光压系数等。此外,ODTK 可以估计地基或天基观测系统的测量偏差,进行大气阻力修正。

10.1 概 述

10.1.1 测量数据类型

ODTK 支持多种测量数据类型,包括地基观测数据和天基观测数据,具体数据类型见表 10-1 和表 10-2,数据类型的具体含义见 10.3.2 小节第(4)部分。

表 10-1 地基观测数据类型

分 类	数据类型
传统测量	Azimuth / Elevation
	X / Y
	Right Ascension / Declination
	Bistatic range
	2-way range
	Direction cosines
深空网络	3-way Doppler
	3-way TCP
	Doppler
	TCP
	Sequential range
卫星激光测距	Normal point range

续表 10-1

分　类	数据类型
地理定位	TDOA
	FDOA
	TDOA dot
	SD TDOA
	SD FDOA
	Ground TDOA
	Ground FDOA
	Ground TDOA dot
跟踪和数据中继系统	BRTS Range
	BRTS Doppler
GPS	2-leg CA pseudorange
	Pseudorange (CA，L1，L2)，SD and DD
	Phase (CA，L1，L2，LA)，SD and DD
	CA and DF navigation solution (X，Y，Z)

表 10-2　天基观测数据类型

分　类	数据类型
GPS	Pseudorange (CA，L1，L2)，SD and DD
	Phase (CA，L1，L2，LA)，SD and DD
	CA and DF navigation solution (X，Y，Z)
跟踪和数据中继系统	4-way range, 5-way doppler
	3-way return-link doppler
天基平台测量	Range
	Azimuth / Elevation
	Right Ascension / Declination
STK 星历	Position (X，Y，Z)
	Velocity (X dot，Y dot，Z dot)

10.1.2　定轨动力学模型

ODTK 使用高精度轨道预报器 HPOP 作为定轨预报模型,可根据需要指定动力学模型的各项参数,包括:

(1) 重力场

ODTK6 增加了 EGM2008 重力场模型,可指定重力场最大阶数和次数。

(2)大气阻力

当航天器近地点高度小于某个数值(用户指定)时,ODTK 将考虑大气阻力。可用的大气阻力模型包括 CIRA 1972、Jacchia-Roberts、MSISE 1990、NRLMSISE 2000 等。ODTK 可以估计航天器的弹道系数(大气阻力系数×有效横截面积/质量),亦可对当地大气密度进行修正。

(3)太阳光压

当航天器远地点高度大于某个轨道高度(用户指定)时,ODTK 将考虑太阳光压,使用圆锥模型,且同时考虑地球和月球的影响。ODTK 可估计航天器的太阳光压系数。

(4)轨道机动

ODTK 可对轨道机动进行建模分析,包括四种类型:速度增量(瞬时脉冲)、加速度历史记录、恒定推力(推力不变,质量持续减小,加速度持续增大)和恒定加速度。ODTK 可通过观测数据估计轨道机动类型和大小。

10.1.3 轨道确定工具

ODTK 的定轨工具主要包括:初始轨道确定(Initial Orbit Determination,IOD)、最小二乘定轨(Least Squares,LS)、滤波器(Filter)、固定步长平滑器(Smoother)和可变滞后平滑器(VTS)。其中,可变滞后平滑器与滤波器同步运行,而固定步长平滑器必须在滤波器之后运行。通常的轨道确定任务分为三步:首先进行初始轨道确定,随后使用最小二乘算法对初定轨结果进行修正,最后进行最优轨道确定(滤波和平滑)。

这里介绍一下滤波和平滑的区别。通过观测量对系统状态进行估计的问题,可分为滤波、平滑和预报三种类型。其中,"滤波"是指利用历史和当前观测数据,对当前系统状态进行实时估计;"平滑"是指利用所有观测数据,对历史状态进行估计;"预报"是指利用所有观测数据对未来状态进行估计。

10.1.3.1 初始轨道确定

初始轨道确定能够根据少量观测资料,在二体动力学模型假设下估计航天器的轨道状态。根据观测资料不同,需要选择不同的初定轨方法,主要包括:

① Herrick-Gibbs 方法,需要输入三组距离/方位角/俯仰角数据,或卫星的激光测距数据。

② Gooding 方法,一种仅测角初定轨算法,需要至少三组测角数据(赤经/赤纬、方位角/俯仰角等)。

③ GPS 导航数据定轨方法,使用 RINEX 格式的 GPS 数据为输入,可估计航天器轨道位置和时钟信息。

10.1.3.2 最小二乘定轨

ODTK 使用加权最小二乘法,利用更多观测数据对初定轨结果进行微分修正。通过最小化测量残差平方和,可修正量包括轨道状态、太阳光压系数、弹道系数和测量系统偏差。

最小二乘定轨算法以初定轨结果为初值,使用更为精确的动力学模型,修正结果用于滤波器的初始化。

10.1.3.3　滤波器

ODTK 使用一种实时的序贯滤波器,这种滤波器与传统的卡尔曼滤波器不同:测量更新是卡尔曼形式的,但时间更新方程不同。ODTK 的滤波器能够估计测量偏差,并对动力学模型参数进行修正。

滤波器的运行需要提供初始化状态和误差协方差,通常使用最小二乘法的定轨结果。

10.1.3.4　平滑器

ODTK 平滑器(Smoother)按时间逆向计算最优后验估计轨道,对轨道状态和协方差进行重新计算。平滑器的步长是固定的,但用户可以进行设置。

除固定步长的 Smoother 外,ODTK 还提供了一种可变滞后平滑器(Variable Lag Smoother,VLS)。VLS 是滤波器的子对象,是按时间正向运行的。VLS 与滤波器同时运行,可以得到近乎实时的轨道平滑结果。

10.1.4　仿真器

ODTK 的仿真器(Simulator)可用于生成模拟观测数据。用户可以设置卫星初始状态偏差、测站系统偏差和随机观测噪声。如果不添加任何偏差,仿真数据将反映"真实"轨道,滤波器估计轨道的测量残差接近于零。若添加随机噪声,则噪声服从正态分布。

10.1.5　滤波器-平滑器一致性

滤波器-平滑器一致性检验是检验结果正确性的有效手段。设滤波器状态为 $X_f(t)$、方差为 $\sigma_f^2(t)$;平滑器状态为 $X_s(t)$、方差为 $\sigma_s^2(t)$。定义变量

$$R(t) = \frac{X_f(t) - X_s(t)}{\sqrt{\sigma_f^2(t) - \sigma_s^2(t)}}$$

若 $R(t)$ 服从标准正态分布,可认为结果可信;反之,则需检查滤波器和平滑器设置是否有问题。ODTK 提供了图形化的检验方法,方便对每个状态量实施滤波器-平滑器一致性检验。

10.2　ODTK 界面

10.2.1　启动界面

OTDK 启动界面是一个直观的界面,用于组织和访问 ODTK 环境中的信息和文件,如图 10-1 所示。

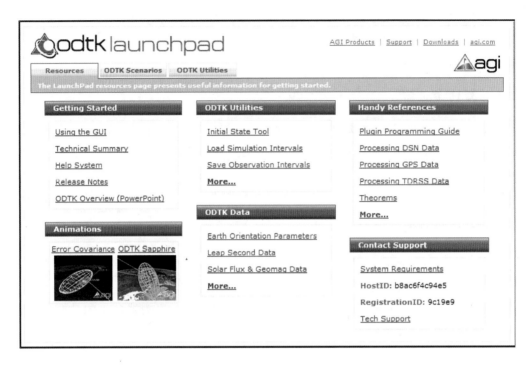

图 10 - 1　ODTK 启动界面

10.2.2　工作区管理

第一次启动 ODTK 时,它会呈现出一个灰色的矩形区域,称为任务区域(Task Area)。任务区域被各种窗口、菜单和工具栏包围,它们共同组成了工作区(Workspace)。ODTK 用户界面可以自由选择、调整和安排 Workspace 组件,以满足特定的分析或操作需求。除了熟悉的 Windows 功能外,ODTK 还提供了一些其他选项,用于在 Workspace 中定位窗口,详见表 10 - 3。

表 10 - 3　ODTK 工作区功能选项说明

选　项	说　明
Docked	将窗口固定到工作区以内、任务区域之外的位置
Floating	从工作区中释放窗口。如果选择此选项,并且工作空间未最大化,则可以将相关窗口移动到工作区之外
Integrated	将窗口置于任务区域内。窗口可以在任务区域内移动,但如果尝试将其移动到该区域的边缘之外,窗口的某些部分将不再可见。如果任务区域变大,则集成窗口的隐藏部分将重新出现
Docked to	将窗口置于工作区的指定一侧:顶部、左侧、底部或右侧
Integrated Window as	将窗口集成到指定状态的任务区域:最小化、最大化或已还原

10.2.3　对象浏览器

使用默认设置启动 ODTK 时,对象浏览器在工作区左侧显示为停靠窗口,显示用于设置和运行定轨任务的对象,并允许访问这些定轨对象及其属性。定轨对象以树的形式显示,反映了对象之间的层级关系。

要创建新的对象浏览器窗口,从"视图"菜单中选择"对象浏览器"。右键单击浏览器窗口中的任何对象,然后从下拉菜单中选择"属性",可以在"对象属性"窗口中查看对象的属性。用户还可以通过双击对象或单击对象并从"视图"菜单中选择"对象属性"的方法查看对象的属性。

在"浏览器"窗口中单击鼠标右键,然后从下拉菜单中选择"隐藏工具栏/显示工具栏",可以在两个选项之间切换。

10.2.4　对象属性

使用默认设置启动 ODTK 时,"对象属性"窗口将显示为工作区左侧的停靠窗口,以分层方式显示所选对象的属性,并允许用户编辑。使用"对象属性"菜单栏中的"折叠"和"展开"箭头可展开和折叠所选对象或属性的项目树。

在对象属性菜单栏的白色区域单击鼠标右键,勾选 Start Expanded 复选框可使 ODTK 对象属性的项目树全部展开;否则为全部折叠。

右键单击所选属性,然后从下拉菜单中选择"属性信息"以显示一个对话框,该对话框提供可用于脚本编写的信息。

10.2.5　消息窗口

使用默认设置启动 ODTK 时,消息窗口(Message Viewer)将显示为工作区底部的停靠窗口。消息窗口在创建对象、设置其属性并运行时显示由 ODTK 生成的信息、警告和错误消息。

10.2.6　菜单栏

当用户使用默认设置启动 ODTK 时,菜单栏置于工作区的顶部。

(1) File

File 菜单项包含的内容如表 10 - 4 所列。

表 10 - 4　ODTK 的 File 菜单项

菜单项	说　明
New	新建定轨(OD)场景
Open	打开已有的 OD 场景
Close	关闭当前 OD 场景
Save	使用当前文件名和路径保存场景

第
10
章

续表 10 - 4

菜单项	说　明
Save As	保存场景到指定当前文件名和路径
Set as Default	对于在对象浏览器中选择的对象(包括场景对象),将其属性设置为同一类的新创建对象的默认属性
Import	导入以前保存的对象并将其附加到在浏览器中选择的对象。如果在浏览器中选择的对象没有子对象,则此选项不可用
Export	将浏览器中当前选定的对象导出到指定的路径和文件名。如果所选对象具有子对象,则可以选择单独导出对象或使用子对象导出对象
🖨 Print	将工作区的当前选定部分打印到选定的打印设备
(previously saved scenarios)	最近保存的方案显示在"文件"菜单的此区域中。要打开其中一个方案,请单击其名称
Exit	退出 ODTK

(2) Edit

ODTK Edit 菜单用于在浏览器中创建和重新排列对象,包括剪切(Cut)、复制(Copy)、粘贴(Paste)、删除(Delete)、查找(Find)及首选项(Preference)等。

(3) View

View 菜单项如表 10 - 5 所列。

表 10 - 5　ODTK 的 View 菜单项

菜单项	说　明
Toolbars	使用此项目显示或隐藏某些工具栏,也可用来定制存在的工具栏或创建新的工具栏
Status Bar	用于切换状态栏的显示状态(On/Off)
Full Screen	全屏显示工作区(Workspace),按 Esc 取消
Window display options	包括 6 个选项,选择相应选项以启动该项目: ① 对象属性(Object Properties); ② 消息查看器(Message Viewer); ③ HTML 查看器(HTML Viewer); ④ 静态产品构建器(Static Product Builder); ⑤ 静态产品选择器(Dynamic Product Selector); ⑥ 对象浏览器(Object Browser)

ODTK 允许用户自定义工具栏。选择 View→Toolbars→Customize 启动自定义窗口,可自由选择要显示的工具栏。

(4) Insert

在创建一个场景(Scenario)后,Insert 选项可用来插入对象。

(5) Tools

ODTK 的 Tools 菜单项主要是启动 ODTK 的定轨工具,如表 10 - 6 所列。

表 10 - 6　ODTK 的 Tools 菜单项

菜单项	说　明
FLTR Filter Wizard	启动滤波器向导
SIM Simulation Wizard	启动仿真器向导
IOD Initial OD Wizard	启动初始轨道确定向导
LS Least Squares Wizard	启动最小二乘向导
Options...	显示选择窗口
External Tools...	显示自定义工具菜单窗口

（6）Object

当用户选中一个对象时，该对象的名字将出现在菜单栏中。例如，选中 Filter 对象时，菜单栏中会出现 Filter 选项。

（7）Utilities

1）数据更新程序(Data Update)

使用该应用，用户可更新软件运行使用的各种数据，包括与坐标系转换密切相关的地球指向文件(EOP)、与大气密度建模相关的 Space Weather 文件、与时间系统相关的跳秒文件(Leap Second)等。使用最新数据是得到最精确定轨结果的保证。

- EOP-v1.1.txt
- EOP-All-v1.1.txt
- SpaceWeather-v1.2.txt
- SpaceWeather-All-v1.2.txt
- LeapSecond.dat
- time.kar
- GPSCatalog.txt
- BeiDouCatalog.txt
- Ionosphere IRI2007

……

2）状态差分工具(State Difference)

使用该应用，用户可以对比不同定轨工具所估计状态的差别。

（8）Window

设置窗口的排列方式。

（9）Help

ODTK 的帮助文档。

第10章

10.2.7 工具栏

除了上述菜单项外,还有一些重要的图标按钮需要特别指出,如表 10 - 7 所列。

表 10 - 7   ODTK 特定工具图标按钮

按　钮	工具栏	描　述
🔟	默认	Preview Measurements:在 Message Viewer 中对测量数据进行预览
🛠	默认	Transfer to Satellite:将 LS,IOD 或 Filter 的定轨结果设置为卫星的初始状态
📖	默认	View Measurements:启动窗口显示仿真、滤波或其他处理的测量结果
💾	默认	Save Measurements:将测量值保存到文件
⚙	自定义	Difference Tool(差分工具):在 HTML 浏览器中启动状态差分工具

10.3   ODTK 对象与属性

10.3.1   创建与定义对象

在 ODTK 工具箱中,可创建的对象如表 10 - 8 所列。

表 10 - 8   ODTK 对象

按　钮	对　象	父对象
🖼	场景(Scenario)	无
🛰	卫星(Satellite)	场景
📡	测量系统(Tracking System)	场景
📊	滤波器(Filter)	场景
📈	平滑器(Smoother)	场景
📉	仿真器(Simulator)	场景
📐	最小二乘改进器(Least Square,LS)	卫星
🔢	初轨确定(Initial OD,IOD)	卫星
🎧	测量站(Facility)	测量系统
📶	发射机(Emitter)	测量站
📡	GPS 星座(GPS Constellation)	场景
📶	GPS 接收机(GPS Receiver)	卫星,测量站
📡	转发器(Transponder)	卫星,测量站,GPS 卫星
📡	天线(Antenna)	卫星,GPS 接收机,GPS 卫星
📡	后向反射器(Retroreflector)	卫星,GPS 卫星
🛰	GPS 卫星(GPS Satellite)	GPS 星座

在对象浏览器中,双击选中的对象可以查看或修改属性。通过双击 Value 来修改对象的属性值。ODTK 对象的体系结构如图 10 - 2 所示。

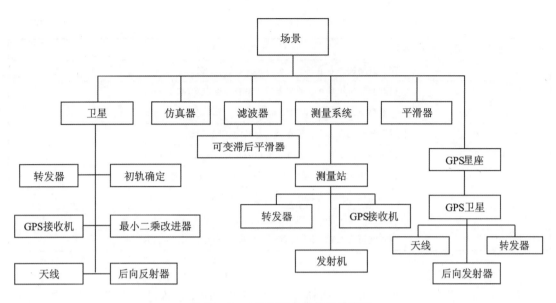

图 10 - 2　ODTK 对象的体系结构图

10.3.2　公共属性

（1）对象描述

每一个定轨对象都有一个描述(Description)属性,利用该属性用户可对该对象作简要的说明。双击 Description 属性右侧,输入说明的内容。

（2）光学特性

光学特性(Optical Properties)应用于卫星或地面站对象。在卫星对象下,光学特性应用于一颗卫星对另一颗卫星进行跟踪测量的场景。

1）极区排除角

在极区排除角(Polar Exclusion)属性中输入一个角度值。在北极或南极的排除角范围内,光学测量值、赤经/赤纬都是无效的,不能被仿真器(Simulator)生成,同时也不能被滤波器(Filter)处理。

2）参考坐标系

利用参考坐标系(Reference Frame)属性指定赤经/赤纬的参考坐标系。如果测量数据中没有明确指定观测数据的参考坐标系,则在数据生成和处理中将用到参考坐标系。参考坐标系详见表 10 - 9。

表 10 - 9　ODTK 参考坐标系

参考坐标系	说　明
ICRF	国际天球参考系
MEME B1950	平赤道、平春分点参考系,基于 FK4
MEME J2000	平赤道、平春分点 J2000 参考系,基于 FK4

参考坐标系	说 明
MEME Of Date	观测日期的平赤道和平春分点定义,基于FK5
MEME Of Jan 0	以观测年份1月0日的平赤道和平春分点定义,基于FK5
MEME Of UTC 00:00	以观测历元 UTC 日零时平赤道和平春分点定义,基于 FK5
TEME Of Date	以观测历元真赤道和平春分点定义,基于FK5
TEME Of Jan 0	以观测年份1月0日的真赤道和平春分点定义,基于FK5
TEME Of UTC 00:00	以观测历元 UTC 日零时真赤道和平春分点定义,基于 FK5
TETE Of Date	以观测历元真赤道和真春分点定义,基于FK5
TETE Of Jan 0	以观测年份1月0日的真赤道和真春分点定义,基于FK5
TETE Of UTC 00:00	以观测历元 UTC 日零时真赤道和真春分点定义,基于 FK5

3) 光行差修正

利用光行差修正(Aberration Corrections)属性对光学测量过程进行修正。当相应测量的光线延迟(Light Time Delay)设置为 true 时,光行差修正还可以应用于方位角和俯仰角的测量中。光行差修正选项说明见表 10 - 10。

表 10 - 10　光行差修正选项说明

选　项	说　明
All	针对周日光行差和周年光行差校正观察结果
Annual	假设周日光行差已消除,只针对周年光行差校正观察值
Diurnal	假设周年光行差已消除,只针对周日光行差校正观察值
None	假设周年、周日光行差均已消除

(3) 测距方法

测距方法(Ranging Method)属性可以应用于基于卫星的跟踪装置(Tracking instrument)或地面站对象,距离修正方式反映了合作跟踪和监视跟踪的区别。测距方法选项说明见表 10 - 11。

表 10 - 11　测距方法选项说明

选　项	跟踪类型	说　明
Transponder	合作目标(主动的)	表示跟踪站(例如 SGLS)仅通过航天器上的主动转发器生成跟踪数据。对于该选项,可以将转发器偏置指定为滤波器状态,并且在测距和多普勒测量模型中使用转发器偏置估计
Retroreflector	合作目标(被动的)	表示基于地面的跟踪设施(例如 ILRS)仅通过航天器上的被动后向反射器生成跟踪数据。可以将后向反射器延迟指定为滤波器状态,并且在测距模型中使用后向反射器延迟估计
SkinTrack	监视	表示不主动使用卫星转发器或后向反射器(例如监视敌方卫星),可以基于雷达或光学测量。对于此选项,转发器或后向反射器延迟不用于距离和多普勒测量

(4) 测量类型与统计特性

测量统计(Measurement Statistics)属性由一系列测量模型及其相关的定义参数组成,列表中的测量类型可以在仿真和估计处理过程中生成。

1) 测量类型

ODTK 测量数据类型见表 10 - 12。

表 10 - 12　测量类型

序　号	类　型	说　明
1	1W Bistatic Range	利用两个独立观测站测距: ①上传链路:从发射地面站到卫星转发器; ②下传链路到接收地面站
2	2L CA Pseudo-range	双链路伪距
3	3L Doppler	3L Doppler 测距类型由 TDRS 卫星系统使用,也被称为"返回链路多普勒"
4	4L Range	TDRSS 测距模型:测量信号沿以下 4 个链路传输的总时间计算总距离。 ● 上传链路:从地面站到中继卫星; ● 前向链路:从中继卫星到用户星; ● 返回:从用户星到中继卫星; ● 下传链路:从中继卫星到地面站
5	5L Doppler	TDRSS 多普勒模型:相位计数方法,用于测量由中继星、用户卫星、及地面站之间的相对运动引起的多普勒频移。这是一个 5 链路模型,其中 4 个链路与 4L Range 模型中所定义的一致。第 5 个链路是从地面站到中继卫星的上行链路 pilot tone 支路
6	Accel	单个加速度计测量的线性加速度。感知加速度包括所有非保守加速度,例如大气阻力、太阳辐射压力和推力。如果传感器相对于卫星的质心移位,则会测到额外的加速度。 应将此测量的统计信息添加到关联的加速度传感器对象的 Measurement Statistics 集中
7	Azimuth, Elevation	地面站的两个测角信息可用于确定从地面站到卫星的方向矢量。方位角(Azimuth)是在当地水平面内,从正北顺时针(向东)测量的水平角度。仰角(Elevation)是地面站与卫星连线与当地水平面的夹角。方位角和仰角在有或没有光线延时的情况下均可建模。如果包括光线延迟,那么建模假定使用测量时间标签作为地面接收时间的单向测量。 当光线延迟设置为 true 时,将进行光行差修正(Aberration Correction)
8	BRTS Doppler	与上面 5L Doppler 相同,只是需将用户星替换为地面转发器
9	BRTS Range	与上面 4L Range 相同,只是需将用户星替换为地面转发器
10	CA DD Pseudo-range	伪距双差测量:建模测量两个不同的 C/A 码伪距单差之差。伪距双差接收器和 GPS 卫星钟差的影响,但电离层影响尚未消除。与单差测量不同,必须在 ODTK 之外构建双差测量
11	CA Nav Sol	利用伪距的导航方案。X、Y 和 Z 分量共享相同的统计参数。通过设置场景级属性(EmbeddedWNSigmas)来指定白噪声(X、Y、Z 获得相同或独立的值)
12	CA Pseudo-range	伪距:CA L1 伪距是输入量。建模测量 GNSS 空间飞行器(SV)和用户接收器之间的距离

第10章

序　号	类　型	说　明
13	CA SD Pseudo-range	伪距单差:建模测量两个不同的 SV C/A 码伪距之差。如果已请求 CA SD 测量(通过将 CA SD 伪距添加到 GPS 接收器的 Measurement Statistics 和卫星上的 MeasTypes),则 CA 测量将转换为 CA SD 测量,不处理纯 CA 测量。 【注】在这种情况下,从测量模型中消除了接收器时钟误差,从而无需估计接收器时钟相位和频率
14	DirCos Fast and North	地面站两个方向的余弦值,包括正东方向和正北方向
15	DF DD Phase	双差双频相位计数:测量两个单差双频相位计数测量之差,该测量值消除了电离层、接收器以及 GPS 卫星时钟误差的影响
16	DF DD Pseudo-range	双差双频伪距:测量两个不同的单差 DF 码伪距之差,不受电离层、接收器以及 GPS 卫星时钟误差的影响。与单差测量不同,必须在 ODTK 之外构建双差测量
17	DF Nav Sol	利用双频伪距的导航方案。X、Y 和 Z 分量共享相同的统计参数。通过设置场景级属性(EmbeddedWNSigmas)来指定白噪声(X、Y、Z 获得相同或独立的值);或者,如果在 nav-sol 格式数据中指定了相关联的 GPS 卫星 ID,则可以基于 DOP 自动确定白噪声
18	DF Phase	结合 L1 和 L2 相位测量结果。该测量消除了电离层一阶效应的影响。如果用户选择 DF 相位测量,则 L1 和 L2 相位测量将转换为 DF 相位测量,并且不会处理 L1 或 L2 相位测量
19	DF Phase Range	双频相位测量:具有未知初始偏置的距离测量模型。处理这种类型的测量需要为每个接收器/GPS 卫星组合添加状态。该测量消除了电离层的影响
20	DF Pseudo-range	结合 P1 和 P2 测量值结果,不受电离层的一阶效应的影响。如果用户选择 DF 测量,则 P1 和 P2 测量值将转换为 DF 测量值,并且不会处理 P1 或 P2 测量值
21	DF SD Phase	单差双频相位计数:为两个同时被跟踪的卫星计算 DF 相位,然后对这两个测量值做差。测量不受电离层和接收器时钟偏差的影响
22	DF SD Pseudo-range	单差双频伪距:为两个同时被跟踪的卫星计算 DF 伪距,然后对这两个测量值做差。测量不受电离层和接收器时钟偏差的影响
23	Doppler	测量由地面站和卫星的相对运动引起的信号频率变化(多普勒频移)
24	DSN Seq Rng	深空网络序列测距
25	DSN Doppler	深空网络多普勒测量
26	DSN 3W Doppler	深空网络三向多普勒。与 DSN Doppler 测量类似,但上行链路和下行链路站点不同
27	DSN TCP	深空网络总计数相位测量
28	DSN 3W TCP	与 DSN TCP 测量类似,但上行链路和下行链路站点不同
29	Eph Pos	使用星历位置分量作为测量值
30	Eph Vel	使用星历速度分量作为测量值
31	FDOA	到达信号频率差:信号从发射机发出,通过两个卫星上的中继转发器(路径 1 和路径 2)传播到公共接收站。用路径 2 上的接收频率减去路径 1 上的接收频率

序 号	类 型	说 明
32	Ground FDOA	到达信号频率差:信号从基于卫星的发射机传播到两个接收站。用测站 2 的接收频率减去测站 1 的接收频率
33	Ground FDOADot	到达信号频率变化率差:信号从基于卫星的发射机传播到两个接收站。用测站 2 的接收频率变化率减去测站 1 的接收频率变化率
34	Ground TDOA	到达时间差:信号从基于卫星的发射机传播到两个接收站。用测站 2 的接收时间减去测站 1 的接收时间
35	L1 Phase, L2 Phase	基于 L1(P1)和 L2(P2)频率的 P 码计算的载波相位测量
36	L1 DD Phase, L2 DD Phase, LA DD Phase	双差(单频)相位计数:计算两个单差相位计数测量的差异,不受接收器和 GPS 卫星时钟误差的影响,但电离层影响尚未消除
37	L1 SD Phase, L2 SD Phase, LA SD Phase	单差(单频)相位计数:计算两个空间飞行器相位计数测量值的差值(两个 L1,或两个 L2,或两个 LA 测量值)。在这种情况下,从测量模型中消除了接收器时钟误差,从而无需估计接收器时钟相位和频率,但电离层误差尚未消除
38	LA Phase	L1 频率上的 C/A 码计算的载波相位计数测量
39	NPRange	国际激光测距服务(ILRS)提出的 Normal Point 模型,已成为报告卫星激光距离数据的 ILRS 标准。详细信息请访问 ILRS 网站 http://ilrs.gsfc.nasa.gov/
40	P1 Pseudo-range, P2 Pseudo-range	基于 L1(P1)和 L2(P2)频率上的 P 码计算的伪距
41	Range	从地面站到卫星的距离。更准确地说,是从发射机到接收器的无线电信号的时间延迟
42	Right Ascension, Declination	赤经(Right Ascension)、赤纬(Declination)测量值。给定参考系中"赤道"和"北极"的定义,则赤经与地理经度相似,赤纬与地理纬度相似。参考系可以是 MEME J2000、MEME of Date、TEME of Date 或 TETE of Date
43	SB Range, SB Doppler, SB Azimuth, SB Elevation	SB 代表"天基"(Space-Based),即天基距离测量、天基多普勒测量、天基方位角测量、天基仰角测量
44	SB Right Ascension, SB Declination	天基赤经/赤纬测量
45	SD DF Phase Range	单差双频相位距离测量
46	SD FDOA	到达信号频率单差测量
47	SD TDOA	到达信号时差的单差

第 10 章

序　号	类　型	说　明
48	TDOA	到达信号的时差
49	TDOA Dot	到达信号的时差变化率
50	X Y Angles	双地面站角度测量。X 角为天顶方向与相对位置矢量投影到参考平面之间的角度。Y 角为相对位置矢量和参考平面之间的角度。参考平面的方向取决于 AntennaMountType 模块。X 和 Y 角可以在有或没有光线延迟的情况下建模

2) 测量统计特性

测量统计特性由测量类型决定,可以设置一个或多个参数,见表 10 - 13。

表 10 - 13　测量统计类型

类　型	说　明
BiasDriftModel	对偏差漂移参数建模
BiasModel	用于模拟测量偏差: ● GaussMarkov:偏差将被建模为标量指数高斯马尔可夫序列; ● RandomWalk:偏差将使用布朗运动序列建模; ● Vasicek:偏差将使用 Vasicek 随机序列建模。这是一个双参数模型,可以处理短期和长期偏差
BoresightBiasModel	与相控阵范围和面角测量相关。 设置为真时,施加的偏差和白噪声将随跟踪方向和面法线方向之间的夹角而变化。当夹角增加 $1/\cos($角度$)$ 时,偏差和噪声变化将增加
CountInterval	仅适用于 Doppler,指定生成多普勒计数的时间
InstantaneousModel	仅适用于 Doppler,指定将多普勒测量建模为 Instantaneous Range-rate。该模型包括对流层、电离层、测量偏差和时间偏差校正,不包括光行差校正和相位中心校正
EditOnDoppler	仅适用于 4LRange 和 BRTS Range(适用于 TDRSS 系统)。如果无法同时进行有效的多普勒测量,则将拒绝距离测量。在处理通用观察格式的仿真数据时,应将此标志设置为 false,因为无法获得同时测量的数据
EstimateBias	如果滤波器要估算此测量偏差分量,则设置为 true。使用给定的高斯-马尔可夫参数对偏差进行建模
LightTimeDelay	适用于 Range、Doppler、Azimuth、Elevation、Right Ascension、Declination、Delta Dec、SB Right Ascension、Delta SB RA 和 Delta SB Dec。选择 true 可计算光线时间延迟
Randomize	仅适用于单点差分伪距测量。更改伪距组合的顺序,以便从一个观察时间到下一个观察时间进行差分
RejectFirstNMeas	仅适用于 4L Range 和 BRTS Range(适用于 TDRSS 系统)。如果设置为大于 0 的数字,除了 EditOnDoppler 标志编辑的测量结果(如果有的话)之外,将拒绝一些初始观测值

续表 10 - 13

类　型	说　明
Representation	适用于 Range 和 Doppler。此只读值反映了场景级属性 RoundTripRepresentation 的设置
ScaleFactor	标识用于模拟加速度计比例因子的随机模型。 ● GaussMarkov:偏差将被建模为标量指数高斯–马尔可夫序列; ● RandomWalk:使用布朗运动序列建模; ● Vasicek:使用 Vasicek 随机序列建模。这是一个双参数模型,可以解决短期和长期偏差
TropoNoiseScaling	用于相位测量的缩比因子
TropoSigma	仅用于 Range 和 Elevation。在测量时,考虑对流层修正的不确定性。一般设为 0.05
WhiteNoiseDeweighting	仅适用于 CA Nav Sol 和 DF Nav Sol。此设置会影响估算期间 Nav Sol 测量的处理
WhiteNoiseSigma	高斯白噪声

(5) 卫星与跟踪器列表

对于某个定轨对象,例如仿真器或滤波器,不一定会用到所有卫星和跟踪器。为了在仿真或滤波过程中指定卫星列表、在滤波过程中指定跟踪器(tracker)列表或在仿真过程中指定跟踪(tracking strands)列表,需要:

① 打开 Simulator 或 Filter 的对象属性;

② 双击 SatelliteList、TrackerList 或 TrackingStrandList 属性显示 List(列表)窗口;

③ 单击 Add 按钮显示 Add Item 窗口;

④ 在 Add Item 窗口的列表中选择一个或多个项目;

⑤ 单击 OK 按钮关闭 List 窗口;

⑥ 在对象属性窗口中单击 Apply 按钮保存修改。

(6) 发射机列表

像卫星列表一样,定轨对象使用的发射机列表(EmitterList)是可选的。如果未指定,则进程将尝试在其运行中包括所有可用的发射机对象。如果仅将选定的发射机对象添加到 EmitterList,则只将发射机列表中的对象用于测量生成和处理。此外,对于从进程中排除的发射机对象,如果出现以下情况,则该发射机相应的父对象也会在运行时被排除:

① 除发射机外,该测站没有其他子对象;

② 测站没有任何发射机运行,并且该测站的测量统计列表为空。

(7) 数据档案选项

当运行平滑器、可变滞后平滑器(VLS)、滤波器和仿真器时,用户可将大量数据保存到输出文件,用于报告和绘图。ODTK 允许用户选择每次运行要保存的数据。数据文件可能变得非常大,需要保存到磁盘的数据越少,应用程序运行的速度就越快。星号用于表示对项目的限制:

● 单星号(＊):仅限滤波器和仿真器;

第10章

- 双星号(**):仅限仿真器;
- 三星号(***):仅滤波;
- 四星号(****):仅滤波和平滑。

(8) STK 星历

STK 星历(STK Ephemeris)属性在 ODTK 中与四个对象相关:Simulator、Filter、Smoother 和 Variable Lag Smoother。通过这个属性,与这些对象相关的过程可以生成与 STK 相兼容的卫星星历(.e)。这个选项的可用性取决于进程设置。

1) 进程中(DuringProcess)

该属性控制是否在进程中生成的星历写入星历文件里。进程中设置选项说明见表 10-14。

表 10-14　进程中设置选项说明

选　项	说　明
Generate	设置为 true,则可将进程中生成的星历写入文件;否则设为 false
TimeGrid	定义星历表写入文件的频率,选项包括: ① Uniform:在均匀网格上写入信息。统一网格由 Filter 的 ProcessNoiseUpdateInterval 属性和最小二乘的 UniformTimeStep 定义。 ② Filter:在每个可能的时间点写入信息
UniformTimeStep	仅当 TimeGrid ="Uniform"时由 LS 使用
MaxTimeStep	仅当 TimeGrid ="Filter"时由 LS 使用,定义星历表输出之间的最大时间步长

2) 预报(Predict)

预报选项可用于滤波器和平滑器。此部分控制是否将预报的星历包含在文件中。滤波器或平滑器最后一次运行的状态可用于预报未来的星历,并添加到星历文件中。预报设置选项说明见表 10-15。

表 10-15　预报设置选项说明

选　项	说　明
Generate	设置为 true,则可将预报星历写入文件;否则设为 false
TimeStep	生成星历的统一时间步长
AlignTimeGrid	控制星历预测输出节点与优选的均匀间隔网格的对齐,该网格基于所请求的时间步长来定义
StopMode	指定预测期间的长度,选项包括: ① TimeSpan:定义生成预测星历的时间范围。 ② Stop Time:为预测的星历指定明确的停止时间。如果此停止时间在场景停止时间之前,则不会生成星历表

3) 坐标系(CoordFrame)

为场景中的每个卫星定义星历的坐标系,卫星星历参数设置选项说明见表 10-16。

表 10 - 16　卫星星历参数设置选项说明

选　项	说　明
Satellite	卫星名称(只读)
CBName	卫星初始状态对应的中心天体名称(只读)
CoordFrame	坐标系统,选择取决于中心天体。对于地球,请选择 ICRF、J2000、TEMEofDate 或 Fixed;对于太阳,请在 ICRF、J2000 或 Fixed 之间进行选择;对于以月球为中心天体的卫星,请在 ICRF、J2000、Fixed、Mean Earth 和 Inertial 之间进行选择。 【注】坐标系设置是默认的,可以通过场景级别的 SatEphemeris.CoordFrame 属性重置

4)星历文档(EphemerisArchiving)

星历文档属性控制在 LS 运行期间创建星历(∗.e)文件,选项包括:

● 所有迭代:在每个阶段的每次迭代期间创建星历文件。

● 最终迭代:在最后一次迭代期间创建星历文件。

● Initial 和 Final:在第一次和最后一次迭代期间创建星历表文件。

5)方差(Covariance)

方差为 LS、Filter 和 Smoother 定义的属性。这些过程产生协方差信息,并且可以将 3×3 位置协方差阵或 6×6 位置–速度协方差阵添加到星历文件中。协方差适用于在进程运行期间或在预测期间创建的星历表。对于 LS,协方差将包括任何考察变量的影响。将 Generate 属性设置为 true 以将协方差写入星历表文件,并使用 CovarianceType 属性选择所需的类型。

【注】"考察变量"(consider parameter)是精密定轨理论中的术语。精密定轨中的协方差矩阵能够清晰地反映轨道确定的精度,但存在动力学模型和观测模型误差时,协方差往往偏小。为更好地估计协方差,需要合理假设系统误差的大小,表征系统误差的参数即为"考察变量"。

6)文件格式

输出 Ephemeris 文件的文件格式:

● STK Ephemeris:STK"∗.e"格式;

● CCSDS Ephemeris:CCSDS 502 格式,文件将具有"∗.oem"扩展名。

(9)事件控制

1)事件驱动脚本(Event-driven Scripts)

事件驱动脚本是在滤波器或仿真器中发生特定事件时调用的脚本,或者使用 RunScript 函数时调用的脚本。这样的脚本需要包含一个与文件名匹配的函数,该函数将消息字符串和调用脚本的对象(滤波器、仿真器或应用程序对象)作为输入。

2)事件控制(Event Controls)

事件控件使用户可以选择指定事件驱动的脚本文件,这些文件在以下任何或所有滤波器和/或仿真器事件中调用:

第
10
章

- OnInternalError：适用于运行滤波器或仿真器时发生内部错误的情况,例如卫星再入(高度过低,无法外推)。
- OnStart(仅限仿真器)：在仿真器开始处理之前运行。
- OnResume(仅限滤波器)：适用于滤波器已被用户中断和重新启动的情况。
- OnComplete：适用于滤波器或仿真器运行结束时。
- OnHalt：适用于用户中断滤波器或仿真器运行的情况。
- OnNoMoreMeas(仅限滤波器)：适用于上次测量后滤波器到达停止时间且 StopMode 未设置为 LastMeasurement 的情况。

（10）GPS 时钟重置

GNSS 卫星对象的 Clock. ClockResets 属性和 ClockControls. ClockResets 属性引入了 SV 时钟相位、时钟频率变化和时钟老化复位事件的列表,每个事件都被建模为时钟的瞬时变化。GPS 时钟重置设置选项说明见表 10－17。

【注】当模拟时钟事件时,输入变化被认为是"标称"变化。实际模拟变化由标称变化加上高斯噪声给出。

表 10－17　GPS 时钟重置设置选项说明

选　项	说　明
ClockPhaseReset	ResetTime：时钟相位复位的时间。 PhaseChange：瞬时相变。 PhaseDeweightingSigma：相变中的不确定性。 BreakCorrelations：时钟相位状态的互相关归零时执行
ClockFreqReset	ResetTime：时钟频率复位的时间。 FreqChange：瞬时频率变化。 FreqDeweightingSigma：频率变化中的不确定性(一个 sigma)。 BreakCorrelations：时钟频率状态的互相关归零时执行
ClockAgingReset	ResetTime：时钟老化复位的时间。 AgingChange：瞬时时钟老化变化。 AgingDeweightingSigma：时钟老化变化中的不确定性。 BreakCorrelations：时钟老化状态的互相关归零时执行

（11）自定义数据编辑

ODTK 保留一系列跟踪数据文件,这些文件根据需要为各种过程(即滤波器和最小二乘)提供数据查询。这组属性可以使得基于主要对象(卫星、发射机或 GNSS 卫星)、跟踪链和测量类型来编辑跟踪数据。需要注意的是,GNSS 测量的主要对象始终是 GNSS 星座;使用 SelectedTrackingStrand 选择特定的接收器以连接到卫星或观测站。

（12）残差编辑

这组属性名义上通过图形化残差编辑来填充,并且与 CustomDataEditing 相关联的属性相似,但有一些差异。可以在滤波器或 LS 运行期间手动将此界面设为"忽略"或"强制拒绝"测量。滤波器和 LS 对象中具有相同的残差属性,这样每个对象都可以拥有自己的一组残差编辑规则。

10.3.3　场景属性

(1) OverrideRunName

OverrideRunName 属性使用户能够控制后缀为.FiRun、.SimRun、.SMTRUN 等输出文件的名称,OverrideRunName 属性设置选项说明见表 10 - 18。

表 10 - 18　OverrideRunName 属性设置选项说明

设　置	说　明
true	在显示的文本框中输入 NewRunFilename 属性的值。每个运行文件将命名为〈NewRunFilename〉.〈ext〉
false	每个运行文件将被赋予在 DataArchive.FileName 属性中指定的名称。DataArchive.Filename 的默认名称是场景名.〈ext〉。其中〈ext〉是 filrun、simrun、smtrun 等

(2) 默认时间

默认时间(DefaultTimes)属性用于控制定轨进程的开始时间、停止时间以及时间步长。DefaultTimes 属性设置选项说明见表 10 - 19。

表 10 - 19　DefaultTimes 属性设置选项说明

范　围	选　项	说　明
Processes	StartMode	从下面两项中选择: ● 使用最早的卫星星历(默认); ● 设置开始时间(StartTime)
	StartTime	当 StartMode 设为 StartTime 时可用
	StopMode	从下面两项中选择: ● 设置停止时间(StopTime); ● 设置进程时间范围(TimeSpan)
	StopTime	StopMode 设为 StopTime 时可用
	TimeSpan	StopMode 设为 TimeSpan 时可用,默认为 24 小时
Intervals	TimeSpan	默认为 4 小时

在场景中使用的开始和停止时间计算如下:如果 StartMode 是 StartTime,则 StartTime 属性的值将是开始时间;如果 StartMode 是 EarliestSatEpoch,则开始时间将是场景中所有卫星的最早开始时刻;如果场景中没有卫星,则使用 StartTime 属性值。

如果 StopMode 设为 StopTime,并且 StopTime 属性的值大于开始时间,则 StopTime 属性值将是停止时间;否则,停止时间为开始时间加上 TimeSpan。

第
10
章

（3）测　量

1）文　件

双击 Value 选择跟踪数据文件。在显示的列表窗口中，单击"添加"按钮，然后双击 FileName 字段，在出现的选择窗口中选择所需的跟踪数据文件。如果在应用对象的 Tracking ID Aliases 列中设置了 AliasMapping，则从选项下拉列表中选择关联的 AliasMapping 字符串。

AliasMapping 值默认为上一次选择的值。如果要选择多个文件并希望它们都使用相同的 AliasMapping 设置，请在选择跟踪文件之前设置 AliasMapping。

可以在"选项"窗口的"插件"选项卡中设置默认跟踪数据文件扩展名（可从"工具"菜单访问）。用户还可以在"插件"选项卡中添加自定义脚本以加载跟踪数据。将每个文件的 Enabled 字段设置为 true 或 false，具体取决于用户是否要使用它。

2）往返表示

往返表示属性是指地基距离测量、多普勒测量和天基距离测量，其中一条链路从跟踪器到卫星，另一条链路从卫星到跟踪器。往返表示属性可用选项说明见表 10 - 20。

表 10 - 20　往返表示属性可用选项说明

选　项	说　明
OneWay	默认选项，即往返距离的一半，大致是跟踪器和卫星之间的距离
TwoWay	跟踪器和卫星之间的往返距离

3）嵌入式白噪声

通过嵌入式白噪声（EmbeddedWNSigmas）属性，用户可以使用" * . GEOSC"或" * . nav-sol"文件类型导入以观察白噪声。EmbeddedWNSigmas 属性选项说明见表 10 - 21。

表 10 - 21　EmbeddedWNSigmas 属性选项说明

选　项	说　明
Use	如果估计过程（滤波器或 LS）要使用测量文件中的嵌入式测量白噪声统计量而不是跟踪对象（测站、卫星、GPS 接收器）上的 MeasurementStatistics 表中的白噪声值，则设置为 true；否则设置为 false
OnInputError	仅在 EmbeddedWNSigmas. Use 为 true 时适用。该子属性识别确定如何处理无效的白噪声输入。 ● RejectMeas：忽略测量。 ● UseDefaultWNSigma：使用与跟踪对象关联的 MeasurementStatistics 表中的白噪声值

4）视图和保存

场景级别的自定义数据编辑（Custom Data Editing）属性允许用户自定义测量的报告或保存选项。应用于保存测量时，这些属性允许用户定义特定条件，以将大型跟踪数据文件缩减为仅包含要处理的数据的较小文件，从而缩短处理时间。

Schedule 属性与滤波器和 LS 对象的属性相同，但是，此处的 Schedule 仅在使用"查看测量"工具查看测量或使用"保存测量"工具将测量值保存到文件时应用;它不会影响在滤波器或LS 运行中处理的测量值。

（4）状态控制

状态控制属性可以设置阈值以控制何时使用太阳光压和大气阻力模型。状态控制选项说明见表 10 - 22。

表 10 - 22　状态控制选项说明

控制选项	说　明
MinApogeeAltForSRP	输入阈值以控制是否使用太阳光压模型。如果卫星的远地点超过指定值并且相应的卫星属性设置为基于轨道,则将使用该模型。此设置仅适用于具有相对于地球指定初始条件的卫星
MaxPerigeeAltForDrag	输入阈值以控制是否使用大气阻力模型。如果卫星的近地点低于指定值并且相应的卫星属性设置为基于轨道,则将使用该模型。此设置仅适用于具有相对于地球指定的初始条件的卫星

（5）轨道类型

场景属性中可供编辑的轨道类型见表 10 - 23。

表 10 - 23　轨道类型

缩　写	说　明	缩　写	说　明
LEO	低地球轨道	LOeHEO	小偏心率 HEO
MEO	中地球轨道	HIeHEO	大偏心率 HEO
GPS	GPS 卫星轨道	Para	抛物线轨道
GEO	地球同步轨道	Hyper	双曲线轨道
SGEO	超同步轨道(轨道周期大于 1 天)	Selenocentric	月球轨道(不需要输入参数)
HEO	大椭圆轨道	Heliocentric	太阳轨道(不需要输入参数)

除抛物线轨道外,用户可对其他轨道设置半长轴和偏心率的最大、最小值。

（6）地球定义

地球定义参数说明见表 10 - 24。

表 10 - 24　地球定义参数说明

参　数	说　明
GravityModel	地球引力模型,包括 WGS84、EGM96、GEMT1、GGM01C、GGM02C、JGM2、JGM3、WGS72_ZonalsToJ4、WGS84 EGM96 和 WGS84 old
OverrideGravityProcessNoise	设置为 true 时,使用基于 JGM2 噪声模型覆盖所选重力模型文件(. grv)的过程噪声信息

第 10 章

参　数	说　明
NutationMethod	基于 FK5 的基本坐标转换的章动理论设置,提供以下选项: ● Explan 1990:IAU 1980 章动理论,发表于 1990 年草案《航海年鉴的解释性补充》。 ● IERS 1996(默认):IAU 1980 章动理论的另一种表示,见 IERS 公约(1996)IERS 技术说明 21 第 22~25 页。 ● JPLFile:从 JPL DE405 行星星历表中检索 IAU 1980 章动转换,并使用 JPL 推荐的算法进行插值。 就总轨道精度而言,以上三种方法是等效的。然而,考虑与其他产品的兼容性,选择章动方法可能是至关重要的
EclipsingAtmosAlt	用于太阳辐射压力的建模。指定数值以确定太阳辐射压力何时可忽略
GroundReflectionModel	用于对地球反照率和热辐射压力建模
EOPData	地球指向数据,可设置以下属性: ● Filename:双击此字段,然后选择并加载 EOP 文件。 ● StartTime:EOP 文件中的日期和时间(只读)。 ● StopTime:EOP 文件中的日期和时间(只读)。 ● ValidateTimeSpan:设置为 true(默认值)时,若 EOP 或通量数据超过时间范围则发出警告。 ● WarnThreshold:指定触发警告消息的时间(默认值为 1 天)。如果用户在停止模式设置为 LastMeasurement 的情况下运行滤波器,则会检查从滤波器开始时间到滤波器开始时间＋阈值的范围,以查看 EOP 和通量数据(FluxData)是否在范围之内,否则,使用实际的滤波器停止时间并忽略阈值
FluxData	从文件中读取或输入静态值
Ionosphere	● IRI2007DataDirectory:指定包含 IRI 2007 电离层模型数据的路径。 ● UseAlternateApData:使用 AlternateApDataFilename 属性指定空间天气源文件中的 Ap 值。 ● AlternateApDataFilename:当 UseAlternateApData 为 true 时,电离层模型将使用此文件中的 Ap 值。默认文件为 SpaceWeather-All-v1.2.txt

（7）中心天体列表

中心天体列表提供了配置非地球中心天体的方法,可为中心天体选择各种重力文件和地面返照模型。重力文件的名称包含了其中指定的重力场的程度和顺序,例如 LP75D. grv 表示用于月球重力场的 75×75 阶模型。中心天体列表说明见表 10 - 25。

表 10 - 25　中心天体列表说明

列　表	说　明
Name	中心天体名称(只读)
GravityModel	为中心天体选择引力模型
EclipsingAtmosAlt	用于太阳辐射压力建模。这个中心天体上的大气高度有助于阻挡太阳以进行阴影计算
GroundReflectionModel	包含中心天体反照率(反射率)和热再辐射(发射率)模型参数的文本文件

(8) 不使用 ICRF 参考系

该项设置为 true 表示放弃国际天球参考系(ICRF)的使用,并保留 ODTK 6 之前版本所做的天体参考系的计算。设为 true 时,使用 J2000 平赤道平春分点(MEME)参考系作为惯性系,用于轨迹生成和观测建模。在这种模式下 ICRF 不可用。从 J2000 MEME 到地固系的转换使用 IAU 1976 岁差理论和 IAU 1980 章动理论。对 ICRF 系的任何引用都将自动更改为使用 J2000 坐标系。应用于轨道状态时,状态被转换;应用于机动状态时,状态是不受影响的,只有参考系名称被改变。

设置为 false 时,将 ICRF 作为惯性参考系,用于轨迹生成和观测建模。在这种模式下,从 ICRF 到地固系的转换使用 IAU 2000 岁差章动理论,使用地球伪地固系(忽略极移)作为中间参考系来执行 ICRF 和 J2000 MEME 之间的变换。

(9) 行星星历

行星星历属性说明详见表 10 - 26。

表 10 - 26　行星星历属性说明

属　性	说　明
Filename	行星星历文件以 JPL DE 格式命名为 plneph. nnn,其中 nnn 为 DE 版本。行星星历表是太阳、行星和月球位置信息的来源,也是月球姿态的来源。这些文件通常位于 ODTK 文件夹<install home> \ STK-Data \ Astro \ PlanetEphem \ lendian 中
UseTDB	JPL DE 文件使用 TDB(质心力学时)作为其自变量。对于地球轨道卫星,ODTK 通常忽略这一点,并使用地球时(TT)来访问信息,因为 TDB 和 TT 之间的最大差异大约为 1 ms。然而,当卫星绕另一个行星或月球轨道运行时,这个差异可能很重要,因此 ODTK 向用户提供使用 TDB 的选项。此时,建议将其设置为 true。当设置为 false 时,将使用地球时(TT)

(10) 卫星星历

此属性默认并重置卫星、仿真器、滤波器、VLS 和平滑器对象输出的卫星星历表选项。

1) 坐标系

默认并重置卫星、仿真器、滤波器、VLS 和平滑器对象输出卫星星历表的坐标系选择。此控件是一个固定集,每个中心天体选项都有一个默认坐标轴设置。

2) CCSDS

设置一些参数,以支持写入 CCSDS 502 星历文件格式(* .oem),见表 10 - 27。

表 10 - 27　CCSDS 参数说明

参　数	说　明
Originator	消息生成者字符串标识符,默认为 ODTK。使用默认值时,关键词 ORIGINATOR 用于生成消息的 ODTK 进程
DateFormat	ISO/CCSDS ASCII 数据格式。 ● YMD:月份日期格式,例如 2009-12-18T14:28:15.1172; ● YDOY:年份日期格式,例如 2009-277T07:22:54
TimePrecision	小数点右边的"秒"保留位数(0~10)。 位置/速度输出的星历格式
EphemerisFormat	● SciNotation:科学记数法; ● FloatingPoint:浮点数

(11) 通量数据

在 ODTK 中使用的大气密度模型需要通量数据(Flux Data)作为输入。

(12) 单　位

用 DateFormat 属性选择 GPSG 或 UTCG 作为场景的时间格式,在对象浏览器中单击 Apply 按钮,则场景中所有的时间都设置为选择的时间格式,日期和时间重新计算。

10.3.4　卫星属性

(1) 轨道状态

卫星的轨道状态属性,可以选择笛卡儿坐标(Cartesian)或开普勒坐标(Keplerian)。使用 CentralBody 选择主要引力体。轨道根数的表示可以选择以下坐标系:

● J2000;

● True of Date;

● Mean of Date;

● Inertial(仅月球);

● Fixed(例如地固系,仅输入直角坐标);

● True Equator Mean Equinox(TEME) of Date(仅地球)。

(2) 轨道估计

轨道估计属性,可以选择 True 或 False 来决定是否估计卫星的轨道。

True:卫星在滤波或仿真时将 6 个轨道根数增加到全局状态估计中。如果动力学模型需要,大气密度和光压系数的修正将同样被估计。

False:如果不对卫星的轨道进行估计,还提供了以下两种选项:

① Reference Trajectory:作为跟踪平台在仿真器和滤波中使用;

② Meas File Embedded Trajectory:基于跟踪数据中的位置数据。

（3）轨道类型

轨道类型（OrbitClass）属性是只读的，可在场景中进行设置。

（4）物理属性

物理（Mass）属性，可输入卫星的质量。

（5）卫星姿态属性

卫星姿态属性用于确定天线相位中心相对于卫星质心的偏移。天线相位中心位置在卫星的体坐标系中指定。卫星姿态属性选项说明见表 10-28。

表 10-28　卫星姿态属性选项说明

选　项	说　明
Source	指定计算卫星姿态的方法
Filename	当 Source 属性被指定为 File 时，选择" *.a"格式的姿态文件读取姿态信息
StartTime	姿态文件中最早的时间
StopTime	姿态文件中最晚的时间
BodyAlignmentVec	当 Source 属性被指定为 AlignedConstrained 时，通过基向量指定体坐标系的一个方向，与选定的 InertialAlignmentVec 对齐
InertialAlignmentVec	当 Source 属性被指定为 AlignedConstrained 时，通过基于轨迹的矢量在惯性系中指定一个方向，与选定的 BodyAlignmentVec 对齐
BodyConstraintVec	当 Source 属性被指定为 AlignedConstrained 时，通过基向量指定体坐标系的一个方向，以限制在所选 InertialConstraintVec 的方向上
InertialConstraintVec	当 Source 被指定为 AlignedConstrained 时，通过基于轨迹的矢量在惯性系中指定方向，以约束选定的 BodyConstraintVec。该惯性方向的选项与 InertialAlignmentVec 相同
BodySpinAxisDir	当 Source 被指定为 Spinning 时，通过基向量指定一个方向，卫星将以右手方式绕此方向旋转
InertialSpinAxisRA	当 Source 指定为 Spinning 时，指定惯性旋转轴的赤经
InertialSpinAxisDec	当 Source 指定为 Spinning 时，指定惯性旋转轴的赤纬
SpinRate	指定旋转速度
InitialSpinOffset	自旋偏移是 InitialSpinOffsetEpoch 处的卫星方向与通过定向自旋轴实现的方向之间的角度差异。后者通过使用偏航-俯仰-滚动序列来定义
InitialSpinOffsetEpoch	InitialSpinOffset 适用的纪元
CenterOfMassInBody-Frame	卫星体坐标系中的卫星质心

（6）测量类型选择

测量属性中的 MeasTypes 属性用于估计过程的特定测量模型。如果此列表中指定了特定测量类型，则在估计过程中将丢弃其他类型的测量。空的 MeasTypes 列表相当于使用所有测量类型。

第 10 章

(7) 最小擦地高度

最小擦地高度(MinGrazingAlt)属性适用于天基跟踪,一个卫星对另一个卫星进行测量,可输入跟踪卫星的最小擦地高度约束。此约束适用于仿真器和滤波器:如果此卫星与目标卫星之间连线的擦地高度小于约束值,则在给定时间滤波器不会处理值,仿真器生成测量值。

(8) 电离层模型

电离层模型(IonosphereModel)应用于天基跟踪中,一个卫星对另一个卫星的测量。若要卫星使用 IonosphereModel 属性,请将其 Enabled 属性设置为 true 并进行参数选择,参数说明见表 10-29。

表 10-29   IonosphereModel 参数说明

参 数	说 明
Model	选择所需的 IRI 模型版本
TransmitFreq	由地面站发射并由卫星接收(上行链路)的信号频率
ReceiveFreq	卫星发射并由地面站接收(下行链路)的信号频率,该频率可能不同于从上行地面站接收原始信号的频率

(9) 受力模型

1) 重力(Gravity)

在场景级属性中选择重力场模型。对于选中的模型,可为场景中的卫星设置参数,重力参数说明见表 10-30。

表 10-30   重力参数说明

参 数	说 明
Degree&Order	重力场模型的阶数和次数
Tides	设置固体潮或海洋潮为 true,并输入相应属性值
GeneralRelativityCorrection	对于地球,根据 IERS 公约(1996)的技术说明 21,该项设置为 true 以模拟广义相对论的影响。对于其他中心天体,IERS 约定的引力参数和角动量值由适合当前中心天体的值代替
VariationalEquations	使用 VariationalEquations→Degree 和 Order 属性指定使用的重力位的最大阶数和次数,用于计算状态误差协方差阵传播期间使用的变分方程
ProcessNoise	指定是否始终使用过程噪声
ThirdBodies-Settings	ODTK 为用户提供了对太阳、月亮或任意数量的行星的重力加速度进行建模的选项
ThirdBodies-UseInVariation-alEquations	设置为 true 以使第三体加速度包含在协方差传播的变分方程中。对于高轨卫星,建议将此标志设置为 true

2) 大气阻力(AirDrg)

对于大气阻力,设置参数见表 10-31。

表 10 - 31　大气阻力参数说明

参　数	说　明
Use	选项包括： ● 基于轨道：如果航天器轨道的近地点低于阈值，则使用大气阻力模型。可以在场景级别属性设置阈值。 ● 否：即使近地点低于阈值，也不考虑大气阻力。 ● 是：即使近地点高于阈值，也模拟大气阻力
AtmDensityModel	选择大气模型
EstimateDensity	如果该项设置为 true 且使用大气阻力模型，则将通过滤波器估计对局部大气密度的校正($\delta\rho/\rho$)。该选项还控制仿真器是否可以对局部大气密度施加扰动
EstimateBallisticCoeff	如果该项设置为 true 且使用大气阻力模型，则将通过滤波器估计对标称弹道系数 B 的校正($\Delta B/B$)。该选项还控制弹道系数在仿真器中是否可变
Model	选择 Spherical 并在下面输入 SpecMethod、CD、Area 和 BallisticCoeffModel 参数，或者为用户定义的 Atmospheric Drag Plugin 模型选择 DragPlugin
DensityCorrHalflife	输入 $\delta\rho/\rho$ 在没有测量值的情况下衰减到一半所需的时间。$\delta\rho/\rho$ 是对大气阻力的估计校正，通过 CIRA 1972 模型计算
DensityCorrInitialEstimate	该属性包含密度校正 $\delta\rho/\rho$ 的初始条件，其中 ρ 是大气密度
DensityCorrSigmaScale	由 ODTK 计算的大气密度不确定度的乘法比例因子
DensityRatioRoot	用于计算当地大气密度与基准大气密度的比例
DensityRatioIncreaseThreshold	在当前太阳和地磁条件下近地点处评估的密度与在平均太阳和地磁条件下评估的密度相比会有差异，该选项设定改变模型的阈值
SunPosMethod	指定用于计算太阳位置的算法
UseInVariationalEquations	设为 true 时，协方差矩阵将考虑大气阻力的影响。对低轨卫星，建议设为 true

3) 太阳光压

对于太阳光压，设置参数见表 10 - 32。

表 10 - 32　太阳光压参数说明

参　数	说　明
Use	选项包括： ● 基于轨道：如果航天器轨道的远地点高于阈值，则使用太阳光压模型。可以在场景级别设置阈值。 ● 否：即使远地点高于阈值，也不考虑太阳光压。 ● 是：即使近地点低于阈值，也使用太阳光压模型
EstimateSRP	如果设置为 true 并且对 SRP 效应建模，则将通过滤波器估计对标称太阳光压系数的校正

第 10 章

参　数	说　明
Model	选择 Spherical 并在下面输入 CPModel、Area 和 ReflectionModel 参数,或选择表格后面描述的 GPS 太阳光压模型之一,或者为用户定义的 Reflection Plugin 模型选择 ReflectionPlugin
SunPosMethod	指定计算太阳位置的算法
EclipsingBodies	选择可用太阳系天体进行阴影计算
UseInVariational Equations	设置为 true 以使太阳光压加速度包含在协方差传播的变分方程中。对于高轨卫星,建议将此标志设置为 true
AddProcessNoise	增加高斯白噪声

4)中心体辐射(Central Body Radiation)

对于来自主天体的反照和热辐射压力,设置参数见表 10-33。

表 10-33　中心体辐射参数说明

参　数	说　明
Albedo	如果设为 true 且中心体是地球,则使用 Scenario. EarthDefinition. GroundReflectionModel 文件对地球反辐照进行建模。对于其他中心天体,反照模型在 Scenario. CentralBodiesList 中指定
ThermalRadiation Pressure	如果设为 true 且中心体为地球,则使用 Scenario. EarthDefinition. GroundReflectionModel 文件对地球热辐射压力(发射率)进行建模。对于其他中心天体,则在 Scenario. CentralBodiesList 中指定。允许来自主天体的黑体(热)辐射用于计算卫星上的加速度
Ck	热辐射压力系数
Area	航天器横截面积,用于计算中心体辐射

5)插件(Plugin)

插件中提供了两个力模型插件点用于定制卫星轨迹外推中使用的加速度。一个是作为 HPOP 插件提供,另一个是作为 SRP 反射模型提供。力模型插件的典型用途是实现特殊的太阳光压、阻力和升力模型。

插件可以用多种语言编写,包括 Perl、VB 脚本、C＋＋、C♯ 和 Visual Basic. NET。

6)未建模加速度(Unmodeled Accelerations)

未建模加速度允许将协方差的过程噪声添加到径向、迹向和法向的未建模加速度,例如漏气之类的现象。

7)机动(Maneuvers)

① 瞬时机动和有限机动(Instant and Finite Maneuvers)

ODTK 提供了四种类型的瞬时机动,每种操作由不同的方法定义:

- 速度增量(InstantManDeltaV):一种物理上不可实现的方法,可将速度增量视为瞬时完成的(适合短期推进)。
- 加速历史(InstantManAccelFile):机动过程中卫星持续加速的历程。

- 恒定推力(InstantManConstThrust):保持推力恒定,随着质量减小而增加加速度。
- 恒定加速度(InstantManConstAccel):保持加速度恒定,随着质量减小力也减小。

② 永久机动(Permanent Maneuver)

机动状态的描述可以添加到该列表中以包括在估计状态中。

8) 轨道误差过渡方法(Orbit Error Transition Method)

轨道误差过渡方法可以使用的选项见表 10 - 34。

表 10 - 34　轨道误差过渡方法参数说明

参　数	说　明
Variational Equations	使用重力模型 VariationalEquations 的 Degree 属性,指定用于中心天体重力的带谐阶数。该方法是有效的,并且对于密集数据和预测都很有效
Numerical	如果选择 Numerical 部分,则通过前向差分数值积分扰动来计算轨道误差转变。该方法相对较慢,但为了对比而包括在内

(10) 预报控制

预报控制选项说明详见表 10 - 35。

表 10 - 35　预报控制选项说明

选　项	说　明
IntegrationMethod-Bulir-schStoer	基于 Richardson 外推的自动步长控制积分方法
IntegrationMethod-RK4	4 阶的 Runge-Kutta 积分方法,对积分步长没有误差控制
IntegrationMethod-RKF 7(8)	Runge-Kutta-Fehlberg 积分方法,采用 7 阶和 8 阶误差控制的积分步长
IntegrationMethod-RKV 8(9)	Runge-Kutta-Verner 8 阶积分器,采用 9 阶误差控制积分步长
MinimumAltitude *	限制卫星接近其中心天体表面时星历的传播。如果未对阻力进行建模,则可以使用该值。如果对阻力已建模并使用可变步长,则所选的阻力模型将提供其最小有效高度;如果使用固定步长,则允许的最小高度为 90 km
UseVOP	UseVOP 属性是一个布尔标志。如果为真,则使用通用变量的参数变化来计算运动方程;否则使用 Cowell 方程
StepSize	选择 StepControlMethod 并输入适当的参数

(11) 星历生成

对于卫星,使用参数见表 10 - 36。

表 10 - 36　星历生成参数说明

参　数	说　明
StartTime	指定星历表开始的日期和时间。此字段默认为场景开始时间(或卫星历元)。如果自动生成星历,则忽略此字段

参　　数	说　　明
Span	星历表的持续时间
TimeStep	星历时间步长
AlignTimeGrid	控制星历预测输出节点与均匀间隔网格对齐,该网格基于所请求的时间步长来定义
CoordFrame	对于初始条件以地球为参考的航天器,请选择 ICRF、J2000、TEMEofDate 或 Fixed 坐标系;对于初始条件以太阳为参考的航天器,请在 ICRF、J2000 或 Fixed 之间进行选择;对于初始条件以月球为参考的卫星,请在 ICRF、J2000、Fixed、Mean Earth 和 Inertial 之间进行选择
Acceleration	一个布尔标志,用于将加速度写入 STK 星历(＊.e)文件,插值期间使用该信息
Covariance	设置为 truc 以输出协方差数据
CovarianceType	选择 Position 3×3 Covariance 或 Position Velocity 6×6 Covariance。如果未启用协方差控件,则隐藏此属性
CreateFile	设置为 true 以创建星历文件,否则设置为 false
Filename	双击当前值以显示文件选择窗口,用户可以在其中指定输出星历表文件的路径和文件名。对于 STK Ephemeris 格式,使用扩展名 ＊.e;对于 CCSDS 502 格式,使用 ＊.oem
SendToScript	设置为 true 以将星历发送到脚本;否则设置为 false
ScriptFilename	如果要将星历发送到脚本,那么在此处输入脚本的路径和文件名

(12) 轨道不确定性

这个区域以表格形式表明在径向(R)、迹向(I)和法向(C)位置、速度误差的协方差矩阵。表 10-37 为位置速度误差协方差矩阵。

表 10-37　位置速度误差协方差矩阵

R_sigma	RI_correlation	RC_correlation	RRdot_correlation	RIdot_correlation	RCdot_correlation
...	I_sigma	IC_correlation	IRdot_correlation	IIdot_correlation	ICdot_correlation
...	...	C_sigma	CRdot_correlation	CIdot_correlation	CCdot_correlation
...	...	...	Rdot_sigma	RdotIdot_correlation	RdotCdot_correlation
...	...	...	...	Idot_sigma	IdotCdot_correlation
...	...	...	...	...	Cdot_sigma

在对角线上,从径向位置到法向速度分别填上位置和速度的估计误差;在非对角线元素上,i 行 j 列填上 ρ_{ij},其中 $-1 \leqslant \rho_{ij} \leqslant 1$ 代表元素之间的协方差。

当卫星的 EstimateOrbit 标识设为 true,且 Filter 以初始模式运行,并用 Simulator 生成初始状态的导数时,轨道的不确定性用于计算卫星的初始协方差。当卫星的星历使用参考星历时,其不确定性同样可以指定为常值。在这种状态下,EstimateOrbit 标识必须设为 false,且指定一个参考星历,参考星历的 CovarianceSource 必须设为 Constant。

(13) 滤波器事件

可以设置两种类型的滤波器事件控制:测量拒绝阈值和测量接受计时器。

1) 测量拒绝阈值

可以为 MeasurementRejectThreshold 设置参数,见表 10-38。

表 10-38　测量拒绝阈值参数说明

参　数	说　明
NumForWarning	当滤波器拒绝此次测量时,ODTK 会触发警告消息
NumForAlert	当滤波器拒绝此数量的测量时,ODTK 会触发错误消息
OnWarning	当 NumForWarning 触发错误消息时,将调用此处指定的脚本文件
OnReturnFromWarning	如果 NumForWarning 触发错误消息但稍后返回正常处理,则调用此处指定的脚本文件
OnAlert	当 NumForAlert 触发错误消息时,将调用此处指定的脚本文件

2) 测量接受计时器

可以为 MeasurementAcceptTime 设置参数,见表 10-39。

表 10-39　测量接受计时器参数说明

参　数	说　明
TimeGapForWarning	当在此处指定的时间内未收到任何测量值时,ODTK 会触发警告(warning)消息
TimeGapForAlert	当在此处指定的时间内未收到任何测量值时,ODTK 会触发警报(alert)消息
OnWarning	当 TimeGapForWarning 触发警告时,将调用此处指定的脚本文件
OnReturnFromWarning	如果 TimeGapForWarning 触发警告消息但稍后返回正常处理,则调用此处指定的脚本文件
OnAlert	当 TimeGapForAlert 触发错误消息时,将调用此处指定的脚本文件

3) 隐藏的滤波时间属性

以下 FilterEvent 属性不会出现在"对象属性"窗口中,但可用于编写脚本:

● 跟踪链(TrackingStrand);

● 测量类型(MeasurementType)。

(14) CCSDS

以 CCSDS502 格式输出星历数据时的卫星标识符。表 10-40 为控制选项说明。

表 10-40　控制选项说明

控　制	说　明
ObjName	对象名称,默认为卫星 ID。CCSDS 规范建议使用 NASA SPACEWARN Bulletin 中的名称,其中包括对象名称、NORAD 目录号或国际标识符
ObjId	对象 ID。CCSDS 规范将此定义为 NASA SPACEWARN Bulletin 中公布的国际航天器标志。有效值的格式为 YYYY-NNN-P {PP},其中: ● YYYY =发布年份。 ● NNN =年份 YYYY 的三位数字序列号,以零开头。 ● P {PP} =至少一个大写字母表示发射入太空的部分的 id

10.3.5 测量系统属性

(1) 电离层模型

ODTK 电离层模型提供的选项见表 10-41。

表 10-41 电离层模型选项说明

选 项	说 明
Enabled	选择 true 表示启用电离层建模,选择 false 表示禁用
Model	选择所需的电离层模型版本
TransmitFreq	由地面站发射并由卫星接收(上行链路)的信号频率
ReceiveFreq	卫星发射并由地面站接收(下行链路)的信号频率。由于卫星转发器执行的频率改变,该频率可能不同于从上行地面站接收原始信号的频率

(2) 对流层模型

ODTK 对流层模型提供的选项见表 10-42。

表 10-42 对流层模型选项说明

选 项	说 明
Enabled	选择 true 表示启用对流层建模,选择 false 表示禁用
Model	选择所需的对流层模型版本包括: ● SCF Model:该模型将每个测站位置的表面折射率作为输入。该表面折射率基于当地温度、压力和湿度。 ● Marini-Murray Model:Marini-Murray 大气校正模型用于卫星激光测距数据,校正大气对激光测距信号的频率依赖性、气象数据依赖性和高度依赖性影响。Marini-Murray 模型记录在 IERS 公约中,根据测站设置确定所需的气象数据(温度、大气压力和相对湿度)和波长。 ● Saastamoinen Model:使用公式预测对流层静力延迟(干延迟)。使用 Niell NMF 模型将静力延迟映射到当前仰角,该模型与气象条件无关。所需的气象数据(大气压力)根据测站设置确定

10.3.6 测量站

(1) 运动模型

运动模型设置选项说明见表 10-43。

表 10-43 运动模型设置选项说明

选 项	说 明
Position	定义测站位置
PositionType	选择 MeanTide 或 TideFree 以指定是否考虑潮汐
ModelStationMotion	设置为 true 表示使用完整的站点运动模型,见基于 IERS 技术说明 32(IERS Conventions 2003)

选　项	说　明
Estimate	是否应通过滤波器、平滑器或仿真器生成的随机偏差来估计测站的位置,选项包括: ● Lat Lon Alt:估算所有 3 个位置分量; ● Lat Lon:仅估算纬度和经度,高度固定在用户输入值; ● Nothing:不估算测站的位置。 对测距、多普勒、方位角和仰角测量支持测站位置的估计
UsePositionFrom MeasurementFile	设置为 true 表示允许使用来自跟踪数据的信息修改测站的位置。此功能对于处理从基于船舶跟踪器获取的观测结果非常有用
LocationErrors	如果用户选择估算测站的位置,则必须根据当地坐标系(南东天)的分量输入先验位置不确定性信息。如果用户选择仅估算测站的纬度和经度,则仿真器将使用随机误差
MeasurementStatistics	可以为测站的测量元素设置各种统计特性
MeasurementProcessing	与卫星的 MeasurementProcessing 属性相同
MinElevation	输入测站的最小仰角约束。仿真器和滤波器使用此约束,如果测站与卫星之间的观测或计算的仰角小于约束值,则在给定时间不处理(通过滤波器)或生成(由仿真器)测量
MaxElevation	输入测站的最大仰角约束。仿真器和滤波器使用此约束,如果测站和卫星之间的观测或计算的仰角大于约束值,则在给定时间不处理(通过滤波器)或生成(由仿真器)测量
AzElMask	允许使用外部方位角仰角文件(* . aem)中的数据
ReferenceEmitter	指定一个基本发射机,作为估计过程期间 SD TDOA 和/或 SD FDOA 的参考
OpticalProperties	输入光学极坐标角度并设置相关选项
RangingMethod	选择 Transponder、Retroreflector 或 Skin Track
AntennaType	选择 Mechanical 或 Phased Array。对于后者,请指定视轴方位角和仰角
BoresightAzimuth, BoresightElevation	仅适用于 AntennaType = PhasedArray 的测站,当 AntennaType 不是 PhasedArray 时隐藏
MaxAngleDown	仅适用于 AntennaType = PhasedArray 的测站
AntennaCorrectionType	从可用的 DSN 天线校正模型列表中进行选择
AntennaMountType	从可用的天线安装类型列表中进行选择
DirectionCosineAzimuth-Offset	指定本地天线北方向的方位角,用于定义东向和北向余弦测量
TroposphereModel	将 Enabled 属性设置为 Yes、No 或 Based on Tracking System。包括:SCF 模型、Marini-Murray 模型、Saastamoinen 模型
TroposphereModel. EstimateBias	选择 true 以估计对天顶处对流层延迟先验模型校正,主要考虑湿延迟的影响
TroposphereModel. BiasSigma	与对流层校正估计相关的高斯-马可夫偏差方差的平方根

第 10 章

选　项	说　明
TroposphereModel. BiasHalfLife	高斯-马尔可夫偏差的半衰期。如果在半衰期内没有测量值，则高斯-马尔可夫偏差衰减两倍。半衰期还控制着模拟期间偏差值的变化速度
TroposphereModel. Data	Constant 允许用户随时将表面折射率建模为单个值；输入此值作为 ConstantValue
IonosphereModel	将 Enabled 属性设置为 Yes、No 或 Based on Tracking System。如果 Enabled 属性设置为 Yes，则选择模型 IRI2007 并输入发送器和接收器频率的所需值；否则，这些属性的值将与跟踪系统级别设置的值相关联

（2）天线类型

提供两种类型的雷达大线。该数据不会影响轨道确定过程，但可用于定义测量仿真的可见性约束。表 10－44 为天线类型说明。

表 10－44　天线类型说明

类　型	说　明
Mechanical	指经典雷达碟形天线，通常具有最小仰角可见度约束
Phased Array	指在中心坐标中具有固定方向的雷达阵列，其中可见性约束由面的固定方向定义。如果雷达站点被指定为相控阵，则会提示您指定 Boresight Azimuth 和 Boresight Elevation，可见度约束可以构造为相对于视轴的最小方位角和仰角
Optical	一系列地基可见光谱跟踪设备之一，其中可能包括 GEODSS、AMOS、MOTIF 和 Baker-Nunn 相机，所有这些设备都用于测站处于地球的阴影中并且目标被照亮时的跟踪

10.3.7　发射机

发射机（Emitter）属性说明见表 10－45。

表 10－45　发射机属性说明

属　性	说　明
TransmitFreq	发射机的发射频率
EmitterID	用于识别发射机的唯一编号
DefaultAntenna	如果发射机连接到卫星，一个或多个天线也连接到卫星，则每个天线的名称将出现在下拉列表中，用户选择默认天线。当跟踪数据未指定天线时，默认天线始终用于测量的仿真和测量的处理

10.3.8　滤波器

（1）可变状态空间

ODTK 提供了一组功能，旨在帮助分析人员在重新启动时更改操作方案，而无需重新初始化滤波器。这些操作会更改滤波器状态空间的维度和内容，因此称为 Flexible State Space

选项。假设多卫星同步滤波器和平滑器已经运行,且滤波器存在一组重新启动记录,那么可对场景进行以下更改,而无需重新初始化滤波器。

① 添加一个新卫星,即为星座添加新成员;

② 删除卫星,即卫星脱轨或以其他方式退役;

③ 替换卫星位置和速度;

④ 添加地面站,即新的可用终端;

⑤ 删除地面站,表示已退役;

⑥ 更改解决方案向量,即现在求解 SRP/drag/bias 或关闭 SRP/drag/bias 的解决方案;

⑦ 更改状态统计,即 SRP/Drag/Bias/Transponder 等的半衰期或 sigma;

⑧ 使用新统计信息向滤波器添加测量类型;

⑨ 完全删除测量类型;

⑩ 添加新的有限机动事件;

⑪ 删除过时的有限机动事件;

⑫ 更改设施或转发器的恒定偏差和相应的偏置 sigma。

（2）卫星与跟踪器列表

卫星与跟踪器列表可指定卫星列表、在滤波过程中使用的跟踪器或在仿真过程中使用的跟踪链。

① 打开仿真器或滤波器的对象属性;

② 双击 SatelliteList、TrackerList 或 TrackingStrandList 属性显示列表窗口;

③ 单击 Add 按钮以显示"添加项目"窗口;

④ 在添加项目窗口中,选择要在列表中显示的一个或多个项目;

⑤ 在添加项目和列表窗口中单击"确定"按钮以关闭它们;

⑥ 单击对象属性窗口中的应用。

（3）过程控制

过程控制选项可用于控制滤波器或仿真器启动和停止时间以及过程噪声更新,过程控制属性说明见表 10-46。

表 10-46　过程控制属性说明

属　性	说　明
StartMode	指定这是初始运行、计划重启还是自动重启
(Re)StartTimeOptions	根据为 StartMode 所做的选择,将出现以下之一: ● StartTime:如果 StartMode 为 Initial,请在此处指定滤波器或仿真器开始时间(默认为场景开始时间)。 ● SelectedRestartTime:如果 StartMode 是 Restart,请在此处指定重新启动时间。 ● AutoSelectedRestartTime:如果 StartMode 为 AutoRestart,则自动选择的重启时间,并显示在此处(只读)

属　　性	说　　明
StopMode	选择以下选项之一： ● LastMeasurement：在收到最后一次测量时停止滤波。 ● StopTime：指定停止时间（默认为场景停止时间）。 ● TimeSpan：设置滤波器或仿真器在停止之前运行的持续时间（默认为场景开始和停止时间之间的跨度）
TimeStep (Simulator only)	定义测量之间的最小允许时间间隔。在没有自定义跟踪间隔的情况下，将由时间步长定义测量时间网格
ProcessNoiseUpdateInter-val(Filter only)	指定在测量过程期间更新过程噪声的频率。滤波器将在此时间网格和测量时间网格的并集上输出数据
MeasurementProcessing-Mode(Filter only)	在滤波操作期间，可以以标量模式或同步模式处理测量。在标量模式中，对每个测量执行单独的测量更新操作。在同步模式中，一次操作的所有测量同时处理。同步模式通常可以改善滤波器的运行性能，但是如果初始不确定性很大，则在滤波器初始化期间会表现出一些不稳定性
ModelMeasOnlyWith-RefEphem (Filter only)	如果设置为 true(默认值为 false)，则运行滤波器将(仅)使用卫星参考轨迹(＊．e 文件)处理轨道和轨道协方差值的测量，计算残差和相应的测量误差方差，不会进行估算
NumOrbitsAllowedFor-EpochAlignment	指定卫星轨道可以传播的最大圈数，以使卫星初始状态与进程的开始时间保持一致
EnableVLS	如果为 true 且滤波器具有一个或多个子 VLS 对象且其 ProcessControl. Generate 标志设置为 true，则这些 VLS 将与滤波器一起执行
InstantManeuverEstima-tion (Filter only)	可以在滤波期间估计对即时机动建模的校正
HigherOrderCorrections (Filter only)	可用于更高阶效应的特殊算法来增强 ODTK 最佳顺序滤波器

（4）重新启动

当需要提供可能中断滤波器或仿真器运行的情况时，可以使用重新启动选项，见表 10 – 47。

表 10 – 47　重启选项属性说明

属　　性	说　　明
SaveRecordsToFile	如果设置为 true(默认值)，则重启记录将写入重新启动文件。 如果为 false，则重启文件将： ● 如果处于初始模式，则不会创建。 ● 如果处于 Restart 或 Autorestart 模式，则不予修改
MaxRecordsInFile	输入一个整数，指定要包含在重新启动时间列表中的最大重启点数
SaveFrequency	输入时间值，指定重新启动时间列表中重新启动点之间的时间间隔

属　性	说　明
BackupRestartRecords	设置为 false 时,启动或重新启动滤波器或仿真器时不会复制重启目录
StochasticModelUpdates	将 Enabled 属性设置为 true 以显示 ConstantBiasResetList、GaussMarkovList、Random-WalkList 和 VasicekList 属性
ClockUpdates	将 Enabled 属性设置为 true 以显示 ClockList 属性
OnStateSizeChange.StateReductionMethod (Filter only)	SimpleTruncation:简化状态的协方差只是在 Restart 文件上提取状态的协方差
SatelliteMassUpdates	将 Enabled 属性设置为 true 以显示 SatelliteMassList 属性
OnStateSizeChange.IfCovGoesNegative (Filter only)	选项包括: ● 提示用户(默认):显示一个消息框,提示用户中止运行或在应用对角线 Deweighting 后继续。 ● 中止:导致运行中止而不提示。 ● ApplyDiagonalDeweighting:在不提示的情况下应用 Deweighting。 使用 PercentSigmaDeweighting 属性输入要应用的对角线加权百分比
ResetGPSUTCSteering	当设置为 true 时,将在重启时重置,GPS UTC 时间将偏置、漂移和/或控制转到 GPSCON-TROLATION. GPSUTCTIMETCH 列表中指定的值

(5) 可选求解参数

OptualSoVoFrPARMS 属性有一个子属性——度量值,它允许用户在滤波器级别上打开和关闭所有测量偏差的估计。只有当跟踪器的测量统计量的估计偏差标志被设置为真,并且滤波器上的度量标志被设置为真时,每个测量偏差才会被估计。如果将测量统计标志设置为 false,则将滤波器标志设置为 true 不会导致该偏差的估计。

(6) 输　出

ODTK 滤波器具有数据存档、显示、输出到平滑器和创建 STK 星历文件等功能的输出控制。

(7) 残差编辑

滤波器允许残差编辑选项,包括定义标称 sigma、动态编辑选项和自定义 sigma 编辑计划。

10.3.9　可变滞后平滑器

可变滞后平滑器 VLS 是滤波器的子对象,可以将多个 VLS 附加到滤波器。VLS 对象与滤波器一起执行。VLS 对象的执行由两个设置控制:滤波器的 ProcessControl. EnableVLS 属性,它控制是否与滤波器一起执行任何连接的 VLS 对象;ProcessControl. Generate 属性,用于控制特定 VLS 的执行。可在"对象属性"窗口中查看和/或编辑 VLS 设置,见表 10 - 48。

第 10 章

表 10-48 VLS 属性说明

属 性	说 明
Generate	如果为 true 且父滤波器将 ProcessControl. EnableVLS 也设为 true,则 VLS 将与滤波器一起执行
Formulation	选择在 VLS 中使用的固定历元公式:Frazer 或 Carlton-Rauch
UseMaximumLag	对固定历元平滑估计使用最大滞后完成准则。滞后(lag)定义为固定历元平滑器的历元与当前滤波历元之间的时间间隔。建议始终使用最大滞后完成准则,以避免固定历元平滑器永远无法完成
MaximumLag	当固定的历元平滑估计和 UseMaximumLag 被设置为真,且固定历元平滑器和当前滤波器之间时间间隔超过该值时,便认为固定历元平滑估计已完成
UseCovarianceReduction	对于固定历元平滑估计,使用协方差约简完成准则
MinimumCovarianceReduction	当与 N 个连续可接受测量相关联的协方差约减都低于此阈值时,认为固定历元平滑估计已完成
NumMeasForCovarianceReduction	为使固定历元平滑估计被认为是已完成而必须满足连续接受测量的数目
MinimumOutputSpacing	指定输出的平滑状态之间的最小所需时间。VLS 可以在任何可用滤波器输出的节点上生成输出,但不需要在所有节点上生成输出。指定该值为 0 时,在所有滤波器节点上生成输出。如果指定了大于零的值,则跳过一些节点以产生所需的最小间距
OutputFullHistory	如果设为 false,则 VLS 输出将包含已满足至少一个收敛标准的固定历元平滑器的结果。输出将在不满足任何收敛标准的第一个节点处终止。 如果设为 true,VLS 输出将包含所有平滑器的结果,无论它们是否满足收敛标准。输出将在滤波器结束时终止
OrbitTypeDivergenceCheck	如果平滑器和滤波器轨道状态代表不同类型的轨道(如一个椭圆轨道、一个双曲轨道),则启用发散监控检查。默认情况下启用此检查

10.3.10 平滑器

平滑器可以对一个或多个滤波器运行的结果进行平滑。如果需要对多个滤波器进行平滑,则从滤波器运行的. rough 文件必须给出唯一的名称,以便不重写数据。

可以在对象属性窗口中查看和/或编辑平滑器设置,见表 10-49。

表 10-49 平滑器属性说明

属 性	说 明
Input→Files	双击此处启动一个对话框,允许用户添加一个或多个. rough 文件以供平滑器处理
Input→Remove	此选项允许用户指定是否要在平滑器运行完成后删除"文件"列表中的所有. rough 文件

续表 10 - 49

属　　性	说　　明
ProcessControl→StateTransitionMode	● 非线性:平滑估计使用完整的非线性模型及时向后转换。最值得注意的是,轨道估计在反向时间内以数值方式积分,这是 v6.1.2 之前的 ODTK 版本的传统模式。 ● 线性:使用滤波期间计算的线性状态误差转换函数及时向后转换
ProcessControl→StartMode	● LatestFilterTime:根据启用的.rough 文件从最新的滤波时间开始。 ● StartTime:输入所需的开始时间(必须落在.rough 文件所涵盖的时间范围内)
ProcessControl→StartTime	如果 StartMode 设置为 StartTime,那么在此处输入所需的开始时间(在.rough 文件所涵盖的时间范围内),默认值为场景的开始时间;如果 StartMode 设置为 LatestFilterTime,则此字段是最新滤波时间的只读显示
ProcessControl→StopMode	● EarliestFilterTime:根据启用的.rough 文件,在最早的滤波时间停止。 ● StopTime:输入所需的停止时间(必须在.rough 文件所涵盖的时间范围内)。 ● TimeSpan:输入所需的时间间隔
ProcessControl→StopTime	如果 StopMode 设置为 StopTime,那么在此处输入所需的停止时间(在.rough 文件所涵盖的时间范围内),默认值为场景的停止时间;如果 StopMode 设置为 EarliestFilterTime,则此字段是最早滤波时间的只读显示。如果 StopMode 设置为 TimeSpan,则不显示此字段
ProcessControl→TimeSpan	如果将 StopMode 设置为 TimeSpan,请输入所需的时间间隔以使平滑器运行
ProcessControl→OutputLag	输入所需输出滞后时间。平滑器输出中的最新时间将在过程开始时间(特定时间或.rough 文件中的最后一个数据)减去输出延迟
ProcessControl→OrbitTypeDivergenceCheck	如果平滑器和滤波器轨道状态代表不同类型的轨道(如一个椭圆轨道、一个双曲轨道),则启用发散监控检查。默认情况下启用此检查
Output→DataArchive	提供各种数据存档选项
Output→STKEphemeris	配置 STKEphemeris 属性以将平滑器的输出写入 Ephemeris 目录中的文件。根据卫星名称为文件分配默认名称: Sat_ <SATELLITE NAME> _Smooth_ <SMOOTHER REF TIME> .ext 其中 SMOOTHER REF TIME 是以下选项之一: ● ProcessStart:平滑器的开始时间; ● ProcessStop:平滑器的结束时间; ● PredictStart:预测开始时间; ● PredictStop:预测结束时间。 ext 是以下选项之一: ● e:使用 STK Ephemeris formt 时; ● oem:使用 CCSDS 502 格式时

第10章

属　性	说　明
Output→FilterDiffer-encingControls	控制是否在平滑器处理期间生成 Filter-Smoother 状态差异运行文件(.difrun)。 ● 如果要生成差异文件,则 Generate 设为 true; ● Filename 是输出差异文件的名称; ● SaveCrossCorrelations 是一个选项,是否在.difrun 文件中存储完整协方差(true)或仅存储协方差阵对角线(false)

10.3.11　仿真器

（1）自定义跟踪区间

CustomTrackingIntervals 选项允许用户为所有或选定的卫星和/或观测站定义"包含/排除区间"以及时间步长。双击 Schedule 属性以显示列表窗口,用户可以在其中添加、编辑和删除自定义跟踪区间。单击 Add 按钮时,列表中会出现一行,其中可以为选定的卫星和跟踪器添加时间步长和包含/排除区间。要编辑此行,请在每个字段中双击,然后选择或输入相应的信息,见表 10 - 50。

表 10 - 50　自定义跟踪区间列表参数说明

参　数	说　明
Enabled	设置为 true 可将选定的跟踪区间应用于所选对象
Satellites	有以下选项: ● 所有卫星:应用于场景中的所有卫星; ● GPS Constellation:应用于 GPS 星座中的卫星; ● Selected Satellite:应用于单个选定的卫星
SelectedSatellite	选择要应用区间的卫星
Trackers	在所有跟踪器和特定跟踪器之间进行选择。由于每个跟踪链包含特定的跟踪元素,因此"特定跟踪器"是 SelectedTrackingStrand 选项的激活器。选择"特定跟踪器"后,可以通过点击 Select-edTrackingStrand 显示跟踪链列表
SelectedTracking-Strand	选择要应用区间的跟踪链
TimeStep	输入时间步长,默认为仿真器步长
InclusionIntervals	出现的"列表"对话框将包含用于定义包含区间的行。单击 Add 按钮以插入其他子区间。在每一行上,如果要应用子区间,则将 Enabled 值设置为 true;否则设置为 false。根据需要编辑"开始"和"停止"时间
ExclusionIntervals	排除区间的设置方式,与包含区间相同

（2）误差建模

仿真器试图通过对卫星的初始条件和测量误差应用不同的偏差来模拟实际测量场景,并通过每个站定义的测量统计特性将噪声添加到测量。表 10 - 51 列出了误差建模选项。此外，用户可以为选择偏差属性指定缩放因子。

表 10 - 51　误差建模参数说明

参　数	说　明
NoDeviations	如果设置为 true,则仿真器不会应用偏差,测量结果应产生零残差,并且以下参数均不可用(将此参数设置为 true,等效于将所有其他参数设置为 false)
DeviateOrbits	轨道状态偏差
DeviateDensity	大气密度偏差
DeviateBCoeff	弹道系数偏差
DeviateSolarP	太阳压力系数偏差
DeviateTranspDelay	转发器延迟校正偏差
DeviateRetroDelay	后向反射器延迟偏差
DeviateMeasBiases	测站测量偏差
DeviateTropoBiases	设置对流层偏差的误差
DeviateManeuvers	轨道机动偏差
AddProcessNoise	如果设置为 true,则仿真时间跨度内的过程噪声偏差将添加到力模型参数(弹道系数、密度校正、太阳压力)和测量模型参数(转发器延迟、测量偏差、加速度计比例因子和状态,对流层延迟)的状态估计中。如果设置为 false,则不会添加过程噪声
AddManeuverProcessNoise	将过程噪声添加到有限机动偏差的状态估计中
AddMeasWhiteNoise	在测量统计量中应用相应的白噪声
DeviateStationLocations	测站位置偏差
DeviateAntennaLocations	天线相位中心位置偏差
DeviateClocks	时钟初始参数偏差
DeviateMeasTimeBias	跟踪器测量时间延迟偏差
DeviateAccelerometers	加速度计偏差
RandomSeed	使用整数作为一种模拟随机分布的种子参数
DeviateTropoBiases	对流层偏差误差

（3）输　出

仿真器输出选项说明见表 10 - 52。

表 10 - 52　输出选项说明

选　项	说　明
Measurements. Filename	用户可以指定仿真器测量所要写入的测量文件的路径和文件名
Meaurements. UpdateScenario	重置场景测量列表
Measurements. AdditionalFiles	一个脚本辅助工具,告诉仿真器是否必须创建额外的文件来存储生成的测量值

第 10 章

选 项	说 明
Measurements. Files	由仿真器创建的用户指定文件和附加文件的列表
DataArchive	有各种数据存档选项可用
STKEphemeris	配置 STECKEPHIIS 属性输出每个卫星的真实星历,写到星历目录中

10.3.12　最小二乘改进器

(1)过程列表

选择 Stages 属性,然后双击指示的位置以显示 List 窗口,该窗口允许用户使用以下参数定义一个或多个最小二乘改进过程(LS),见表 10-53。

表 10-53　过程列表参数说明

参 数	说 明
StartTime/StopTime	定义进行测量的时间段
DataFrequency	指定测量之间的时间间隔,该间隔越大,LS 计算可用的测量值越少
NumMeasurements	此只读字段表示根据所选时间段和数据频率可用的观测值数
EstimateBCoeff	允许 LS 估计对标称弹道系数的修正
EstimateCP	允许 LS 估计对标称 CP 值的修正
EstimateMeasBias	允许 LS 估计测量偏差
MaxIterations	实现收敛的最大迭代次数
RMSConvergenceCriteria	收敛准则
SigmaEdit	如果设置为 true,则该布尔属性将排除观测残差大的观测值
Sigma	当 sigmaEdit 为真时,输入 sigmaEdit 中使用的 N 值(倍数)
InitialEdit	仅适用于 SigmaEdit 为真的情况
StateCorrection	● Pos and Vel - LS 求解卫星位置和速度(默认)。 ● Position Only - LS 仅校正位置,速度不变。 ● Velocity Only - LS 校正速度,位置不变

(2)最小二乘输出

最小二乘输出选项参数说明见表 10-54。

表 10-54　最小二乘输出参数说明

参 数	说 明
Filename	为 LS 输出指定路径和文件名(＊.lsrun)
ResidualArchiving	控制在 LS 创建的输出摘要文件中写入的数据量
OutputStateHistory	将卫星状态输出到 .lsrun 文件
SuccessfulRun	LS 是否成功运行的标志
OrbitState	根据需要将 OrbitState 属性设置为 Cartesian 或 Keplerian

续表 10 - 54

参　数	说　明
BallisticCoeffNominal	显示由 LS 产生的弹道系数估计 B
CPNominal	显示由 LS 产生的太阳光压系数估计值 Cp
MeasBiasList	显示 LS 产生的测量偏差估计值
STKEphemeris	配置 STKEphemeris 属性以在 LS 适合时间跨度上输出每个卫星的星历并写入指定的输出目录
StatesToTransfer	提供在 Transfer To Satellite 操作期间解状态被转移回卫星的控制

10.3.13　初始轨道确定

初始轨道确定方法共有三种,分别是 HerrichGibbs、GoodingAnglesOnly 和 GPSNAVSolution。

(1) HerrichGibbs 方法

HerrichGibbs 方法属性说明见表 10 - 55。

表 10 - 55　HerrichGibbs 方法属性说明

属　性	说　明
SelectedFacility	从下拉菜单中选择跟踪站,如果 IOD 对象创建时间晚于跟踪数据加载的时间,则默认选择第一个产生跟踪数据的观测站
MeasurementPass	HerrichGibbs 初定轨方法从跟踪数据中选择 3 个数据,HerrichGibbs 算法选择的观测数据应在一个轨道周期内,且在同一个跟踪路径内
MeasurementSampleSize	在选择测量数据库时,设置显示的数据。默认是 300,即无论第一圈测量的数据是多少,只能看到前 300 个
MinimumElevation	最小仰角,仰角小于这个角度时的数据将被舍弃
SelectedMeasurements	第一列:时间(s); 第二列:观测时刻的 UTC 时间; 第三列:距离; 第四列:仰角。 【注】在选择测量数据前,必须选择一个地面站
Output	设置轨道状态

注:Herrick-Gibbs 初定轨算法在计算过程中使用卫星应答机偏差和地面测量偏差。ODTK Herrick-Gibbs 算法接收标准距离信息(eMTRange)和激光测距信息(eMTNPRange)作为可选的测距类型。

(2) GoodingAnglesOnly 方法

GoodingAnglesOnly 方法属性说明见表 10 - 56。

第10章

表 10-56　GoodingAnglesOnly 方法属性说明

属　性	说　明
TrackerList	跟踪器列表
StartTime	只包含此时刻后的测量数据
StopMode	LastMeasurement:显示开始时间后的所有数据; StopTime:只显示这个时刻(包括)以前的测量数据; TimeSpan:显示开始时间和"开始时间+TimeSpan"之间的数据
StopTime	若 StartMode 设为 StopTime,则设置停止时刻
TimeSpan	若 StartMode 设为 TimeSpan,则设置时间长度
MeasurementSampleSize	设置显示数据点的限制
MinimumElevation	设置最小俯仰角
SelectedMeasurements	①相对于开始时间的测量时间(s); ②跟踪设备 ID; ③角度说明(赤经/赤纬、方位/俯仰、X/Y); ④角度 1(RA 或 Az 或 X),(°); ⑤角度 2(DEC 或 El 或 Y),(°)
HalfRevEstimate	估计第一个和第三个数据之间的半周期值(Half Revs)。Half Revs 是"真近点角"意义下的,而不是真正的轨道周期。估计值为 0~0.5 时,输入 0;估计值为 0.5~1 时,输入 1。【注】这是获得正确结果的重要参数,否则不能获得较好的轨道估计
LambertIndicator	在 Newton-Raphson 迭代中用到的 Lambert 方法的标识,设为 0 代表使用第一 Lambert 方法,设为 1 代表使用第二 Lambert 方法。HalfRevEstimate 为 0 或 1 时只有第一 Lambert 方法,LambertIndicator 设为 0 并变成灰色。HalfRevEstimate 大于 1 时有两个 Lambert 方法可选,LambertIndicator 可以设为 0 或 1
Range1Estimate	在第一次观测时估计跟踪器-目标之间的距离,在大多数情况下不需要太精确,默认值 5 对 LEO、HEO 和 GEO 适用,但在一些情况下,为了收敛需要精确的距离估计
Range3Estimate	在第三次观测时估计跟踪器-目标之间的距离
MaxIterations	最大迭代次数
ConvergenceValue	收敛准则,10^{-12} 是 Gooding 方法的推荐值
HalleyNewtonLimit	Halley/Newton-Raphson 控制参数,0 代表纯 Newton-Raphson 法,0.5 代表 Halley 法,10.0 代表修正的 Newton-Raphson 法。通常情况下使用 Halley 方法,但 Gooding 发现,当两个或更多解相对靠近初始点式,修正的 Newton-Raphson 方法更好
NumericPartialEpsilon	标准的偏导"增量系数"
T12	第一和第二观察值之间的时间间隔(只读)
T13	第一和第三观察值之间的时间间隔(只读)

属　性	说　明
Solutions→NumberOfSolu-tions	GoodingAnglesOnly 算法给出的解的数量
Solutions→UseSolution	对于多解情况,确定在 Output-OrbitState 字段中显示哪个解。用户可以通过重置此参数并重新运行 IOD 方法来循环使用不同的解
Output→OrbitState	将 OrbitState 字段设置为 Cartesian 或 Keplerian。运行 IOD 时,只读字段显示轨道状态和卫星历元。历元时间是第二次观测值的时间
EllipticSolutionsOnly	设置为 true 时,仅考虑椭圆解。设置为 false 时,将考虑椭圆和双曲线解

GoodingAnglesOnly 使用三组测角数据来确定航天器的轨道。在 ODTK 中,测角数据可以为地基方位角俯/仰角、地基赤经/赤纬、天基 X/Y 或天基赤经/赤纬。测量数据可以从一个或多个测量站(卫星)获取。

如何正确使用 GoodingAnglesOnly 方法?

输入:

① 必须选择 3 组测角数据,首先选择跟踪器 ID 和时间区间,从留下的数据中选择三组数据。

② 必须估计第一次观测和第三次观测之间的 Half Revs 值。

③ 必须提供第一次观测时 tracker-target 之间的距离估计值(RangeEstimate)和第三次观测估计值(Range3Estimate)。

④ GoodingIOD 对近地轨道适用,但是对更远距离不一定适用。

输出:

运行结果将产生 0 解、1 个解或多个解。

① 0 解:不能收敛到任何解,应检查 HalfRevEstimate、Range1Estimate、Range3Estimate 输入。不同的估计值可能改善定轨结果。

② 1 个解:最佳情况,可以将该值传给卫星和 LS、Filter。

③ 多个解:half revs 值越大,获得多个解的概率更大。在天基测量的情况下,其中一个解可能是观测卫星的轨道。可以不断设置 UseSolution 的参数,并运行 IOD,查看各个解得到的结果。

(3) GPSNAVSolution 方法

GPSNAVSolution 初定轨使用 GPS CA/P1/P2 伪距观测或 CA/DF Nav Sol 观测值作为输入,可以分为两个步骤。使用伪距测量值时,第一步,算法首先使用 Yang 和 Chen 开发的解析 NAV 算法计算用户 S/C 位置和时钟相位估计值。使用 Nav Sol 测量时,不计算时钟相位,直接从测量值中获取位置估计值。第二步是在位置估计上使用 Lagrange 插值进行速度估计。当将此方法与 GPS 伪距测量结合使用时,必须有 4 颗卫星的测量值。GPSNavSolution 方法见表 10 - 57。

表 10 - 57　GPSNavSolution 方法属性说明

属　性	说　明
SelectedReceiver	选择与当前 IOD 对象连接到同一卫星的 GPSReceiver 对象
SolutionEpoch	感兴趣的历元,此时间必须在一小时内
GPSObsType	要使用的测量类型,包括: ● CA 伪距; ● DF 伪距; ● CA Nav Sol; ● DF Nav Sol。 【注】不能使用单差测量
LaGrangeOrder	用于速度计算的拉格朗日插值阶数
Output→OrbitState	将 OrbitState 字段设置为 Cartesian 或 Keplerian。运行 IOD 时,只读字段显示轨道状态和卫星的历元
Output→ClockPhaseError	时钟相位误差是 GPS 接收器时钟和 GPS 主时钟之间的差

10.3.14　GPS 星座

当存在 GPS 卫星对象时,与卫星相关的值(天线偏移、时钟值)来自 GPS 卫星而不是目录文件。如果存在源文件,则用户可以选择是否估计轨道和时钟;如果不存在源文件但存在 GPS 卫星,则没有估计轨道或时钟的选项。GPS 星座性质说明见表 10 - 58。

表 10 - 58　GPS 星座性质说明

性　质	说　明
SVEstimatedStates	定义估算轨道/太阳光压/时钟状态的位置
SVReference. Catalog. Filename	用于 PRN 相关模型参数的文件,包括时钟数据、群延迟、天线偏移、波束 FOV 和活动/非活动状态
SVReference. Source ...Filename	用于 GPS SV 星历和时钟数据的文件
...StartTime	源文件的开始时间
...StopTime	源文件的结束时间
...NumberOfPrns	源文件中 PRN(或 SV)的数量
...BufferBeforeFileStart ...BufferAfterFileStop	如果缓存区值设置为 0,则 SP3 文件的开始时间之前或结束之后将不会进行插值(取决于属性),并且将跳过此时要模拟或处理的任何测量
...OverrideSourceFileTimes	要使用源文件以外的 StartTime,将 OverrideStartTime 更改为 true,并为 NewStart-Time 输入所需的值(默认为场景的开始时间)。此选项对于在所需的时间范围内没有 GPS 数据的仿真非常有用
...AddGPS	InitialStateEpochTime 是运行 Add GPS Satellites 工具时添加到星座的卫星的历元
SVReference. PRNList	源文件中标识的每个 PRN 的 PRN 模型数据列表

性　质	说　明
SVReference. SVEphemerisReference	定义 Source. FileName 条目中包含的星历数据的参考点,其中参考点可以是天线相位中心(APC)或质心(CM)
SVError	SVError 是 9×9 星历/时钟误差协方差
SVError. SVDefaultCovSource	选择 GPSConstellationObject 或 GPSCatalogFile
SVFrequencies	卫星传输频率
Ionosphere	用于处理单频测量的电离层模型
GPSUTCTimeSteering	时间控制算法的参数,用于控制 ODTK 估计的 GPS 时间(仅当 GPS 卫星已添加到星座中时才可用)

10.3.15　GPS 接收机

(1) 时　钟

GPSReceiver 对象的 Clock 属性允许用户设置航天器接收器时钟参数。请注意,仅在选择了 CA、P1、P2 或 DF 伪距时才使用时钟。如果选择了 CA SD 或 DF SD 伪距,则不使用它。时钟参数说明见表 10 - 59。

表 10 - 59　时钟参数说明

参　数	说　明
Epoch	与时钟关联的 PhaseBias 历元
PhaseBias	在指定历元的时钟相位偏差估计
PhaseSigma	与初始滤波器时间相位偏差估计相关的不确定性,用于初始化协方差
FreqBias	在指定历元的时钟频率偏移估计
FreqSigma	与初始滤波器时间频率偏差估计相关的不确定性,用于初始化协方差
AgingBias	在指定历元的时钟老化偏移估计
AgingSigma	与初始过滤时间的老化偏差估计相关的不确定性。用于初始化协方差
A0	调频(FM)时钟白噪声统计
Aminus2	FM 时钟随机游走统计
AgingWN	FM 时钟漂移统计
SamplingInterval	更新 GPS 测量仿真过程中使用的随机时钟模型的时间间隔
FreqAdjustment	选项为 None 和 Remove Secular Drift。如果选择 None(默认值)则时钟会同时经历广义相对论的长期和周期性影响。如果选择 Remove Secular Drift,则由于轨道的偏心,时钟仅会出现周期性影响
Estimate	设置为 true 以在状态中包括 GPSReceiver 时钟相位和频率
ClockResets	时钟相位、频率和/或老化复位事件

(2) 测量处理

测量处理参数说明见表 10 - 60。

表 10-60 测量处理参数说明

参　数	说　明
TrackingID	接收器 ID,必须与关联的 RINEX Observation 文件的 Marker Number 匹配
NumberOfChannels	由仿真器用于控制在任何测量时间生成的 GPS 测量数量
MinGrazingAlt	用于编辑 GPS 测量的最小擦地高度(仅适用于 Space type GPSReceiver)
MinSignalToNoise	接受 GPS 测量进行处理所需的最小 SNR,仅在 RINEX Observation 文件中输出 S1 参数或 SSI 标志时使用
SatelliteSelection	设置以下属性: ● Method:基于最小化 GDOP(BestNGDOP)或通过插件使用自定义算法执行卫星选择。 ● PluginID:Method 设置为 Plugin 时可用。从已注册的插件列表中选择所需的自定义算法。 ● PluginConfig:Method 设置为 Plugin 时可用。提供对插件可配置参数的访问。 ● RetainLast:如果设置为 true,只要所有 N 仍然可见,则从这一次到下一次使用相同的 N 个 GPS 卫星。当不是所有 N 均可见时,N 个新 GPS 卫星基于 specified satellite selection 方法确定
MaxPhaseRangeGap-Time	在不重新初始化初始距离估计的情况下,在接受的相位距离测量之间允许的最大时间

（3）GPS 卫星选项插件

提供插件点,用于定制在测量仿真期间由 GPS 接收器使用的卫星选择算法。插件可以用多种语言编写,包括 Perl、VB 脚本、C ＋＋、C♯和 Visual Basic. NET。

Plugin 属性具有 PluginID 和 PluginConfig 两个子属性,更多信息可参考 ODTK Plugins。

（4）默认天线

如果一个或多个天线对象连接到 GPSReceiver 对象,则每个天线的名称将显示在下拉列表中。用户可指定默认天线,当跟踪数据未指定天线时,默认天线始终用于测量的仿真和处理。

10.3.16　天　线

天线属性说明见表 10-61。

表 10-61 天线属性说明

参　数	说　明
PhaseCenterLocation	天线相位中心偏离卫星体框内卫星的重心(仅限天基)。以选定的距离单位指定 X、Y 和 Z 坐标
PhaseCenterLocation. Estimate	仅适用于基于卫星的 GPS 接收器上的天线。设置为 true 以估计滤波器或平滑器中的天线相位中心位置,或对仿真器进行随机偏离。单相中心用于载波相位和伪距测量。当使用载波相位和伪距观测时,目前支持相位中心的估计。 使用 SigmaX、SigmaY 和 SigmaZ 属性指定卫星体坐标系各个方向的先验位置不确定性
Boresight	仅适用于连接到天基 GPS 接收器的天线。标识从用户到 GPS 航天器的仰角的参考方向
AntennaOffsets	仅适用于基于测站的 GPS 接收器上的天线。在地球中心固定(ECF)坐标系中,使用 Facility. Position 偏移天线相位中心位置。以选定的距离单位指定 X、Y 和 Z 坐标
AntennaID	天线 ID,输入大于零的整数

10.3.17　转发器

在对象浏览器中选中卫星、地面站、GPS 卫星,可添加转发器对象,其属性说明见表 10 - 62。

表 10 - 62　转发器属性说明

属　性	说　明
Type	定义应答器接收和转发测距信号的类型,有以下选项: ● SatToGround:用于处理地基双程测距。 ● SatToSat:用于处理天基双程测距。 ● GroundToSat:用于处理 4L BRTS 测距。该类型的转发器依附于地面站。 ● Relay:用于处理 4L 测距、正常双向 TDRS 测距、单向收发分置测距、2L CA 伪距、TDOA、FDOA、SD TDOA 和 SD FDOA。该类型应答机依附于中继卫星,在 4L 距离测量的前向和返回链路中都增加延迟。在收发分置测距中,只在前向链路中增加延迟。 ● SatToRelay:用于处理 4L 测距、正常双向 TDRS 测距。该类型应答机依附于用户星
TransponderID	输入一个整数,表示此转发器的唯一标识号
EstimateBias	如果设置为 true 并且是处理双向测距,则滤波器将估计对恒定转发器偏置的校正,还控制仿真器是否可以改变转发器偏差
BiasData	选择 TimeUnits 或 DistanceUnits,然后设置 BiasModel
BiasModel	● GaussMarkov:偏差将被建模为标量指数高斯-马尔可夫序列。 ● RandomWalk:偏差将使用 Wiener(布朗运动)序列建模。 ● Vasicek:偏差将使用 Vasicek 随机序列建模。这是一个双参数模型,可以解决短期和长期偏差
RFInfo	与中继转发器选择和使用有关的信息。目前仅用于处理 TDOA 和 FDOA 测量: ● CenterFrequency:转发器频段的中心。 ● Bandwidth:分配给转发器的频率跨度,为从中心频率减去带宽的一半到中心频率加上带宽的一半。 ● AddFreqTranslation:信号通过转发器时频率的附加变化
DefaultAntenna	如果转发器连接到卫星,一个或多个天线也连接到卫星,则每个天线的名称将出现在下拉列表中。指定转发器默认天线,当跟踪数据未指定天线时,默认天线始终用于测量的仿真和处理
DefaultAntenna2	仅在 Type 设为 Relay 时可用。在转发器的情况下,第一天线被指定为地面链路天线,而第二天线是空间链路天线。选择的工作方式与 DefaultAntenna 相同

10.3.18　后向反射器

可以为后向反射器指定属性,见表 10 - 63。

表 10 - 63　后向反射器属性说明

属　　性	说　　明
RetroreflectorID	后向反射器的 ID,应为整数
EstimateDelay	如果设置为 true 并且处理双向测距,则滤波器将估计对 Retroreflector 恒定延迟的校正,也控制仿真器是否可以改变后向反射器延迟
DelayData	选择 TimeUnits 或 DistanceUnits,然后设置 BiasModel。BiasModel 的选择包括: ● GaussMarkov:延迟将被建模为标量指数高斯-马尔可夫序列。 ● RandomWalk:延迟将使用维纳(布朗运动)序列建模。 ● Vasicek:延迟将使用 Vasicek 随机序列建模。这是一个双参数模型,可以解决短期和长期偏差
PhaseCenterLocation	从卫星体坐标系中的卫星重心偏移 Retroreflector 相位中心。以选定的距离单位指定 X、Y 和 Z 坐标

10.3.19　测量数据文件格式

ODTK 支持多种测量数据文件格式,每种测量数据文件格式都支持多种测量类型。根据文件类型,可以单独提供一些测量数据,例如仅距离;而其他测量数据必须配对,例如方位角和仰角。详见表 10 - 64。

表 10 - 64　测量数据文件格式

格　　式	类　型	来　　源	使　　用	支持测量数据
2SOPS	二进制	空军太空司令部第二空间作战中队 RAW GPS 跟踪数据	地面 GPS 数据支持定轨	● P1 伪距 ● P2 伪距 可以组合在给定时间从不同 GPS 卫星进行的测量: ● DF 伪距(双频,组合 P1 和 P2) ● SD DF 伪距
ACTRAC	文本	源于 Northrup Grumman 的 ACTRAC OD 包	发射跟踪	● 距离 ● 多普勒 ● 方位角/仰角
B3	文本	空军太空司令部文件 AFSPC 160-102,1996 年 3 月 11 日	空间监视	● 距离 ● 多普勒 ● 方位角/仰角 ● 赤经/赤纬 ● 天基方位角/仰角 ● 天基赤经/赤纬 ● 天基距离

格　式	类　型	来　源	使　用	支持测量数据
CCSDS TDM	文本	空间数据系统咨询委员会 (CCSDS)跟踪数据信息,基于推荐标准 CCSDS 503.0 - B - 1	通用跟踪数据	● 距离 ● 多普勒 ● DSN 多普勒 ● 方位角 ● 仰角 ● 赤经 ● 赤纬 ● 1W 双站测距 ● X/Y Angles
COB	文本	空军卫星控制网	AFSCN 跟踪	● 距离 ● 多普勒 ● 方位角 ● 仰角
CRD	文本	合并激光测距数据格式 (CRD)	激光测距	● 距离 ● 方位角/仰角
DSN TRK 2 - 34	二进制	美国宇航局/喷气推进实验室深空网络跟踪数据格式 TRK - 2 - 34	深空跟踪	■ 双向序列测距 ■ 双向总相位 ■ 三路总相位 ■ 双向多普勒 ■ 三路多普勒 ● 方位角/仰角 ● X/Y Angles
Ephemeris	文本	STK 星历文件格式	解析	● 星历位置分量 ● 星历速度分量
Generic	二进制	STK 定轨模块 ODTK	以通用内部格式存储任何测量	ODTK 任何数据格式
GEOLOC	文本	地理位置跟踪数据的文件格式(.geoloc)	地理位置数据	● 地基 TDOA、TDOA Dot 和 FDOA ● 地基单差 TDOA 和 FDOA ● 天基 TDOA、TDOA Dot、FDOA 和 FDOA Dot
GEOSC	文本	AGI 拓展的通用 GEOSC 格式	多种民用计划	● 距离 ● 多普勒 ● 方位角/仰角 ● 赤经/赤纬 ● 天基赤经/赤纬 ● 天基距离

格 式	类 型	来 源	使 用	支持测量数据
ILRS	文本	国际激光测距服务的全文格式版本 2	激光测距	● 距离 ● 方位角/仰角
NAVSOL	文本	STK 定轨模块 ODTK	GPS 数据	单频和双频 GPS 导航
RINEX	文本	RINEX 2.20 格式	GPS 数据	● CA 伪距 ● P1 伪距 ● P2 伪距 ● L1 相位 ● L2 相位 ● LA 相位 可以组合在给定时间从不同 GPS 卫星进行的测量： ● SD CA 伪距(单差) ● DF 伪距(双频，组合 P1、P2) ● SD DF 伪距 ● L1 SD 相位 ● L2 SD 相位 ● LA SD 相位 ● DF 相位 ● SF SD 相位
UTDF	二进制	NASA STDN 跟踪和采集手册(450－TAH－STDN)，1994 年 10 月	多种民用计划	● 距离 ● 多普勒 ● 方位角/仰角 ● X/Y Angles ● TDRS 4L 距离 ● TDRS 3L、5L 多普勒 ● BRTS 距离和多普勒

对于上述每种文件格式的具体定义和要求，请查阅 ODTK 的帮助系统。

10.4 报告与图形

10.4.1 静态结果生成器

静态结果生成器(Static Product Builder)提供了一个用于创建、编辑、显示和导出 ODTK 报告和图形的界面。静态结果生成器窗口的左窗格中将显示数据产品(报告和图形)列表。用户可以对产品重新命名。启动静态结果生成器，可从"视图"菜单中选择，也可单击工具栏上的 图标；还可以使用静态结果生成器编写脚本。静态结果生成器有几个带有按钮的工具栏，功能说明见表10-65。

表 10-65　静态结果生成器工具栏

按　钮	说　明
	将数据产品添加到列表中
	从列表中删除所选的数据产品
	制作所选数据产品的副本
	将所选数据产品移动到列表的开头
	将所选数据产品移动到列表末尾
	生成列表中的所有数据产品
	生成列表中选定的所有数据产品
	停止生成数据产品
	创建新的数据产品列表
	打开现有的数据产品列表
	保存当前显示的列表。
	将当前显示的产品保存到指定的文件名

(1) 输　入

切换到 Input 选项卡,在"静态结果生成器"窗口的左窗格中选择数据产品,然后按以下步骤操作:

① 在 Data Source 区域中,单击 Add 按钮,然后双击 Filename 字段以选择要用作报表或图形数据源的文件(例如 *.simrun 或 *.filrun 文件)。从列表中删除文件,请选择该文件,然后单击 Remove 按钮(还提供了 Remove All 按钮);禁用数据源(对于选定的数据产品)但不是从列表中删除,请将 Enabled 字段设置为 false。

② 如果未在 Data Limiting 区域中进行选择,则数据源文件中的所有可用卫星、跟踪器和测量类型将在报告或图形中使用。要将数据产品限制为特定卫星、跟踪器和/或测量类型,请通过双击或突出显示并使用">"按钮将所需项目从"可用"列移动到"选定"列。

(2) 输　出

切换到 Output 选项卡,然后在 Product Styles 列表中选择报告或图形样式。如果有效数据源文件支持所选样式,则数据产品名称左侧的问号将替换为报告或图形图标。

输出选项显示在"产品样式"列表下方,见表 10-66。

第 10 章

表 10-66　输出选项说明

选　项	说　明
Edit	如果选择了报表样式,则启动报表设计器;如果选择了图形样式,则启动图形设计器;如果选择了导出样式,则启动导出设计器
Copy	复制产品
Copy To	允许您指定保存当前所选报表或图形副本的位置和名称
Delete	移除所选产品
Add Graph	打开一个对话框,允许您为新图形样式选择数据库
Add Report	打开一个对话框,允许您为新报表样式选择新的可用数据库组合
Add Export	启动导出设计器

10.4.2　动态结果选择器

既可从"视图"菜单中选择动态结果选择器,也可单击工具栏中的 ▩ 按钮打开窗口,然后进行动态产品选择。

动态产品选择器为动态的报告和图形的创建一个接口,使用流程如下:

① 选择报表或图形作为动态显示格式;

② 选择卫星、GPS 接收机或转发器为对象类型;

③ 从样式列表中选择所需的报表样式或图形风格;

④ 选择一个或多个可用的卫星、GPS 接收机或转发器;

⑤ 单击"创建"按钮。

10.4.3　图　形

(1) 静态图形

1) 图形查看选项

ODTK 图形界面提供了多种增强和补充静态图形选项。这些选项可通过单击工具栏中的相应按钮,或者右击鼠标弹出其选项。

2) 图形设计器

Graph Designer 提供了强大的功能,可用于编辑和创建新的图形样式。要启动该工具,请在"产品样式"列表("输出"选项卡)中选择任何图形样式,然后单击"编辑"按钮。启动 Graph Designer 后,您可以通过单击"打开"按钮并从显示的对话框中选择图形样式文件(* . gph)来加载不同的图形样式。

所选图形样式的编辑选项显示在四个选项卡中:

● General Properties　包括图形名称,坐标轴名称、刻度、单位,第二纵坐标,logo 等的设置。

● Independent Variable (X) & Annotations　该选项卡允许您为图形定义独立(X)变量,并设置注释以显示在图形上。

- Dependent Variables（Y） 该选项卡允许您为图形定义相关(Y)变量。可用的因变量显示在 Variable Name 字段的下拉列表中。要重命名变量,请选择该变量,单击 Rename Variable 按钮,然后在显示的对话框中输入新名称。ODTK 还提供了"添加变量"和"删除变量"按钮。
- Fonts and Sizes 设置字体及大小。

3）残差图形编辑

残差值的图形显示允许用户快速查看是否有任何数据点超出范围。识别这些离群点并丢弃它们可以产生更好的解。ODTK 提供了一种在残差图上识别这些点的技术。

（2）动态图形

动态图形是指在滤波过程中不断更新的图形。动态图形选项,说明见表 10－67。

表 10－67 动态图形选项说明

选 项	说 明
Atmosphere Density Estimate	$\delta\rho/\rho$ 的滤波估计与估计的 $\pm2-$sigma 误差界限相比较
Ballistic Coefficient	显示滤波器运行时卫星弹道系数的校正
Position Uncertainty	对于卫星,显示径向、迹向和法向分量中的 $2-$sigma 误差
Residual Ratios	使用归一化的残差数据(残差/标准差)
Solar Pressure Parameter Estimate	对于太阳光压参数校正的滤波估计与估计的 $\pm2-$sigma 误差界限相比较
Velocity Uncertainty	对于卫星,显示径向、迹向和法向速度分量中的 $2-$sigma 误差

1）卫星测量残差图

提供动态绘图样式以显示滤波测量残差。除非另有说明,否则所有动态测量残差图包括 $\pm3-$sigma 边界和滤波后的测量偏差估计。

2）GPS 接收机测量残差图

GPS 接收机测量残差图包括的样式见表 10－68。

表 10－68 样式说明

样 式	说 明
2L CA Pseudo Range Residual	对于给定的 GPS 接收器,显示 2L CA 伪距残差,具有 $3-$sigma 误差界限以及偏差的滤波器估计
Clock Frequency Estimate	与估计的 $\pm2-$sigma 误差界限相比,GPS 接收机时钟频率的滤波估计。仅在时钟频率为建模状态参数时显示(处理"原始"CA、P1 或 P2 测量时,时钟相位和频率建模,并且在处理单差分(SD)测量时不建模)
Clock Phase Estimate	与估计的 $\pm2-$sigma 误差界限相比,GPS 接收机时钟相位的滤波估计。仅在时钟频率为建模状态参数时显示(处理"原始"CA、P1 或 P2 测量时,时钟相位和频率建模,并且在处理单差分(SD)测量时不建模)

第10章

10.4.4 报　告

（1）静态报告

1）报告查看选项

报告查看器工具栏见表 10 - 69。

表 10 - 69　报告查看器工具栏

按　钮	说　明
	关闭当前下拉视图
	打印报告
	将报告导出为文本文件
	在显示和隐藏分组树之间切换
100% ▼	选择显示器上显示报告的大小
	移至报告的第一页
	移至报告的上一页
1 of 8	显示当前页码。可以通过输入并按 Enter 键直接移动到指定页面
	移至报告的下一页
	移至报告的最后一页
	阻止数据被读入报告。这可以避免在存在大量数据的情况下长时间等待
	启动全文搜索窗口

2）报告设计器

用户可以通过以下任一方式从 Static Product Builder 中访问报告设计器：可以通过在"产品样式"列表中选择报告样式并单击"编辑"按钮来访问它；也可以通过单击"添加报告"按钮，完成新报告的"表选择"过程，然后单击"编辑"按钮以显示 Crystal Reports 编辑界面来访问它。

（2）动态报告

1）概　述

动态报告是指在滤波过程中不断更新的报告。ODTK 提供的动态报告样式见表 10 - 70。

表 10-70 动态报告样式说明

样 式	说 明
Instant Maneuver Estimate Update	当滤波器配置为估计卫星的瞬时机动时,在滤波器运行期间显示数据,并且在机动估计期间更新数据,直到估计收敛。如果在滤波器运行中估计有两个以上的机动,则窗口将显示两个最新机动数据
Measurement Bias Update	标签窗口,可动态显示当前测量的跟踪器(测站)的距离、多普勒、方位角、仰角偏差以及 sigma 值
Measurement Update	动态显示轨道状态估计,RIC sigma 相关矩阵,非轨道参数校正(大气阻力 $\delta\rho/\rho$、太阳光压系数、转发器延迟),以及距离、多普勒、方位角、仰角残差的 sigma 和比率
Time Update	在处理测量和预测期间,动态显示轨道状态的估计、RIC sigma 相关矩阵和整个滤波器运行中的非轨道参数(大气阻力 $\delta\rho/\rho$、太阳光压系数、转发器延迟)的校正

2）GPS 接收机动态报告样式

GPS 接收机动态报告样式见表 10-71。

表 10-71 GPS 接收机动态报告样式说明

样 式	说 明
Measurement Update	当时钟相位和频率是建模状态参数时,动态显示 GPS 接收机时钟相位和时钟频率误差的估计值
Time Update	当时钟相位和频率是建模状态参数时,动态显示 GPS 接收机时钟相位和时钟频率误差的估计值。在处理测量和预测期间,数据在整个文件管理器运行中显示

3）转发器动态报告样式

转发器动态报告样式见表 10-72。

表 10-72 转发器动态报告样式说明

样 式	说 明
Measurement Update	当转发器偏置被建模为状态参数时,动态地显示转发器偏置的估计。当处理使用转发器偏差估计的每个测量时,还显示距离残差、sigma 和数据编辑比率
Time Update	当转发器偏置被建模为状态参数时,动态地显示转发器偏置的估计。在处理测量和预测期间,数据在整个文件管理器运行中显示

10.4.5 输 出

输出设计器提供编辑和创建新数据导出样式的功能。使用导出样式生成数据时,不执行自定义格式化步骤,数据只是以 ASCII 格式写入输出文件。可以从"静态结果生成器"窗口访问该工具。要启动该工具,请在"产品样式"列表("输出"选项卡)中选择导出样式,然后单击"编辑"按钮或单击"添加导出"按钮创建新的导出样式。启动导出设计器后,可以通过单击"打开"按钮并从显示的对话框中选择导出样式文件(＊.exp)来加载不同的导出样式。

10.4.6　儒略日定义

有许多与儒略日相关联的 ODTK 输入/输出时间和日期参数,但并非所有参数都遵循天文儒略日定义。差异在于该参数是否符合从当天中午开始计算的天文惯例。本说明的目的是提醒用户注意这种差异并澄清 ODTK 的用法。

相关参数包括:

① Julian Day Number 数据库字段,输出到图形/报告样式数据库表。

② 与 ODTK 跟踪数据提供程序一起使用的 IAgODGenericObs 接口的 JulianDay 属性。

③ 与 ODTK HPOP Force Model、Light Reflection 和 Satellite Selection Plugin 一起使用的 DayCount 和 DayCount_Array wholeDays 参数的值。

④ 用于脚本编写的 DateFormat 属性 JDate 度量单位。

10.5　ODTK 仿真案例

本节以 ODTK 6.4.3 为运行环境,给出 ODTK 仿真实例的操作过程。建立如下任务:

① 建立场景,使用仿真器(Simulator)生成模拟观测数据;

② 初始轨道确定(IOD);

③ 批处理最小二乘定轨(LS);

④ 最优轨道确定(OOD),使用滤波器(Filter)和两个平滑器(Smoother);

⑤ 使用报表和图形功能;

⑥ 在 STK 中查看 ODTK 运行结果。

(1) 建立场景

1) 新建场景与卫星

打开 ODTK 软件,在菜单栏中依次单击 File→New 新建场景,将场景重命名为 ODTK_Example。依次单击 Insert→New,在弹出的对话框中选择 Satellite,然后单击 Insert 按钮,在场景中插入卫星 Satellite1。将卫星重命名为 Sat。

2) 导入测量站

在对象浏览器中单击选中场景 ODTK_Example,在菜单栏依次单击 File→Import→Import Object。在选择窗口中,将文件类型限定为 TrackingSystemFiles(∗.tso),文件目录定位至 C:\Program Files(x86)\AGI\ODTK 6\ODTK\AppData\Databases\TrackingSystems,选择并打开 Baseline.tso 文件,可导入名为 Baseline 的测量站系统,其中包含了 4 个测量站。图 10 - 3 所示为导入测量站。

3) 使用仿真器(Simulator)生成模拟雷达观测数据

在对象浏览器(Object Browser)中单击选中 ODTK_Example,然后依次单击 Insert→New,插入一个 Simulator,重命名为 Simulator。为模拟雷达观测数据,双击 Simulator 显示其属性界面,找到 MeasTypes 属性,将测量类型选为距离(Range)、方位角(Azimuth)和俯仰角

图 10 - 3 导入测量站

(Elevation),如图 10 - 4 所示。

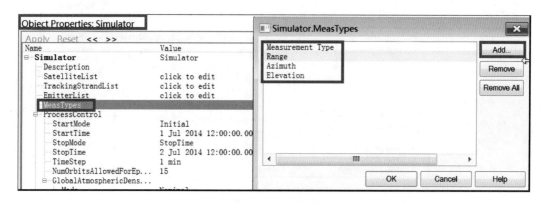

图 10 - 4 使用仿真器模拟数据

选中 Simulator,单击工具栏中的运行按钮 ▶,可生成仿真观测数据。单击工具栏中的 View Measurements 按钮 ▣,可预览仿真生成的雷达观测数据,如图 10 - 5 所示。在 2014 年 7 月 1 日 12 时到 7 月 2 日 12 时的时间段内,4 个测量站共产生 21 段雷达观测数据。

4)添加测量数据

双击选中场景 ODTK_Example,显示场景对象的属性。在场景属性中找到 Measurements,选择 Files,弹出文件选择对话框。由于刚才运行了 Simulator,此时该对话框中默认选择了 Simulator 生成的观测文件 ODTK_Example.gobs,如图 10 - 6 所示。

添加完成后,检查确保 Units—DateFormat 属性设置为 UTCG。

上述操作完成后,单击左上角的 Apply 以保存对场景的修改,如图 10 - 7 所示。

第 10 章

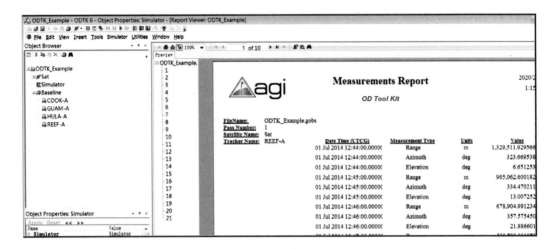

图 10 – 5　测量报告

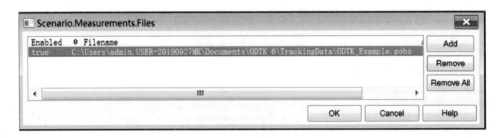

图 10 – 6　添加测量数据

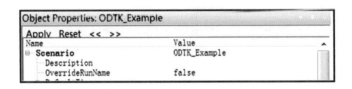

图 10 – 7　保存修改

5）卫星属性设置

双击 Sat,打开卫星属性界面,找到并双击 MeasurementProcessing-MeasTypes 属性,在弹出的窗口中选择 Range、Azimuth 和 Elevation,单击 OK 按钮。单击 Apply 以保存对卫星属性的修改。

（2）初始轨道确定

选中 Sat,在菜单栏依次单击 Insert→New,插入 InitialOrbitDetermination 对象,重命名为 IOD。双击 IOD 打开其属性界面,将 Method 设为 HerrickGibbs,SelectedFacility 设为 REEF-A。打开 SelectedMeasurements 界面,单击 Add 按钮添加用于初始轨道确定的测量数据。选择 0000、0120、0240 三组数据,如图 10 – 8 所示。最后单击 Apply 保存修改。

【注】初定轨算法 HerrickGibbs 使用三组测量数据定轨,故只需选择三组测量数据。

选中 IOD,单击工具栏中的运行按钮 ▶,执行初定轨算法。若读者的软件中工具栏未显

Add Item(s)
0000 01 Jul 2014 12:44:00.000 1329.512 6.651 34740 01 Jul 2014 22:23:00.
0060 01 Jul 2014 12:45:00.000 965.063 13.007 34800 01 Jul 2014 22:24:00.
0120 01 Jul 2014 12:46:00.000 678.905 21.887 34860 01 Jul 2014 22:25:00.
0180 01 Jul 2014 12:47:00.000 598.722 25.909 34920 01 Jul 2014 22:26:00.
0240 01 Jul 2014 12:48:00.000 790.252 17.721 34980 01 Jul 2014 22:27:00.
0300 01 Jul 2014 12:49:00.000 1121.593 9.885 40380 01 Jul 2014 23:57:00.
5760 01 Jul 2014 14:20:00.000 1257.039 7.539 40440 01 Jul 2014 23:58:00.
5820 01 Jul 2014 14:21:00.000 963.249 12.946 40500 01 Jul 2014 23:59:00.
5880 01 Jul 2014 14:22:00.000 800.091 17.406 40560 02 Jul 2014 00:00:00.
5940 01 Jul 2014 14:23:00.000 847.358 15.990 40620 02 Jul 2014 00:01:00.
6000 01 Jul 2014 14:24:00.000 1077.434 10.663 40680 02 Jul 2014 00:02:00.
6060 01 Jul 2014 14:25:00.000 1402.298 5.627 81060 02 Jul 2014 11:15:00.
34680 01 Jul 2014 22:22:00.000 1194.999 9.385 81120 02 Jul 2014 11:16:00.
OK
Cancel

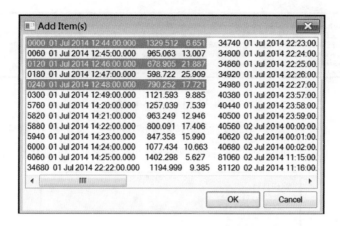

图 10-8　添加测量数据

示,可在菜单栏中依次单击 View→ToolBars→Default 显示工具栏。

初始轨道确定算法完成后,需要将定轨结果转移到卫星中。单击工具栏中的 Transfer to Satellite 按钮 完成该步骤。

为确认初始轨道确定及定轨结果转移步骤已完成,可查看底部的 Message Viewer 中显示的信息,如图 10-9 所示。

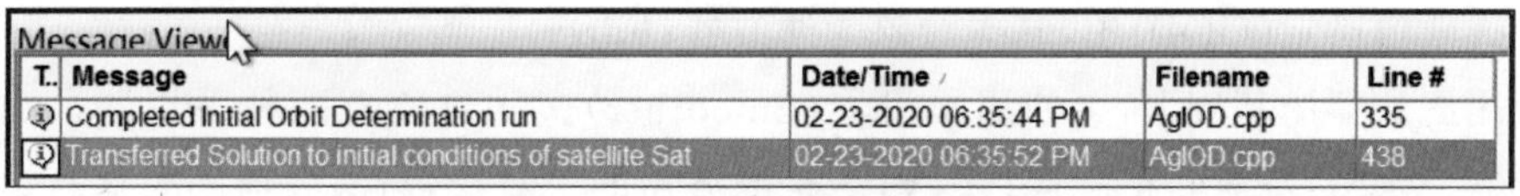

Message View
T.. Message
Date/Time
Filename
Line #
Completed Initial Orbit Determination run
02-23-2020 06:35:44 PM
AgIOD.cpp
335
Transferred Solution to initial conditions of satellite Sat
02-23-2020 06:35:52 PM
AgIOD.cpp
438

图 10-9　Message Viewer 显示

此时,卫星的轨道状态如图 10-10 所示。

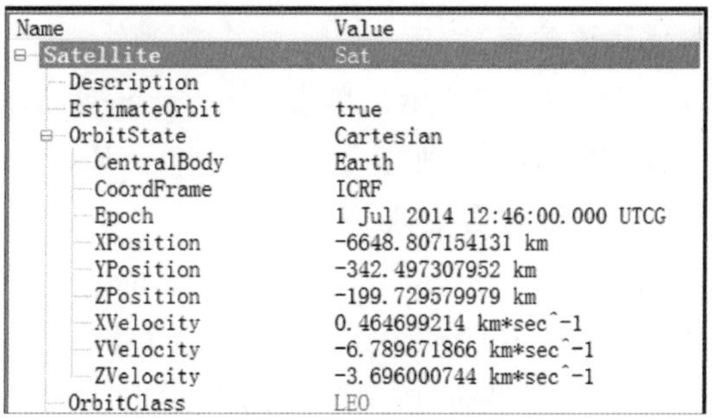

Name　Value
Satellite　Sat
Description
EstimateOrbit　true
OrbitState　Cartesian
CentralBody　Earth
CoordFrame　ICRF
Epoch　1 Jul 2014 12:46:00.000 UTCG
XPosition　-6648.807154131 km
YPosition　-342.497307952 km
ZPosition　-199.729579979 km
XVelocity　0.464699214 km*sec^-1
YVelocity　-6.789671866 km*sec^-1
ZVelocity　-3.696000744 km*sec^-1
OrbitClass　LEO

图 10-10　初始轨道确定后的卫星轨道状态

(3) 批处理最小二乘定轨

选中 Sat,在菜单栏依次单击 Insert→New,插入 LeastSquares 对象,重命名为 LS。单击工具栏中的运行按钮 ,执行最小二乘算法。Message Viewer 中显示了迭代过程,如图 10-11 所示。

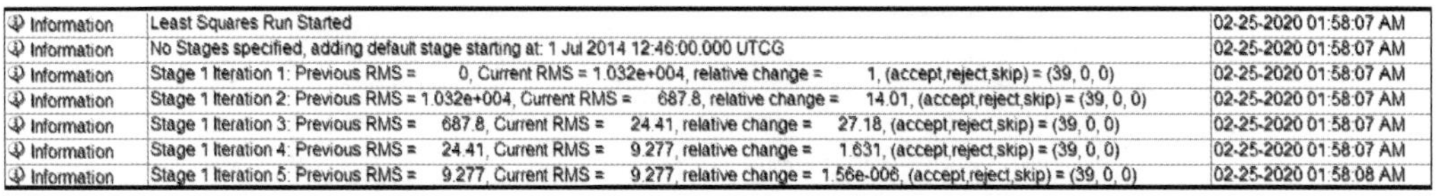

⊕ Information	Least Squares Run Started		02-25-2020 01:58:07 AM
⊕ Information	No Stages specified, adding default stage starting at: 1 Jul 2014 12:46:00.000 UTCG		02-25-2020 01:58:07 AM
⊕ Information	Stage 1 Iteration 1: Previous RMS = 0, Current RMS = 1.032e+004, relative change = 1, (accept,reject,skip) = (39, 0, 0)		02-25-2020 01:58:07 AM
⊕ Information	Stage 1 Iteration 2: Previous RMS = 1.032e+004, Current RMS = 687.8, relative change = 14.01, (accept,reject,skip) = (39, 0, 0)		02-25-2020 01:58:07 AM
⊕ Information	Stage 1 Iteration 3: Previous RMS = 687.8, Current RMS = 24.41, relative change = 27.18, (accept,reject,skip) = (39, 0, 0)		02-25-2020 01:58:07 AM
⊕ Information	Stage 1 Iteration 4: Previous RMS = 24.41, Current RMS = 9.277, relative change = 1.631, (accept,reject,skip) = (39, 0, 0)		02-25-2020 01:58:07 AM
⊕ Information	Stage 1 Iteration 5: Previous RMS = 9.277, Current RMS = 9.277, relative change = 1.56e-006, (accept,reject,skip) = (39, 0, 0)		02-25-2020 01:58:08 AM

图 10 - 11　迭代过程

最小二乘算法完成后,需要将定轨结果转移到卫星中。单击 ✖ 按钮完成该步骤。此时,卫星轨道状态如图 10 - 12 所示。可以看到,经过最小二乘修正,轨道状态已发生改变。

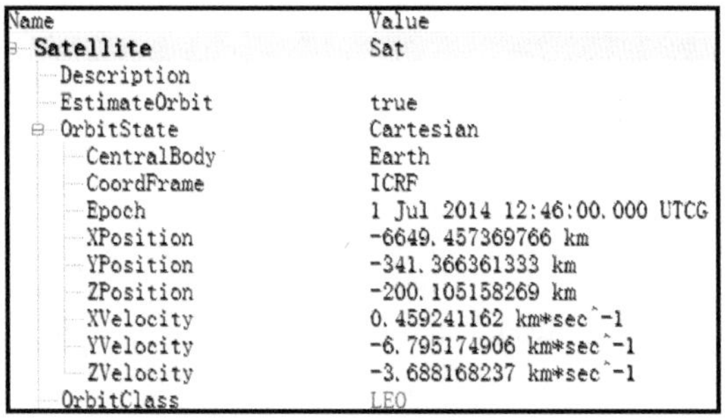

```
Name                    Value
Satellite               Sat
  Description
  EstimateOrbit         true
  OrbitState            Cartesian
    CentralBody         Earth
    CoordFrame          ICRF
    Epoch               1 Jul 2014 12:46:00.000 UTCG
    XPosition           -6649.457369766 km
    YPosition           -341.366361333 km
    ZPosition           -200.105158269 km
    XVelocity           0.459241162 km*sec^-1
    YVelocity           -6.795174906 km*sec^-1
    ZVelocity           -3.688168237 km*sec^-1
  OrbitClass            LEO
```

图 10 - 12　最小二乘轨道状态

(4) 最优轨道确定

在最优轨道确定(OOD)中,基本对象为滤波器(Filter)。

在使用滤波器的基础上,可使用平滑器(Smoother)。ODTK 有两种平滑器,一种为可变滞后平滑器(VLS),按时间正向运行。VLS 是滤波器的子对象,与滤波器同时运行,可以得到近乎实时的轨道平滑结果。

另一种即为 ODTK 的 Smoother 对象,对应算法称为 Rauch-Tung-Striebel(RTS),按时间逆向运行。

1) 使用滤波器进行最优轨道确定

选中场景 ODTK_Example,在菜单栏依次单击 Insert→New,插入 Filters 对象,重命名为 Filter。双击 Filter 打开其属性界面,找到 ProcessControl→ProcessNoiseUpdateInterval 属性,将该值设为 1 min。单击 Apply 保存更改。

在菜单栏中,依次单击 View → Dynamic Product Selector,在弹出的对话框中,按图 10 - 13 所示选项设置 Report,单击 Create 按钮生成报告(此时报告为空)。

回到 Dynamic Product Selector 界面,按图 10 - 14 所示选项设置 Graph,单击 Create 按钮生成图形(此时图形为空)。

选中 Filter,单击运行按钮,可运行滤波器。图 10 - 15 显示了滤波器运行过程中的动态图形。

2) 带可变滞后平滑器(VLS)的最优轨道确定

VLS 是附属于滤波器的子对象,要启用 VLS,需双击 Filter 显示其属性界面,在 ProcessControl 中找到 EnableVTS 选项,将 Value 设为 true。单击菜单栏 Insert→New,插入一个 VTS 对象,重命名为 VTS。双击 VTS 对象显示其属性界面,找到 Output→FilterDifferencing→Generate 属性,将 Value 设为 true。单击 Apply 保存修改。

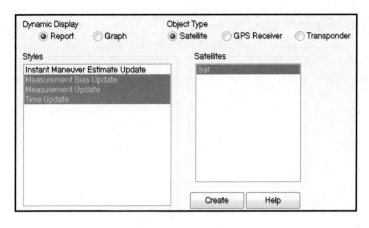

图 10 - 13　设置报告

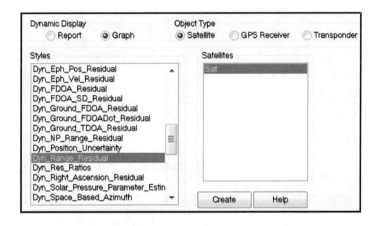

图 10 - 14　生成图形

重新选中 Filter,单击运行按钮重新进行 Filter 计算。运行结束后,会生成相应的 * . filrun 文件、* . smtrun文件和 * . difrun 文件,可用于静态图形和报告的创建。

3) 带 Rauch-Tung-Striebel 的最优轨道确定

要使用 RTS,首先要禁用 VTS。在 Filter 属性界面中,将 ProcessControl→EnableVTS 属性值设为 false。

将 Output→SmootherData→Generate 属性值设为 true。这个步骤将使得滤波器运行后生成一个 * . rough 文件,该文件能够将滤波器数据传递到 RTS 平滑器中。

重新选中 Filter,单击运行按钮重新进行 Filter 计算。运行结束后,会生成相应的 * . filrun 文件和 * . rough 文件。

选中场景 ODTK_Example,单击菜单栏 Insert→New,插入一个平滑器对象(Smoother),重命名为 RTS。双击 RTS 显示其属性界面,单击 Input→Files,弹出对话框选择输入文件。找到上一步运行滤波器得到的 ODTK_Example_Filter. rough 文件,如图 10 - 16 所示。

将 Output→FilterDifferencing→Generate 属性值设为 true。单击运行按钮,执行平滑器算法。图 10 - 17 显示了 Message Viewer 中显示执行情况。平滑器运行完成后,将生成后缀

第 10 章

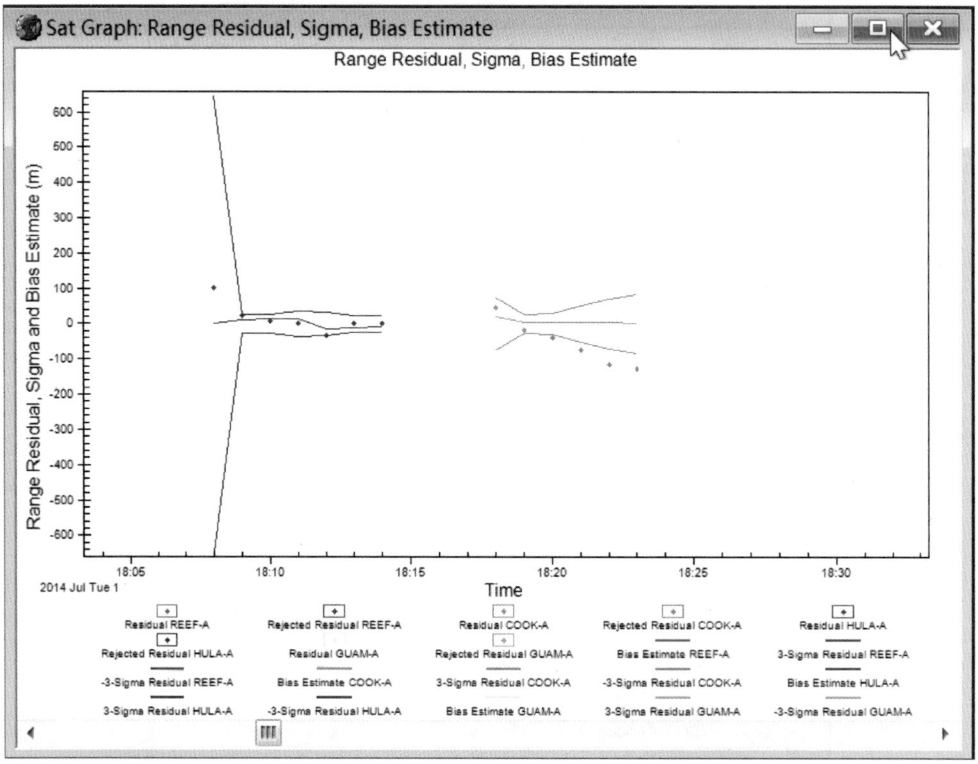

图 10-15　动态结果

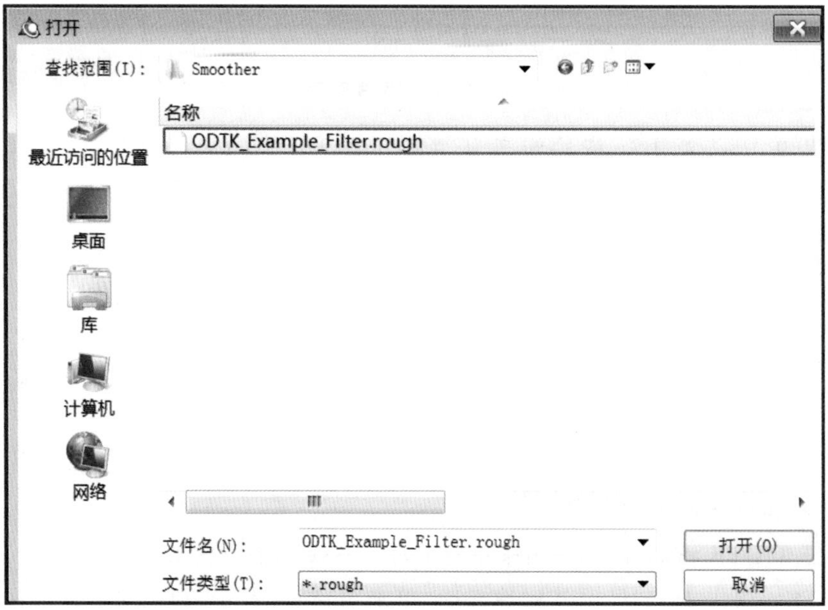

图 10-16　打开所需文件

为.smtrun 的文件。

ℹ Information	Smoother Run Started On C:\Users\admin.USER-20190927MK\Documents\OD	02-25-2020 02:20:49 AM
ℹ Information	Smoother at 02 Jul 2014 11:16:00.000 UTCG	02-25-2020 02:20:49 AM
ℹ Information	Smoother at 02 Jul 2014 09:00:00.000 UTCG	02-25-2020 02:20:49 AM
ℹ Information	Smoother at 02 Jul 2014 06:46:00.000 UTCG	02-25-2020 02:20:49 AM
ℹ Information	Smoother at 02 Jul 2014 04:30:00.000 UTCG	02-25-2020 02:20:49 AM
ℹ Information	Smoother at 02 Jul 2014 02:15:00.000 UTCG	02-25-2020 02:20:49 AM
ℹ Information	Smoother at 02 Jul 2014 00:01:00.000 UTCG	02-25-2020 02:20:49 AM
ℹ Information	Smoother at 01 Jul 2014 21:45:00.000 UTCG	02-25-2020 02:20:49 AM
ℹ Information	Smoother at 01 Jul 2014 19:30:00.000 UTCG	02-25-2020 02:20:50 AM
ℹ Information	Smoother at 01 Jul 2014 17:15:00.000 UTCG	02-25-2020 02:20:50 AM
ℹ Information	Smoother at 01 Jul 2014 15:00:00.000 UTCG	02-25-2020 02:20:50 AM
ℹ Information	Smoother: Reordering smoothed data	02-25-2020 02:20:50 AM
ℹ Information	Smoother Run Completed On C:\Users\admin.USER-20190927MK\Documents\	02-25-2020 02:20:50 AM

图 10 - 17　生成后缀为. smtrun 文件

(5) 报告与图表

在前面的练习中,我们生成了一些动态报告和图形,它们在滤波器运行过程中会实时更新。接下来,我们将在滤波器输出的基础上创建静态报告和图形。

1) 静态报告

单击菜单栏中的 View,插入 Static Product Builder(静态报告创建器)。打开 Input 选项卡添加报告需要的数据文件。单击 Add 按钮,选择滤波器运行生成的 ODTK_Example. filrun 文件,如图 10 - 18 所示。

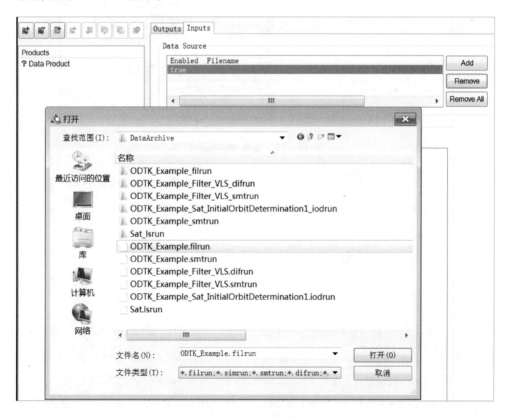

图 10 - 18　静态报告

在 Data Limiting 区域,双击 Measurement Type,使其从左侧的 Available 列表移动到 Selected 列表,如图 10-19 所示。由于之前已定义测量类型为距离、方位角和俯仰角,其他测量类型将不会显示。

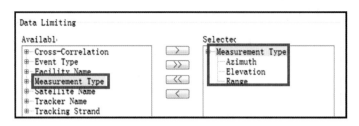

图 10-19 选择可用类型

打开 Output 选项卡,在 Products Styles(产品类型)中选择 Measurement Residuals By Tracker。单击报告的默认名称,重命名为 MyReport,如图 10-20 所示。

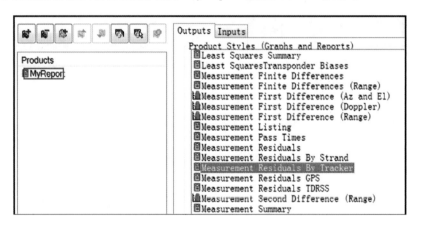

图 10-20 生成 MyReport

单击 Run Selected 按钮![icon],打开 Report Viewer 窗口,生成测量数据的残差报表。通过报表左侧的导航窗格,可查看不同测站的测量残差数据,如图 10-21 所示。将光标置于某测站标题处,光标会变成一个放大镜,双击即可生成该测站的专项报告。

单击 Export Report 按钮![icon]可导出报告,并且有多种文件类型可以选择。

2) 静态图形

下面介绍如何在滤波器运行后建立静态图形。

回到 Static Product Builder 界面,单击左上角的 Add Product 按钮![icon],添加新的报告,重命名为 MyGraph。打开 Inputs 选项卡,载入 ODTK_Example. filrun 文件。在 Data Limiting 区域,双击选择 Measurement Type 中的 Range 和 Tracker Name 中的 REEF-A。

打开 Output 选项卡,选择类型为 Histogram(柱状图)。图 10-22 所示为静态图形界面。

单击 Run Selected 按钮![icon],运行得到结果,如图 10-23 所示。图中统计了 REEFA 测站的距离测量误差特性,即不同误差区间所占百分比。例如,误差值在 0~0.3 sigma 区间的数

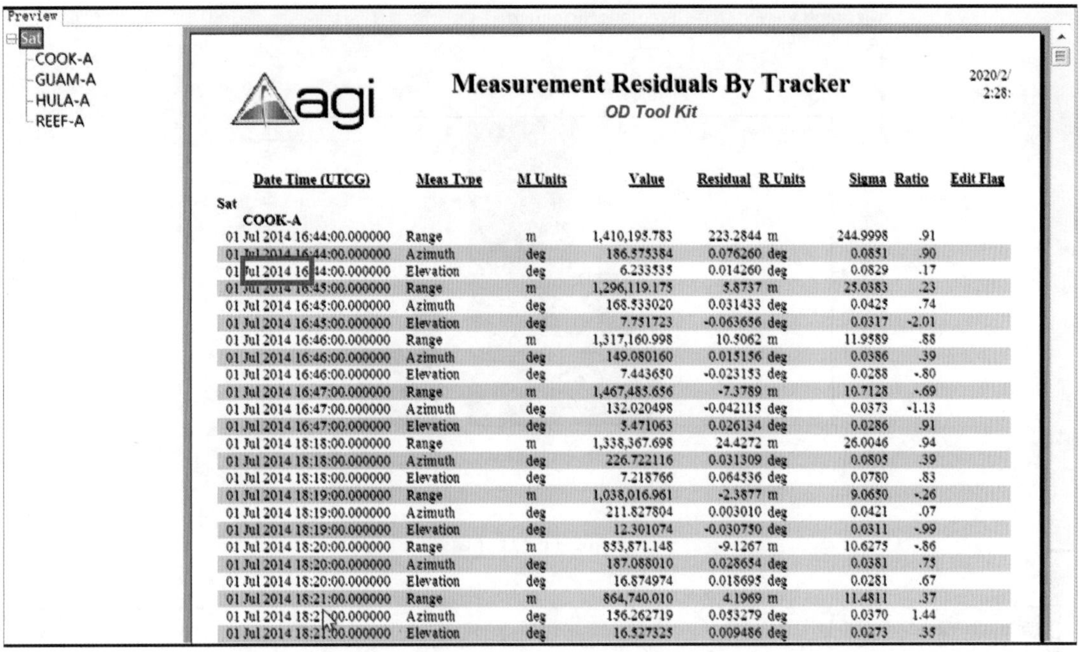

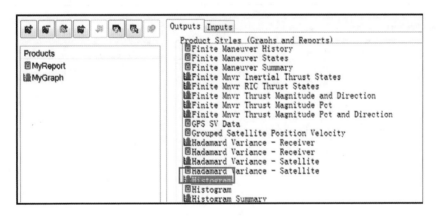

图 10 - 21 残差报表

图 10 - 22 静态图形

量约占 16%。红色实线为标准正态分布曲线。该图可以直观地显示出测站的测量量是否服从正态分布。

在图像上右击,可以看到更多可视化选项。

3)图形化残差编辑

下面介绍 ODTK 的图形化残差编辑器(residual editor)。返回 Static Product Builder 界面,单击按钮 📄 新建报告,重命名为 ResidualEditing。打开 Input 选项卡,载入 ODTK_Example. filrun 文件。Data Limiting 区域不作任何修改,即不对数据类型进行限制。

打开 Input 选项卡,选择 Residual Ratio,选中 ResidualEditing。单击 Run Selected 按钮 📄 得到运行结果,如图 10 - 24 所示。

第
10
章

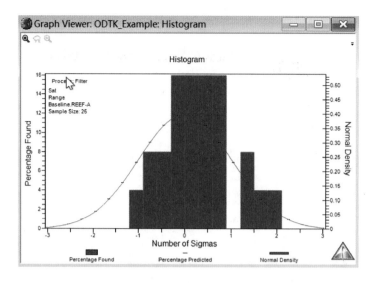

图 10 - 23　柱状图

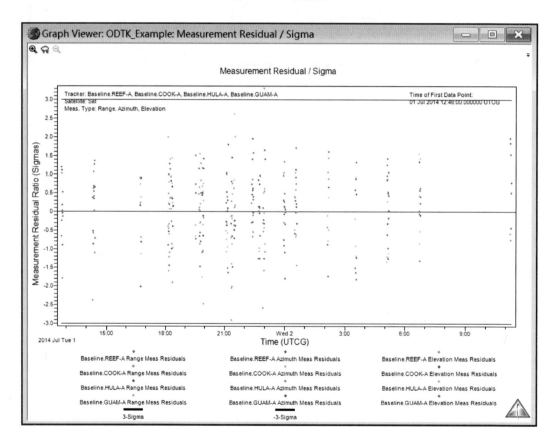

图 10 - 24　图形化残差

　　图 10 - 24 显示了四个测量站在观测时间(24 h)内所有测量值的"残差比例"(Residual Ratio)。所谓残差比例,是指残差量与 sigma 的比值。其中,残差量即真实测量值(本例中为

模拟测量值)与滤波估计轨道的理论测量值之差。而 sigma 则是描述该时刻、该物理量不确定性的方差值(协方差矩阵对角线元素开方)。举例来说,根据之前生成的 MyReport 报告,测站 REEF-A 的第 2 个距离观测值残差为 20.27 m,sigma 为 110.37 m,则残差比例为 20.27/110.37 (即 0.18)。

"残差比例"对不同量纲、不确定度的测量残差进行了归一化处理,有助于后续数据处理和可视化。图 10-25 所示为数据呈现。

REEF-A						
01 Jul 2014 12:46:00.000000	Range	m	678,904.991	-3,778.9530 m	15,496.9449	-.24
01 Jul 2014 12:46:00.000000	Azimuth	deg	357.575450	0.096793 deg	0.0810	1.19
01 Jul 2014 12:46:00.000000	Elevation	deg	21.886601	-0.054880 deg	0.0838	-.66
01 Jul 2014 12:47:00.000000	Range	m	598,722.032	20.2730 m	110.3746	.18
01 Jul 2014 12:47:00.000000	Azimuth	deg	40.884596	0.046268 deg	0.0416	1.11
01 Jul 2014 12:47:00.000000	Elevation	deg	25.908523	0.031389 deg	0.0304	1.03
01 Jul 2014 12:48:00.000000	Range	m	790,251.578	6.6417 m	12.4627	.53
01 Jul 2014 12:48:00.000000	Azimuth	deg	75.827109	-0.034595 deg	0.0388	-.89
01 Jul 2014 12:48:00.000000	Elevation	deg	17.720911	-0.049886 deg	0.0279	-1.79
01 Jul 2014 12:49:00.000000	Range	m	1,121,592.870	-1.2750 m	10.1833	-.13
01 Jul 2014 12:49:00.000000	Azimuth	deg	92.068515	-0.001661 deg	0.0377	-.04
01 Jul 2014 12:49:00.000000	Elevation	deg	9.884742	0.000895 deg	0.0278	.03

图 10-25 数据呈现

单击残差编辑窗口中的套索工具按钮,可使用矩形框选中某些测量值,如图 10-26 所示。被选中的数据将显示在右侧,可用于编辑,如拒绝(Reject)、忽略(Ignore)、忽略但报告 (Ignore But Report)。

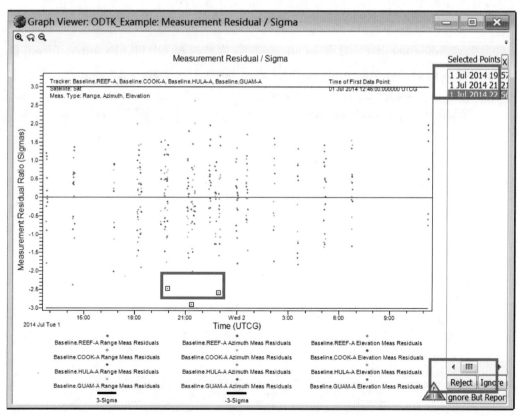

图 10-26 残差编辑窗口中的套索工具

若需要取消选择,再次使用套索工具按钮🔍选中要取消的点即可。

对于上图选中的三个测量点,由于残差比例接近 3 sigma,我们可以认为这些点的测量误差较大,单击 Reject 可拒绝使用这些测量值。此时,在对象浏览器中双击 Filter,在其属性界面单击 ResidualEditing-Schedule,可显示上一步残差编辑的效果:一个距离测量值被拒绝,2 个方位角测量值被拒绝。再次运行滤波器,结果将产生细微变化。图 10 - 27 所示为结果显示。

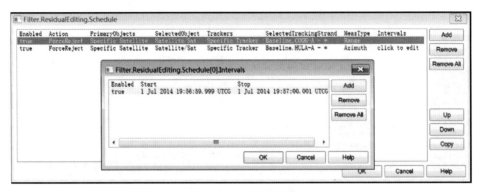

图 10 - 27　结果显示

4) 轨道位置不确定性

在定轨工作中,轨道位置的不确定性是很重要的参数,可表征轨道参数估计的精度。本节通过建立位置不确定性的报表,分别展示滤波器和平滑器运行后得到估计轨道的精度。

打开静态产品创建器(Static Product Builder),单击 Add Product 按钮📇,添加新的图形,重命名为 PositionErrorFilter。打开 Input 选项卡,依然选择 ODTK_Example. filrun,Data Limiting 区域无限制。打开 Output 选项卡,选择 Orbit Uncertainty (2 sigma)。单击 Run Selected 按钮🔳得到运行结果,如图 10 - 28 所示。

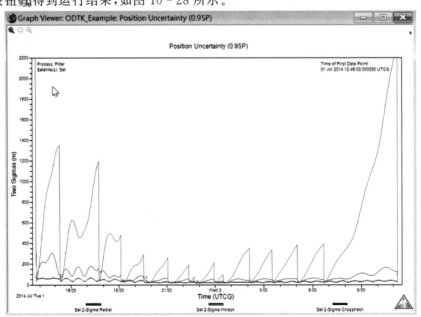

图 10 - 28　图形显示(1)

重复上述步骤,建立新的图形,命名为 PositionErrorSmoother。将 Input 选项卡中之前选择改为 ODTK_Example. smtrun,运行结果如图 10-29 所示。可以看出,使用平滑器后,轨道不确定性有明显降低。这是因为滤波器是对状态的实时估计,使用数据量有限。而平滑器可使用所有观测数据对历史轨道进行重新估计。

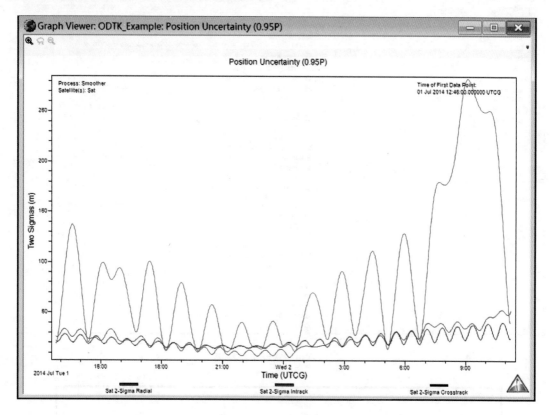

图 10-29 图形显示(2)

(6) 在 STK 中查看 ODTK 运行结果

在 ODTK 中打开 Launch Pad 选项卡(可从 help 中调出),单击 ODTK Utilities,在 Installed Utilities 中找到并单击 RunStk. htm(读者需提前安装好 STK 软件)。图 10-30 所示为查看运行结果。

打开 RunStk. htm 后的界面如图 10-31 所示。单击 Launch STK 可自动建立 STK 场景。

单击 Add Facilities 可添加测量站。依次单击 Propagate Satellites、Simulated Satellites、Filtered Satellites、Smoothed Satellites 等,即可创建 ODTK 中生成的仿真轨道、滤波轨道和平滑轨道,如图 10-32 所示。在 STK 中,可开展更多轨道分析。

第
10
章

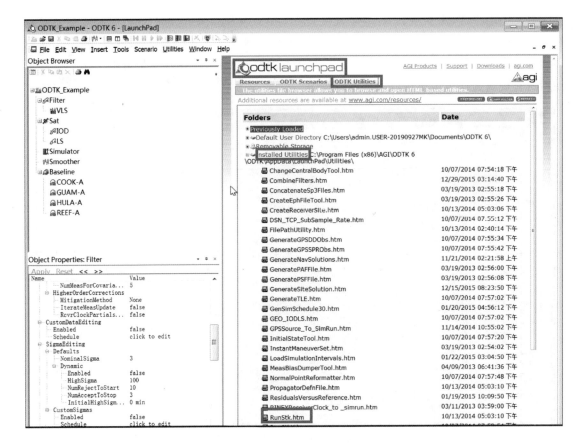

图 10 - 30　查看运行结果

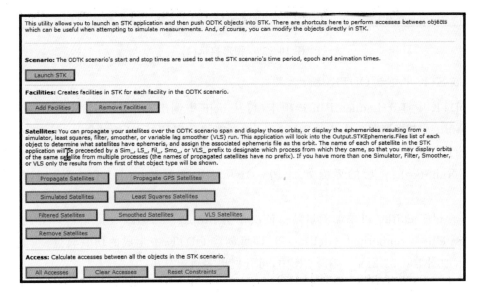

图 10 - 31　运行界面显示

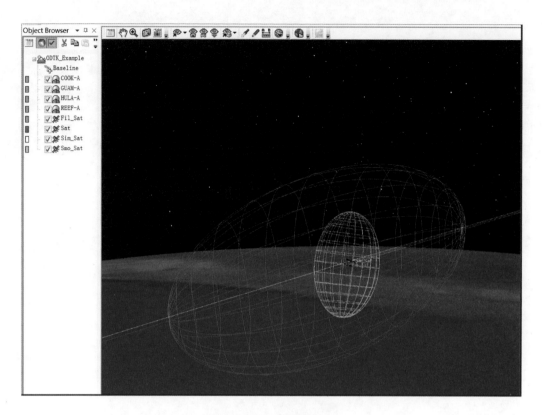

图 10 - 32 3D 图形显示

参考文献

[1] Analytcal Graphics INC(AGI). STK 11x64-Desktop Help[Z]. 2019.

[2] Analytcal Graphics INC(AGI). Orbit Determination Tool Kit6 Help[Z]. 2016.

[3] Orbit Logic. STK Scheduler 11.6[Z]. 2019.